U0679201

职业教育信息技术类专业创新型系列教材

Linux 网络操作系统项目教程
（CentOS 8.4）

主　编　陈启浓　苏　秦
副主编　詹英豪　李小小　魏文龙
参　编　蔡　浩　黄　为　涂　浩

科　学　出　版　社
龍　門　書　局
北　京

内 容 简 介

本书采用"项目—任务"驱动教学模式，内容紧扣职业教育专业技能大纲，以职业院校网络管理、网络安全类技能大赛项目中涉及 Linux 部分的服务器内容为主导，涵盖 Linux 操作系统常用的服务器和命令，结合实例进行讲解。通过 12 个教学项目，介绍系统安装、基本操作命令、VSFTP、HTTP、DHCP、DNS、TELNET、SSH、SAMBA、数据库、邮件、磁盘管理等内容。教材以理论够用为原则，强化应用，注重对学生操作技能和职业素养培养的同时，落实立德树人根本任务。

本书可作为职业院校 Linux 技术相关课程的教材，也可作为网络操作系统管理员、职业技能大赛学员及指导教师或工程技术人员学习 Linux 系统的参考用书。

图书在版编目（CIP）数据

Linux 网络操作系统项目教程（CentOS 8.4）/陈启浓，苏秦主编. —北京：龙门书局，2022.12
（职业教育信息技术类专业创新型系列教材）
ISBN 978-7-03-5088-6309-2

Ⅰ. ①L⋯ Ⅱ. ①陈⋯ ②苏⋯ Ⅲ. ①Linux 操作系统-职业教育-教材 Ⅳ. ①TP316.85

中国版本图书馆 CIP 数据核字（2022）第 240092 号

责任编辑：陈砺川 / 责任校对：王万红
责任印制：吕春珉 / 封面设计：东方人华平面设计部

科 学 出 版 社
龍 門 書 局 出版
北京东黄城根北街 16 号
邮政编码：100717
http://www.sciencep.com
廊坊市都印印刷有限公司 印刷
科学出版社发行　各地新华书店经销
*
2022 年 12 月第 一 版　开本：787×1092 1/16
2024 年 1 月第二次印刷　印张：16 1/2
字数：380 000

定价：49.50 元
（如有印装质量问题，我社负责调换〈都印〉）
销售部电话 010-62136230　编辑部电话 010-62135763-1028

版权所有，侵权必究

前言

PREFACE

Linux 是一款开放源代码的操作系统，它凭借超强的稳定性、安全性和完善的系统功能，已成为很多企事业单位信赖的网络操作系统。在注重网络信息安全的当今社会，Linux 操作系统的市场应用比较普及；在大中专院校，与 Linux 技术相关的课程开设率也越来越高。

本书以 Linux CentOS 8.4 版本为编写环境，内容紧扣职业教育技能大纲，以职业院校网络管理、网络安全类技能大赛项目 Linux 部分基本的服务器内容为根本，结合实例进行编写。全书精选了 12 个教学项目，内容包括系统安装、基本操作命令、VSFTP、HTTP、DHCP、DNS、Telnet、SSH、SAMBA、数据库、邮件、磁盘管理等主流的服务。教材以理论够用为原则，以项目为载体、以任务为驱动，强化应用，注重对学生操作技能和岗位职能的培养。

本书的编者有从事 Linux 相关教学的一线教师，也有多年从事网络搭建与应用、网络安全等赛项的金牌教练和企业网络工程技术人员（神州数码网络有限公司），他们具备丰富的教学、训练指导和培训经验。

本书编写分工如下：项目 1 和项目 10 由苏秦编写；项目 2、项目 3 和项目 11 由陈启浓编写；项目 4 和项目 5 由李小小编写，项目 6 和项目 7 由詹英豪编写；项目 8 和项目 9 由魏文龙编写；项目 12 由蔡浩、黄为、涂浩编写。全书由陈启浓统稿。

在本书编写过程中，编者参考了有关文献和资料，在此向这些文献的作者深表感谢。由于编者水平有限，书中不足之处在所难免，恳请广大读者批评指正。

编　者
2022 年 9 月

目录

CONTENTS

通过 VMware 虚拟机安装 CentOS 8

▶ **任务描述**

FSHC 学校购买了一台高性能服务器，能够满足学校内部各种服务的访问需要，为学校提供稳定、快捷的服务。学校信息中心决定将 CentOS 8 操作系统安装至这台高性能的服务器上。

▶ **学习目标**

※知识目标

- 了解 Linux 操作系统。
- 了解 Linux 的系统架构。
- 了解 Linux 的发行版。
- 了解 CentOS 的概念。
- 掌握 VMware 安装 CentOS 系统的方法。
- 掌握 VMware 的快照和克隆的方法。

※素养目标

- 建立全方位的规划意识。
- 提高准确的需求调研和定位能力。
- 培养扎实的执行能力。

1.1 认识 Linux 操作系统

Linux 操作系统在目前服务器操作系统中使用占比最多，被广泛应用于 Web 网站的搭建、文件共享服务器的搭建、DNS 服务器的搭建等。由于其极其稳定的性能被中小型企业所采用。

1.1.1 Linux 操作系统概述

Linux 是一种自由和开放源代码的类 Unix 操作系统。其内核由林纳斯·托瓦兹在 1991 年 10 月 5 日首次发布，在加上用户空间的应用程序之后，成为 Linux 操作系统。Linux 也是自由软件和开放源代码发展中最著名的例子。只要遵循自由软件许可协议 GNU GPL（GNU general public license），任何个人和机构都可以使用 Linux 的所有底层源代码，也可以自行修改和再发布。实际上除了部分专家外，多数人都是直接使用 Linux 发行版，而不是自行设置或选择所需组件。

Linux 严格来说是操作系统的内核，这是因为操作系统中包含了许多用户图形接口和其他实用工具。如今 Linux 常用来指基于 Linux 的完整操作系统，内核则称为 Linux 内核。由于这些支持用户空间的系统工具和库主要由理查德·斯托曼于 1983 年发起的 GNU 计划提供，自由软件基金会提议将其组合系统命名为 GNU/Linux，但 Linux 不属于 GNU 计划，这个名称并没有得到社群的一致认同。

Linux 最初是作为支持 Intel x86 架构的 PC 的一个自由操作系统。目前，Linux 可以运行在服务器和其他大型平台之上，如大型计算机和超级计算机。世界上 500 个最快的超级计算机已 100%运行 Linux 发行版或变种。Linux 也广泛应用在嵌入式系统上，如手机（mobile phone）、平板电脑（tablet）、路由器（router）、电视（TV）和电子游戏机等。在移动设备上广泛使用的 Android 操作系统就是创建在 Linux 内核之上的。

1.1.2 系统架构

基于 Linux 的系统是一个模块化的类 Unix 操作系统。Linux 操作系统的大部分设计思想来源于 20 世纪 70 年代 Unix 操作系统所创建的基本设计思想。Linux 系统使用宏内核，由 Linux 内核负责处理进程控制、网络以及外围设备和文件系统的访问。在系统运行时，设备驱动程序要么与内核直接集成，要么以加载模块形式添加。

Linux 具有设备独立性，它的内核具有高度适应能力，从而给系统提供了更高级的功能。GNU 用户界面组件是大多数 Linux 操作系统的重要组成部分，提供常用的 C 函数库、Shell 以及 Unix 实用工具，可以完成许多基本的操作系统任务。大多数 Linux 系统使用的图形用户界面创建在 X Window 系统之上，由 X Window 系统通过软件工具及架构协议来创建操作系统所用的图形用户界面。

Linux 操作系统包含的一些组件如下。

（1）启动程序：如 GRUB 或 LILO。该程序在计算机开机启动时运行，并将 Linux 内核加载到内存中。

（2）init 程序：init 是由 Linux 内核创建的第一个进程，称为根进程，所有的系统进程都是它的子进程，即所有的进程都是通过 init 启动的。init 启动的进程包括系统服务和登录提示（图形或终端模式的选择）。

（3）软件库：可以通过运行的进程在 Linux 系统上使用 ELF 格式来执行文件，负责管理库使用的动态链接器是 ld-linux.so。Linux 系统上最常用的软件库是 GNU C 库。

（4）用户界面程序：如命令行 Shell 或窗口环境。

1.1.3　Linux 的发行版

Linux 发行版指通常所说的"Linux 操作系统"，它一般由一些组织、团体、公司或者个人制作并发行的。Linux 内核主要作为 Linux 发行版的一部分使用。通常来讲，一个 Linux 发行版包括 Linux 内核，以及将整个软件安装到计算机上的一套安装工具，还有各种 GNU 软件以及其他自由软件。某些 Linux 发行版中可能包含一些专有软件。不同发行版的针对性也不同，如对不同计算机硬件结构的支持、对普通用户或开发者使用方式的调整、针对实时应用或嵌入式系统的开发等。目前，使用最普遍的发行版有十多个，较为知名的有 Debian、Ubuntu、Fedora、CentOS、Arch Linux 和 openSUSE 等。

很多发行版含有 LiveCD 的方式，不需要安装，放入系统光盘或其他介质进行启动，就能在不改变现有系统的情况下使用。比较著名的有 MX Linux、PCLinuxOS 等。

1.1.4　CentOS 概述

CentOS（community enterprise operating system）是 Linux 发行版之一，它由 RHEL（red hat enterprise Linux）依照开放源代码规定发布的源代码编译而成。由于与 RHEL 出自同样的源代码，因此有些要求高度稳定性的服务器使用 CentOS 替代商业版的 RHEL。两者的不同之处在于，CentOS 并不包含封闭源代码软件，它对上游代码的修改主要是为了移除不能自由使用的商标。

CentOS 版本号有两个部分，即一个主要版本号和一个次要版本号，分别对应于 RHEL 的主要版本与更新包。

自 2006 年的 CentOS 4.4 版本开始（前身为 RHEL 4.0 更新第 4 版），RHEL 采用了和 CentOS 完全相同的版本约定，如 Red Hat 4.5。

CentOS 5 和 RHEL 5 已经在 2017 年 3 月 31 日结束生命周期。

CentOS 8 在 2019 年 9 月 24 日发布，此版本的包库与之前不同，主要分为 BaseOS 和 AppStream 两种，并且开始使用 dnf 作为管理包的程序。

CentOS 开发团队于 2020 年 12 月 8 日宣布，传统的 CentOS 8 将仅维护至 2021 年底，之后仅维护 CentOS Stream，使其变为滚动发行的散布版（CentOS 7 仍将持续维护至支持周期结束）。

CentOS 8.4 版本属于 CentOS 8 系列。在该系列中有以下版本：CentOS 8.0（代号 1905）、CentOS 8.1（代号 1911）、CentOS 8.2（代号 2004）、CentOS 8.3（代号 2011）、CentOS 8.4（代号 2105）。以上版本的区别为内核版本的不同，通常是指内核迭代升级。以 CentOS 8.0 为例，其内核迭代版本号为 4.18.0-80，而 CentOS 8.4 内核迭代版本号为 4.18.0-305。在安装的过程中，通常仅显示版本号 CentOS 8，而不显示具体的迭代版本号。

CentOS 8 对初学者理解 RHEL 操作系统有很大帮助，同时，该版本在中小型企业中还将长期使用。

1.2 通过 VMware 安装 CentOS 8.4 系统

下面介绍通过 VMware 安装 CentOS 系统的过程，这里使用 VMware Workstation 16 以上版本进行演示。

1.2.1 CentOS 8.4 系统的安装步骤

（1）打开 VMware Workstation 虚拟机的主界面，如图 1.1 所示。

图 1.1 虚拟机主界面

①号区域为"菜单栏";②号区域为"工具栏";③号区域为"库",已创建的虚拟机在此列表显示;④号区域显示主页或者打开的虚拟机。

(2)在菜单栏选择"文件",然后选择"新建虚拟机"命令(或按 Ctrl+N 组合键),如图 1.2 所示。打开"新建虚拟机向导",选择"自定义(高级)"选项,然后单击"下一步"按钮。

图 1.2　新建虚拟机

(3)在"选择虚拟机硬件兼容性"对话框中,一般新建的操作系统是不需要设置的,直接单击"下一步"按钮,如图 1.3 所示。

小提示

在平时使用中，如果遇到虚拟机是在高版本上创建，而到低版本上运行时打不开的情况，就需要修改虚拟机兼容性，使其适应对应的版本。

（4）在"安装客户机操作系统"对话框中，选择"稍后安装操作系统"选项，然后单击"下一步"按钮，如图 1.4 所示。

小技巧

如果选择"安装程序光盘映像文件"选项，并且该安装系统可被 VMware 识别的话，则 VMware 会自动安装操作系统；如果有一个实体光盘，将光盘放入光驱后可以选择第一个选项"安装程序光盘"，则虚拟机会从光驱安装系统。

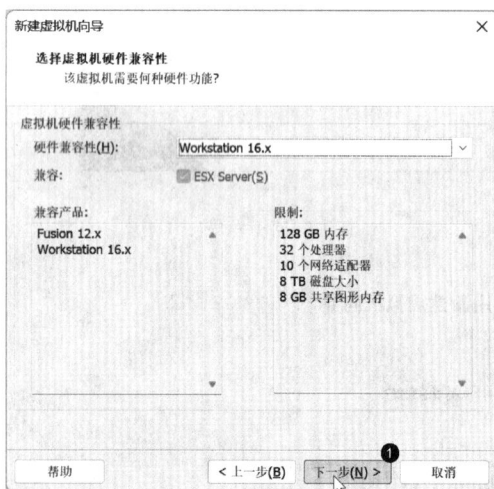

图 1.3　选择虚拟机硬件兼容性　　　　图 1.4　安装客户机操作系统

（5）在"选择客户机操作系统"对话框中，CentOS 8 是 Linux 的分支且为 64 位操作系统。首先，选择"Linux"选项；其次，具体版本可选择 CentOS 8 64 位；最后单击"下一步"按钮，如图 1.5 所示。

（6）在"命名虚拟机"对话框中，设置一个易于分辨的名字（如 CentOS 8.40），系统文件存储的"位置"会自动生成，可以不予以更改；若要更改为其他便于记忆的路径亦可，如图 1.6 所示。

（7）在"处理器配置"对话框中如果选择最低性能，如图 1.7（a）所示，则在①和②两步中选择处理器数量均为"1"，每个处理器的内核数量为"1"，这样总内核就只有 1。

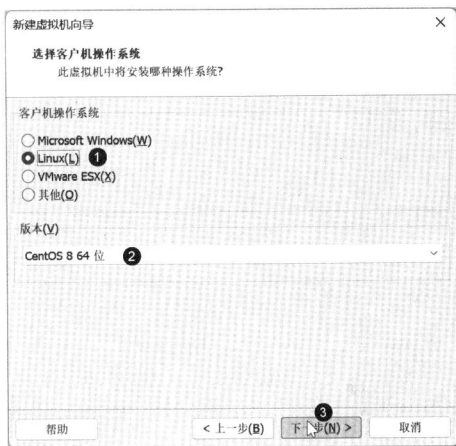

图 1.5　选择客户机操作系统

图 1.6　命名虚拟机

小技巧

如果希望虚拟机获得尽可能高的性能，则需要先查看实体机的真实 CPU 参数。打开"任务管理器"对话框中"性能"选项卡，查看到图 1.7（b）所示为"内核"为"6"，"逻辑处理器"为"12"，由此可知处理器为双核。

（8）在图 1.7（c）中，选择"处理器数量"为"2"，"每个处理器的内核数量"为"6"，"处理器内核总数"为"12"，最后单击"下一步"按钮。

（a）

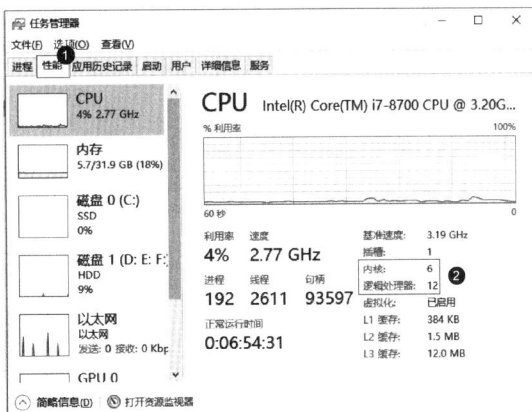

（b）

图 1.7　设置处理器

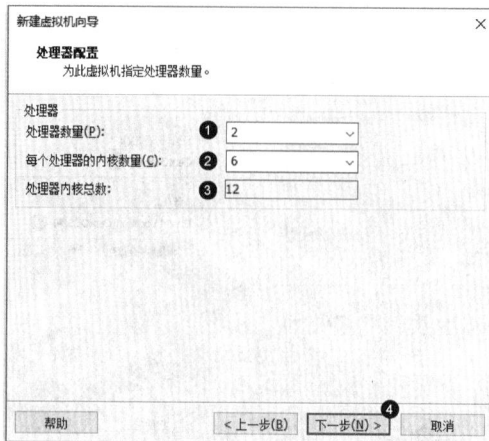

（c）

图 1.7（续）

（9）在"此虚拟机的内存"对话框中一般选择"推荐内存"大小即可，如图 1.8
所示。

小提示

如果要设置更大内存，一般建议不超过物理内存大小，最好为最大内存数减 2
为佳。

（10）在"网络类型"对话框中，最常见的"网络连接"方式为"使用桥接网络"，
如图 1.9 所示。

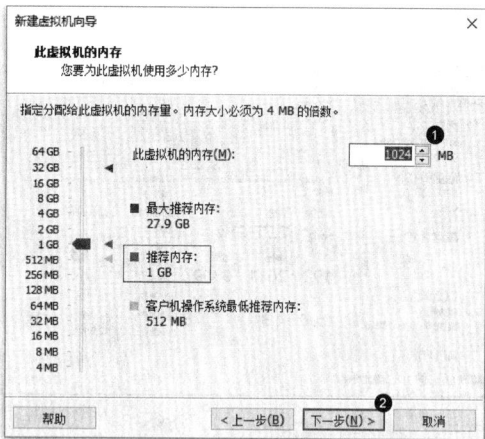

图 1.8　此虚拟机的内存

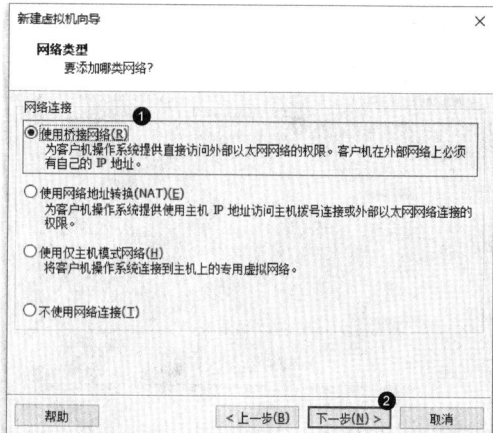

图 1.9　网络类型

小提示

桥接模式：使虚拟机如同独立于物理机存在一样，虚拟机通过独立 IP 访问外网。

NAT 模式：虚拟机会获得一个私有的 IP 地址，由物理机的 IP 地址经过 NAT 地址转换后访问外网。

仅主机模式：虚拟机只能和物理机联网，不能访问外网，此选项一般不常使用。

（11）在"选择 I/O 控制器类型"对话框中选择"LSI Logic"选项，按照推荐选择即可，如图 1.10 所示。

（12）在"选择磁盘类型"对话框中选择"SCSI"选项，按照推荐选择，如图 1.11 所示。

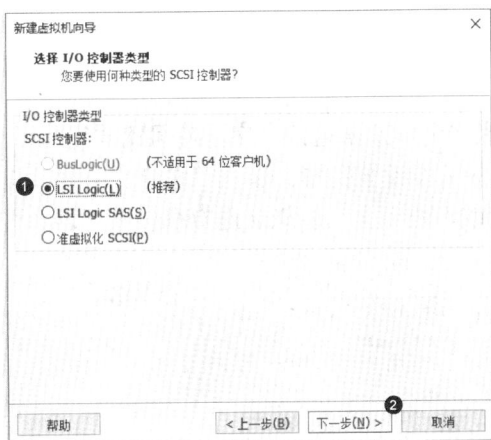

图 1.10　选择 I/O 控制器类型

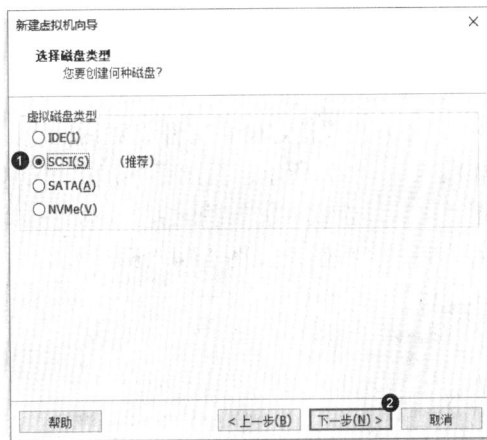

图 1.11　选择磁盘类型

（13）在"选择磁盘"对话框中选择"创建新虚拟磁盘"选项，如图 1.12 所示。

小提示

如果已经有了一个虚拟磁盘，则可以选择"使用现有虚拟磁盘"选项。这相当于存在一个已经装好系统的虚拟磁盘可以直接添加，重新启动系统，就成为一个可以立即使用的操作系统。选择"使用物理磁盘"选项，可以使虚拟机直接启动磁盘中的操作系统，或者虚拟机可以直接读取磁盘中的数据。

（14）在"指定磁盘容量"对话框中设置"最大磁盘大小"为"20"。若选择"将虚拟磁盘拆分成多个文件"选项一般对虚拟机的性能好些。然后单击"下一步"按钮，如图 1.13 所示。第 1 步中的"最大磁盘大小"并不是指当前虚拟磁盘立即要占用 20GB 的大小，而是最大占用物理磁盘大小，因此这里填多少影响不大，可以根据自己的实际需求尽可能预留得大一些。

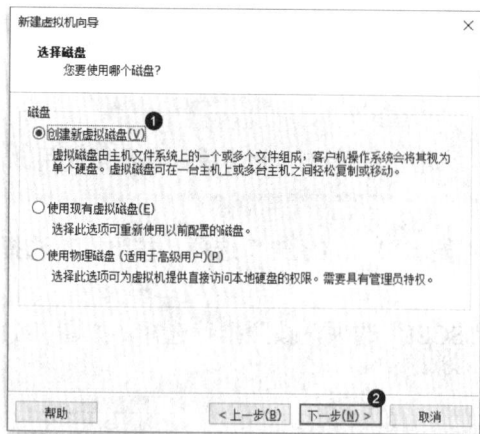

图 1.12　选择磁盘

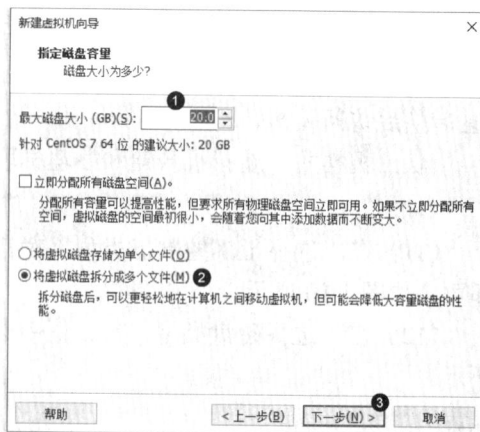

图 1.13　指定磁盘容量

（15）在"指定磁盘文件"对话框中，设置一个虚拟磁盘的名字，使用默认值即可，如图 1.14（a）所示，至此已将虚拟机前期准备工作设置完毕。单击"自定义硬件"按钮，可以调整或添加一些配置，比如添加网卡或多块磁盘。若确认虚拟机参数无误，进入"完成"按钮，如图 1.14（b）所示。

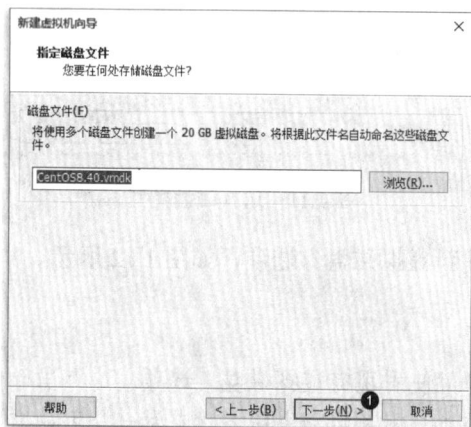

（a）选择指定文件

（b）自定义虚拟机

图 1.14　指定文件并设置

（16）在"硬件"设置中，首先单击"CD/DVD(IDE)"，然后单击"使用 ISO 映像文件"，之后选择 CentOS 8 的系统光盘文件，最后单击"关闭"按钮，如图 1.15（a）所示。在"新建虚拟机向导"设置中可以查看之前设置的虚拟机属性，也可以单击"自定义硬件"按钮再次更改，因为之前已经设置完成，这里不再更改，单击"完成"按钮即可，如图 1.15（b）所示。

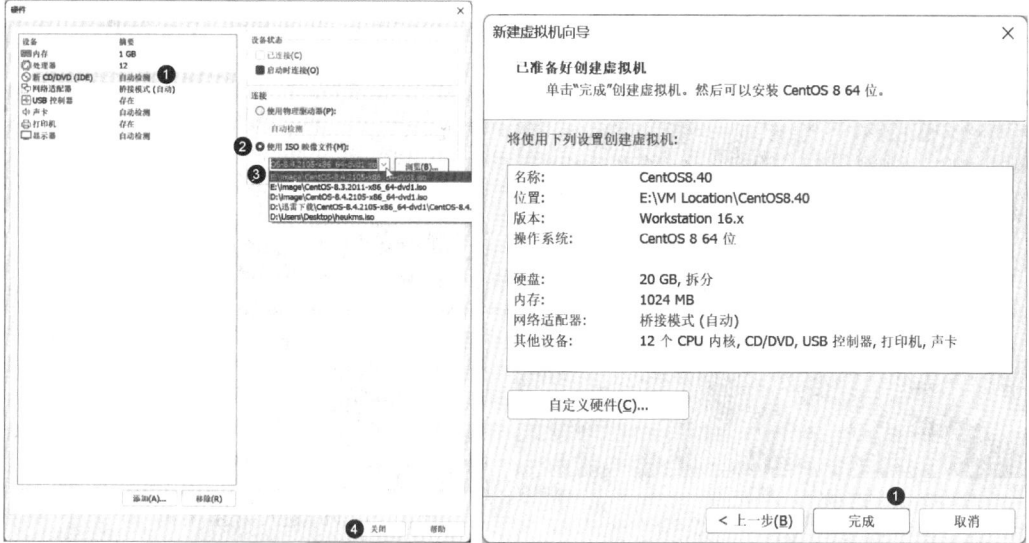

（a）设置 ISO 镜像文件　　　　　　　　（b）已准备好创建虚拟机

图 1.15　设置硬件创建虚拟机

（17）在虚拟机详细信息页面中，单击"开启此虚拟机"启动虚拟机，如图 1.16 所示。

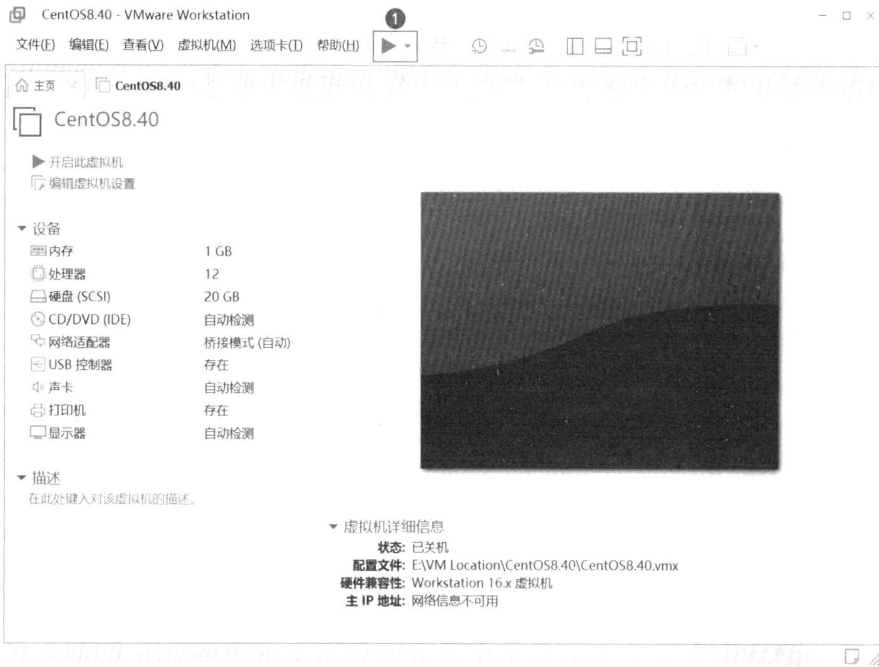

图 1.16　启动虚拟机

（18）在选择安装 CentOS Linux 8 页面中，用键盘上的上下箭头按钮选择"Install

CentOS Linux 8"，如图 1.17（a）所示，进入安装系统中，如图 1.17（b）所示。

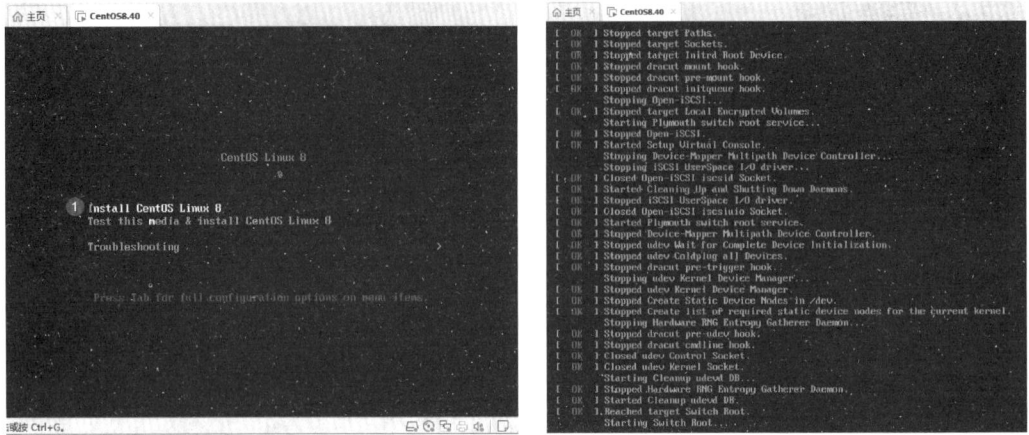

（a）Install CentOS Linux 8

（b）进入安装系统中

图 1.17　进入 CentOS Linux 8 安装系统

（19）在等待一段时间后，进入"欢迎使用 CENTOS LINUX 8"界面，选择在安装过程中使用哪种语言。首先将下拉条拉到最下面，选择"中文"，然后选择"简体中文（中国）"，最后单击"继续"按钮，如图 1.18 所示。

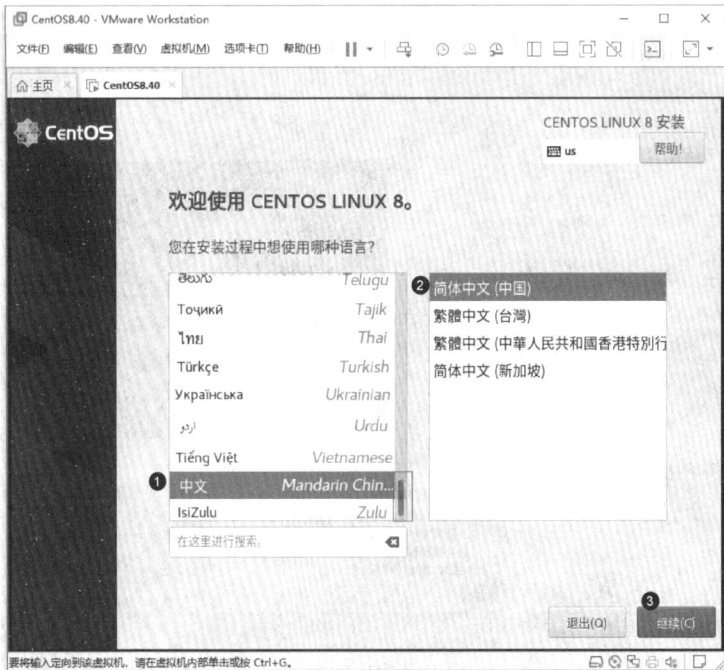

图 1.18　进入安装界面

（20）在"安装信息摘要"对话框中，单击"安装目的地"选项，如图 1.19（a）所示。在"安装目标位置"对话框中，直接单击"完成"按钮即可，如图 1.19（b）所示。

（a）安装信息摘要　　　　　　　　　　　　（b）安装目标位置

图 1.19　设置安装信息

（21）再次回到"安装信息摘要"对话框中，单击"用户设置"中的"根密码"，如图 1.20 所示。

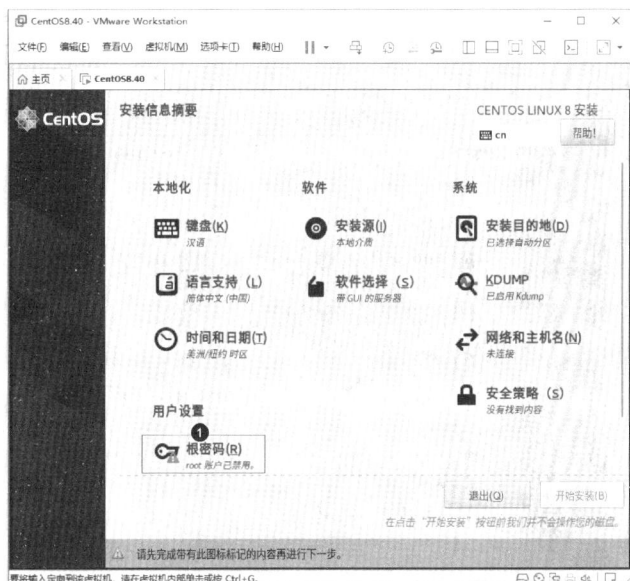

图 1.20　安装信息摘要

（22）进入"ROOT 密码"对话框，root 账户是 Linux 系统的超级管理员，密码一般要求设置得复杂些，要求有大写、小写、数字、符号且超过 8 个字符。这里为了方便演示，将 root 密码设置为 123456，如图 1.21（a）所示，如果密码设置过于简单，会出现图左下角的信息提示，这时需要单击两次"完成"按钮，如图 1.21（b）所示。

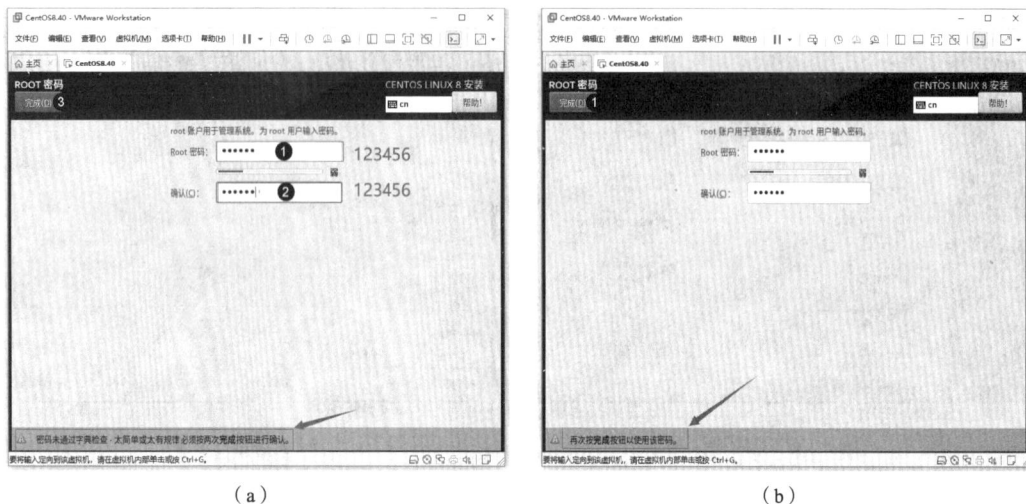

（a）

（b）

图 1.21　密码设置

（23）再次回到"安装信息摘要"对话框中，单击"开始安装"按钮即可，如图 1.22（a）所示；进入"安装进度"对话框，如图 1.22（b）所示。

（a）开始安装

图 1.22　安装 CentOS

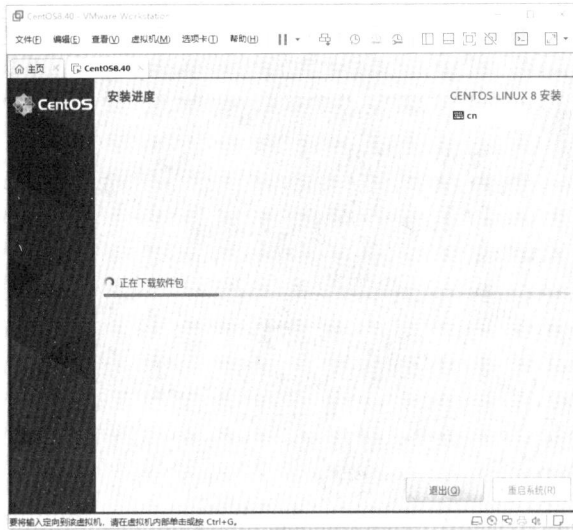

（b）安装进度

图 1.22（续）

（24）经过一段时间等待，当"安装进度"对话框显示"完成"字样之后，单击"重启系统"按钮即可进入下一步，如图 1.23 所示。

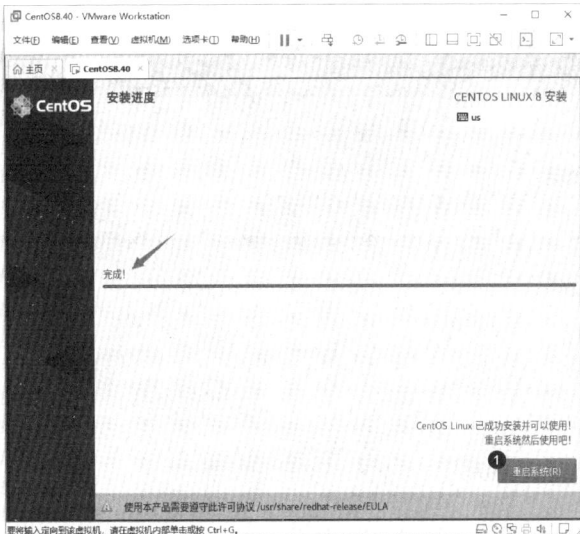

图 1.23　安装完成后重启系统

（25）在"初始设置"窗口中单击"许可信息"字样，如图 1.24（a）所示，弹出"许可信息"窗口，勾选左下角的"我同意许可协议"复选框，再单击"完成"按钮，如图 1.24（b）所示，然后返回"初始设置"窗口，单击"结束配置"按钮即可，如图 1.24（c）所示。

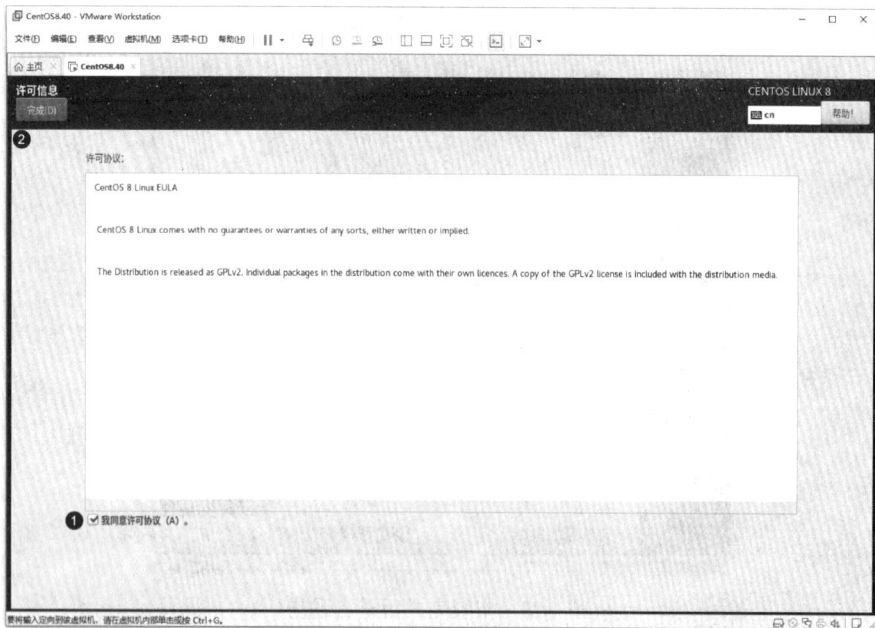

（a）初始设置

（b）许可信息

图 1.24　设置许可

（c）结束配置

图 1.24（续）

（26）在"Welcome！"窗口中，单击"前进"按钮，如图 1.25 所示。

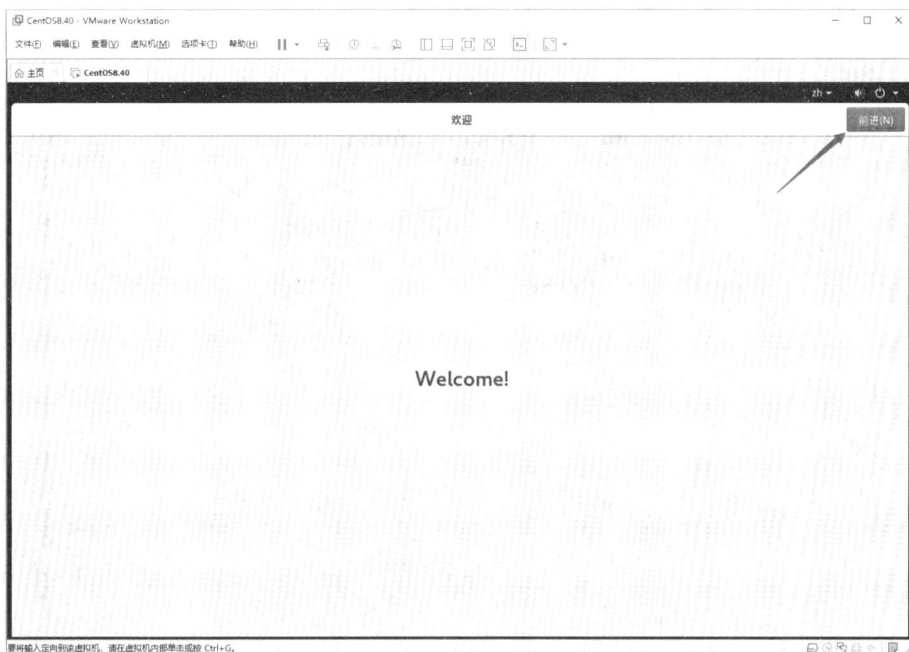

图 1.25　Welcome 首页

（27）在"隐私"窗口中，默认是"打开"位置服务，建议保持此状态方便以后设置，然后单击"前进"按钮，如图 1.26 所示。

图 1.26　隐私位置服务设置

（28）在"连接您的在线账号"窗口中单击"跳过"按钮，如图 1.27 所示。如果有账号需要连接，单击相应的账号图标进行连接即可。

图 1.27　在线账号连接

（29）在"关于您"窗口中，设置一个普通用户，后面系统登录时可以使用这个用户登录，所以要记住这个用名。可以使用自己的名字或其他字符，然后单击"前进"按钮，如图 1.28 所示。

图 1.28　用户名设置

（30）在"设置密码"窗口中，设置一个容易记忆的且和上一步中的用户名对应的密码，然后单击"前进"按钮，如图 1.29 所示。

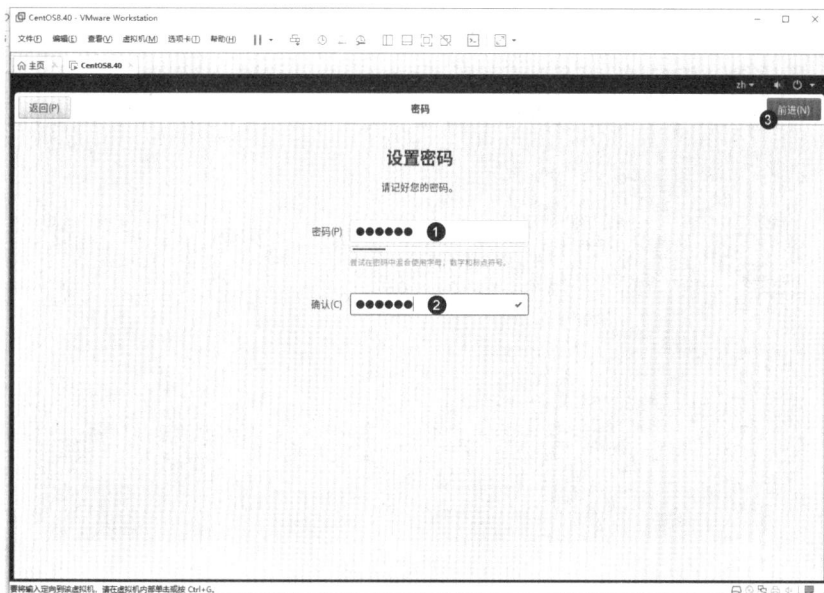

图 1.29　设置密码

（31）当出现"开始使用 CentOS Linux"按钮就说明已经设置完成了。单击此按钮，重启后进入系统，如图 1.30 所示。

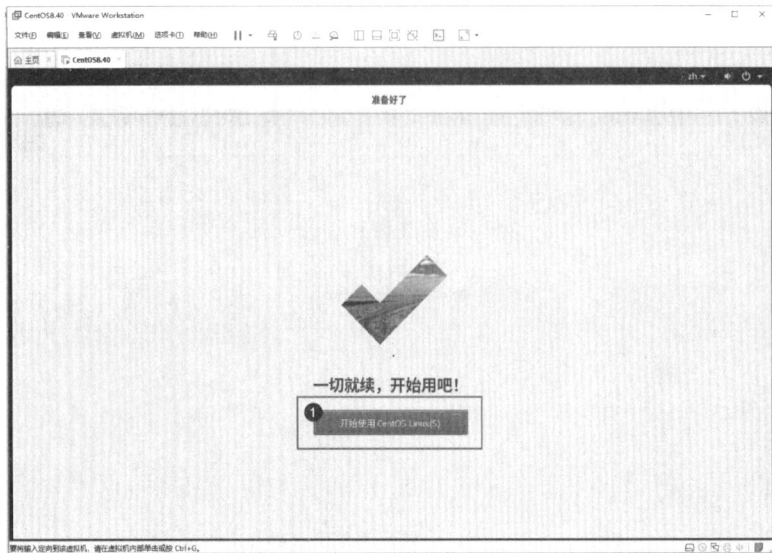

图 1.30　设置完成

1.2.2　CentOS 8.4 系统登录

（1）进入系统登录界面，输入用户名登录，可以用 root 用户登录，也可以用刚才新建的普通用户登录，这里演示用 root 用户登录。单击"下一步"按钮，如图 1.31（a）所示，输入密码，单击"登录"按钮，如图 1.31（b）所示。

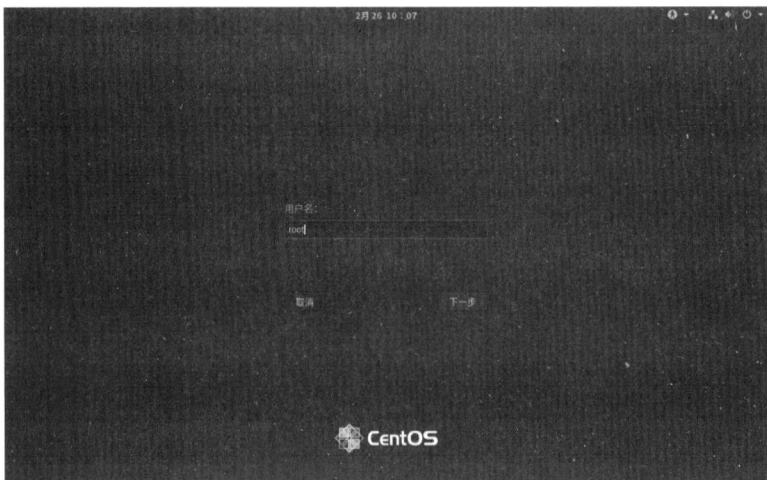

（a）用户登录界面

图 1.31　用户登录

（b）输入密码

图 1.31（续）

（2）首次进入系统时会出现系统桌面介绍演示，如图 1.32 所示，将其关闭。至此 Centos Linux 8 就在 VMware 上成功完成安装。

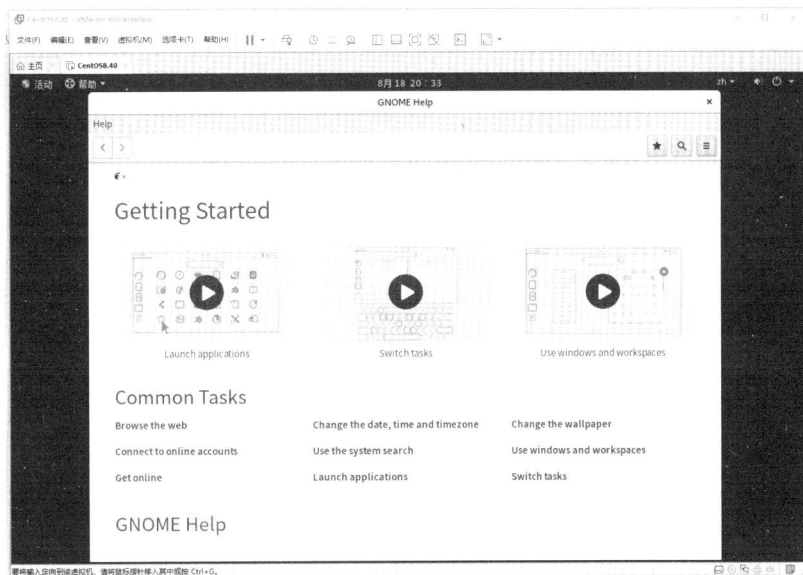

图 1.32　登录成功

1.3 VMware 的快照和虚拟机常见的设置

在虚拟机操作中快照是非常重要的一项功能，它相当于给系统内存和磁盘设置了一个还原点，能记录虚拟机的完整状态。当系统出现不可恢复的故障时，可以通过恢复快照的方式，立刻恢复到正常状态。并且如在开机状态下保存快照，那么恢复快照后系统也是开机状态，比实体机的还原点更加方便和快捷。

1.3.1 快照管理

（1）在虚拟机的菜单栏中单击"拍摄此虚拟机的快照"按钮🕒，如图 1.33（a）所示。

（2）在弹出的对话框中自定义输入"名称"和"描述"，以方便理解。如"安装完成""初始状态"，然后单击"拍摄快照"按钮，如图 1.33（b）所示。

（3）快照的拍摄过程需要一定的时间，虚拟机状态栏提示信息："正在保存状态……"，如图 1.33（c）所示。在早期的 VMware Workstation 虚拟机软件中拍摄快照的过程是无法控制虚拟机的（如移动鼠标、点击文件类等操作），但作为最新版本的 VMware Workstation，在拍摄快照过程中可以进行虚拟机的控制。

（a）创建快照

（b）设置快照信息

（c）设置快照中状态

图 1.33 创建快照并保存

（4）在菜单栏中单击"管理此虚拟机的快照"按钮，如图 1.34（a）所示。

（5）在弹出的"快照管理器"对话框中选中"安装完成"节点，再单击"转到"按钮可以回退到备份快照"安装完成"节点。如果不需要备份快照，则仅修改相关配置（如修改"名称"），修改完成后单击"关闭"按钮即可，如图 1.34（b）所示。

在弹出的对话框中单击"是"按钮，确认快照恢复，如图 1.34（c）所示。

（a）管理快照

（b）快照管理器

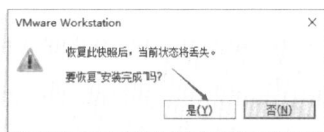

（c）快照恢复确认

图 1.34　恢复快照

1.3.2　虚拟机的克隆

VMware 虚拟机可以对已经安装好的虚拟机进行克隆，克隆的方便之处在于不需要重新安装即可获得一个新的虚拟机，且为原始虚拟机副本的虚拟机。将新的虚拟机配置为与原始虚拟机相同的虚拟硬件、已安装的软件及其他属性，则称新的虚拟机为克隆机。

小提示

虚拟机在挂起状态时是不能被克隆的，必须关闭虚拟机才可以。

（1）在虚拟机的菜单栏中选择"虚拟机"菜单，然后选择"管理"命令，再选择"克隆"子命令，最后会弹出"欢迎使用克隆虚拟机向导"，单击"下一步"按钮，如图 1.35 所示。

（2）在弹出的"克隆源"对话框中，选择克隆"虚拟机中的当前状态"选项，然后单击"下一步"按钮。也可以选择"现有快照（仅限关闭的虚拟机快照）"选项，此选项同样要求虚拟机为关闭状态，如图 1.36 所示。

图 1.35　虚拟机克隆向导　　　　　　　　图 1.36　选择克隆源

（3）在"克隆类型"对话框中有两个选项。第一个选项是"创建链接克隆"，链接克隆不能独立使用，相当于快照的一个快捷方式。第二个选项是"创建完整克隆"，是指复制一个完整的虚拟机，克隆体和原体互不影响，可以独立使用。此处演示完整克隆，如图 1.37 所示。

（4）在"新虚拟机名称"对话框中可以设置"虚拟机名称"及虚拟机存储文件的位置，然后单击"完成"按钮，如图 1.38 所示。

图 1.37　克隆类型　　　　　　　　　　　图 1.38　设置克隆机的名字

（5）虚拟机的克隆过程比较快，完成克隆后，单击"关闭"按钮，如图 1.39 所示。

（6）此时，在虚拟机"库"中可以看到一个克隆的虚拟机，如图 1.40 所示。单击"启动"按钮可以正常启动，如图 1.41 所示。

图 1.39　正在克隆虚拟机

图 1.40　查看克隆虚拟机

图 1.41　启动克隆机

◁ **项目实战** ▷

通过 VMware Workstation 16 安装一台 CentOS 8.4 虚拟机，名称为 CentOS-A，虚拟磁盘保存至 D 盘的 VmwareLocation 文件夹下。内存为 2048MB，CPU 为双核，网卡模式为 NAT，磁盘大小为 25GB，采取动态分配磁盘空间。安装图形化模式的 CentOS 8.4，同时将其克隆一台，名称为 CentOS-B，保存至 D 盘的 VmwareLocation 文件夹下。

将时区设置为上海，同时将密码设置为 fshc123。

当安装完成后，为其创建快照，快照名称为"初始状态"。

练习题

1．下列属于 Linux 操作系统的是（　　　）。
　　A．Windows Server 2019　　　　　B．CentOS 8.4
　　C．harmonyOS　　　　　　　　　　D．macOS

2．当系统出现不可恢复的故障时，可以通过（　　　）方式，立刻恢复到正常的状态。
　　A．创建快照　　　B．备份快照　　　C．还原快照　　　D．重装系统

3．通过（　　　）可以快速创建一台一模一样的虚拟机。
　　A．虚拟机克隆　　　　　　　　　　B．创建新的虚拟机
　　C．还原快照　　　　　　　　　　　D．复制虚拟机

4．"通过 VMware 可以设置虚拟机的 CPU 内核数量"这一说法是（　　　）的。
　　A．正确　　　　　　　　　　　　　B．错误

5．"在克隆虚拟机时需要将虚拟机关闭"这一说法是（　　　）的。
　　A．正确　　　　　　　　　　　　　B．错误

CentOS 的结构和基本操作

▶ 任务描述

　　操作系统安装完成后，一名合格的系统管理员应该熟悉 CentOS 的目录结构、命令行及编辑器等基本操作，这样才能更好地配置与管理 CentOS 操作系统。

▶ 学习目标

※知识目标

- 了解 CentOS 的目录结构。
- 掌握 CentOS 的命令行操作方法。
- 掌握 vi 编辑器的使用方法。

※素养目标

- 建立保护数据安全和隐私的意识。
- 提升命令使用的严谨态度。
- 认真学习系统结构中的安全权限。

2.1 CentOS 的目录结构

为学习和掌握 CentOS 操作系统，了解 CentOS 的目录结构是非常必要的。目录结构能清晰明了地帮助学习者了解操作系统的结构设置和系统架构。

Linux 使用树形结构来管理文件系统。整个 Linux 系统以根目录"/"为起点，其他所有目录都是在"/"目录下。"/"目录是 Linux 系统中一个非常特别的目录，同时"/"这一标志又是目录与目录之间的分隔符。图 2.1 所示为 Linux 操作系统根目录下的目录结构。

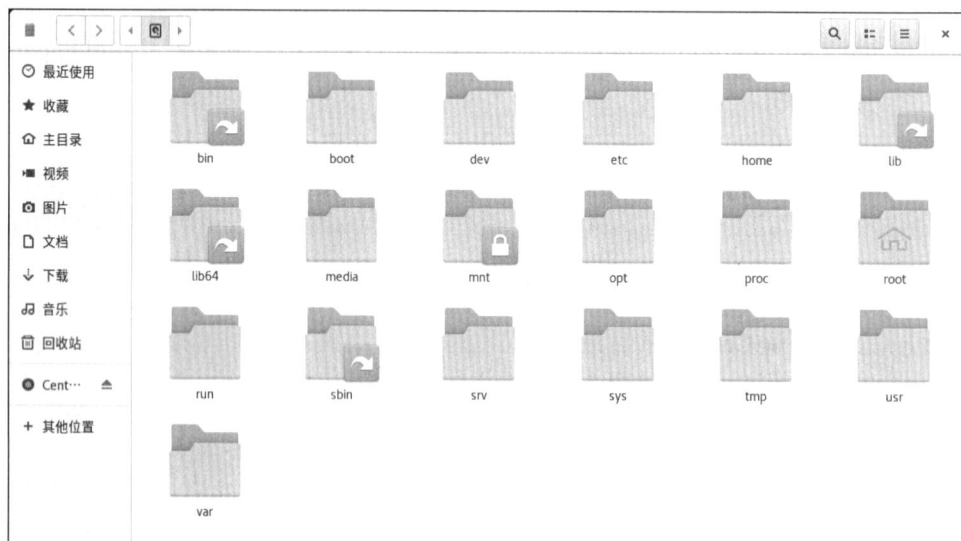

图 2.1　根目录下的目录结构

2.1.1　CentOS 的目录分类

操作系统中存在着大量的数据文件信息，文件信息存在于系统相应目录中。为了更好地管理数据信息，需要将系统进行一些目录规划，不同目录存放不同的资源。大体上可把 CentOS 的目录分为管理类、用户类、应用程序类、信息类文件和其他重要目录。

1. 管理类目录

（1）/boot：Linux 的内核及引导系统程序所需要的文件目录。

（2）/bin：存放标准 Linux 的工具，在终端命令行输入 ls，系统就会到该目录查看是否存在该命令程序。

（3）/sbin：大多存放的是涉及系统的管理命令，是超级权限用户 root 的可执行命令存放地，普通用户无权限执行这个目录下的命令。

（4）/var：该目录的内容是经常变动的，用来存储经常被修改的文件，如日志、数据文件、邮箱等。

（5）/etc：主要存放系统配置方面的文件。

（6）/dev：主要存放与设备有关的文件。

（7）/mnt：这个目录一般用于存放挂载存储设备的挂载目录，如 cdrom 等目录。

2．用户类目录

（1）/root：系统管理员目录。

（2）/home：主要存放个人数据。

3．应用程序类目录

（1）/lib：用来存放系统动态链接共享库，几乎所有的应用程序都会用到该目录下的共享库。

（2）/tmp：临时目录，有些 Linux 会定期清理该目录下的内容。

（3）/usr：存放一些不适合放在/bin 或/etc 目录下的额外工具，如个人安装的程序或工具。

（4）/usr/local：主要存放那些手动安装的软件。

（5）/usr/bin：用于存放程序。

（6）/usr/share：用于存放一些共享数据。

（7）/usr/lib：存放一些不能直接运行，但却是许多程序运行所必需的函数库文件。

（8）/opt：主要存放可选程序，直接删除程序不影响其系统设置。安装到/opt 目录下的程序，它的所有数据、库文件等都放在同一个目录下。

4．信息类文件目录

（1）/lost+found：在 ext2 或 ext3 文件系统中，当系统意外崩溃或机器意外关机时所产生的文件碎片即放在这里。

（2）/proc：操作系统运行时，进程信息及内核信息（如 CPU、硬盘分区、内存信息等）存放在这里。

5．其他重要目录

（1）/etc/rc.d：放置开机和关机的脚本。

（2）/etc/rc.d/init.d：放置启动脚本。

（3）/etc/xinetd.d：可以配置 xinetd.conf 实现启动其他额外服务。

（4）/usr/include：一些 distribution 套件的头文件放置目录，安装程序时可能会用到。

（5）/usr/lib：套件的程序库。

（6）/usr/local：默认的软件安装目录。

（7）/usr/share/doc：系统说明文件的放置目录。

（8）/usr/share/man：程序说明文件的放置目录。

（9）/usr/src：内核源代码目录。

（10）/usr/X11R6：X 的存放目录。

2.1.2 重要目录的主要文件

（1）/bin：该目录中存放 Linux 的常用命令，初学者可以将其类比于 Windows 系统下的 exe 文件目录集合。

① at：将文件链接到标准输出。

② chgrp：改变文件所在组。

③ chmod：改变文件访问权限。

④ chown：改变文件所有者和组。

⑤ cp：复制文件和目录。

⑥ date：打印或者设置系统日期和时间。

⑦ dd：转换和复制文件。

⑧ df：报告文件系统磁盘空间使用情况。

⑨ dmesg：打印或控制内核消息缓存区。

⑩ echo：显示一行文本。

⑪ false：什么也不做，只返回不成功信息。

⑫ hostname：显示或者设置系统主机名。

⑬ kill：向进程发送消息。

⑭ ln：在文件之间创建链接。

⑮ login：在系统上开启会话。

⑯ ls：列出目录文件。

⑰ mkdir：创建目录。

⑱ mknod：创建块或字符设备文件。

⑲ more：按页翻看文件。

⑳ mount：挂载文件系统。

㉑ mv：移动或重命名文件。

㉒ ps：查看系统进程状况。

㉓ pwd：打印当前工作目录路径。

㉔ rm：删除文件或目录。

㉕ rmdir：删除空目录。

㉖ sed：流文本编辑器。

㉗ sh：Shell（壳）脚本文件。

㉘ stty：改变和打印终端行设置。

㉙ su：切换用户 ID。

㉚ sync：清理文件系统缓存。

㉛ true：什么也不做，只返回成功信息。

㉜ umount：卸载文件系统。

㉝ uname：打印系统信息。

㉞ tar：档案工具。

㉟ gzip：GNU 压缩工具。

㊱ gunzip：GNU 解压工具。

㊲ zcat：GNU 解压工具。

㊳ netsatart：网络统计工具。

㊴ ping：ICMP 网络测试工具。

（2）/sbin：该目录用来存放系统管理员使用的管理程序。

① fsck.*：针对某一特定文件系统检查和修复。

② shutdown：关闭系统。

③ fsck：文件系统检查和修复。

④ fdisk：操作分区表。

⑤ mkfs.*：创建特定的文件系统。

⑥ mkswap：设置交换分区命令。

⑦ init：初始化启动级别。

⑧ ifconfig：配置网络。

⑨ update：周期性清洗文件系统缓存的后台服务。

⑩ mkfs：创建文件系统。

⑪ halt：关机命令。

⑫ /sbin/sysctl -p：立即生效内核配置。

⑬ swapon：启用交换分区。

⑭ runlevel：查看系统启动级别。

⑮ reboot：重启系统。

⑯ swapoff：关闭交换分区。

⑰ route：IP 路由表。

（3）/var：该目录用来存放那些经常被修改的文件，包括各种日志、数据文件。

① /var/tmp：系统两次启动之间的临时数据。

② /var/spool：mail、news、打印队列和其他队列工作的目录。

③ /var/run：有关正在运行的进程数据。

④ /var/log：各种程序的日志文件和目录。

⑤ /var/lock：锁定文件。

⑥ /var/local：存放/usr/local 中安装程序的可变数据。

⑦ /var/lib：系统运行时改变的文件。

⑧ /var/cache：应用程序缓存。

（4）/etc：该目录存放系统管理时要用到的各种配置文件和子目录，如网络配置文件、文件系统、X 系统配置文件、设备配置信息、用户信息等。

① etc/login.defs：设置用户账号限制的文件。

② /etc/skel/：默认创建用户时，把该目录复制到 home 目录下。

③ /etc/redhat-release：查看系统版本。

④ /etc/exports：设置 NFS 系统用的配置文件路径。

⑤ /etc/init.d：存放系统启动脚本。

⑥ /etc/profile、/etc/csh.login、/etc/csh.cshrc：全局系统环境配置变量。

⑦ /etc/sudoers：sudo 命令的配置文件。

⑧ /etc/syslog.conf：系统日志参数配置。

⑨ /etc/sysconfig/network-scripts/ifcfg-eth0：网卡设备 eth0 配置。

⑩ /etc/sysconfig/network：IP、掩码、网关、主机名配置。

⑪ /etc/securetty：root 用户登录 tty 访问权限控制。

⑫ /etc/shadow：在安装了影子口令软件的系统上的影子口令文件。影子口令文件将 /etc/passwd 文件中的加密口令移动到/etc/shadow 中，而后者只对 root 可读，这使破译口令更困难。

⑬ /etc/printcap：打印机配置。不同打印机语法不同。

⑭ /etc/shells：有效的登录 Shell 的路径名称。

⑮ /etc/resolv.conf：DNS 服务器配置。

⑯ /etc/mtab：文件系统的动态信息，如 df 命令。

⑰ /etc/hosts：本地域名解析文件。

⑱ /etc/issue：在登录提示符前的输出信息。通常包括系统的一段短说明或欢迎信息，内容由系统管理员确定。

⑲ /etc/magic：file 的配置文件。包含不同文件格式的说明，file 基于它猜测文件类型。

⑳ /etc/motd：当天登录后的消息提示文件。

㉑ /etc/inittab：调整系统启动级别的配置文件。

㉒ /etc/group：类似/etc/passwd，但说明的不是用户而是组。

㉓ /etc/modprobe.conf：内核模块的额外参数设定。

㉔ /etc/fstab：启动时 mount -a 命令（在/etc/rc 或等效的启动文件中）自动 mount 的文件系统列表。在 Linux 下，也包括用 swapon -a 启用的 swap 区的信息。

㉕ /etc/passwd：用户数据库，其中的域给出了用户名、真实姓名、home 目录、加密口令和用户的其他信息。

㉖ /etc/rc、/etc/rc.d、/etc/rc*.d：启动或改变运行级别时 scripts 或 scripts 的目录。

（5）/dev：该目录包含了 Linux 系统中使用的所有外部设备，它实际上是访问这些外部设备的端口，访问这些外部设备与访问一个文件或一个目录没有区别。

① /dev/urandom：随机数设备。

② /dev/pilot => /dev/ttyS[0-9]。

③ /dev/random：随机数设备。

④ /dev/modem => /dev/ttyS[0-9]。

⑤ /dev/cdrom => /dev/hdc。

⑥ /dev/fb[0-31]：framebuffer。

⑦ /dev/console：控制台。

⑧ /dev/lp[0-3]：并口。

⑨ /dev/ttyS[0-3]：串口。

⑩ /dev/tty[0-63]：虚拟终端。

⑪ /dev/zero：无限零资源。

⑫ /dev/null：无限数据接收设备，相当于黑洞。

⑬ /dev/ram[0-15]：内存。

⑭ /dev/loop[0-7]：本地回环设备。

⑮ /dev/md[0-31]：软 raid 设备。

⑯ /dev/fd[0-7]：标准软驱。

⑰ /dev/sd[a-z]：SCSI 设备。

⑱ /dev/hd[a-t]：IDE 设备。

（6）/usr：用户的应用程序和文件几乎都存放在该目录下。

① /X11R6：存放 X Window 系统。

② /bin：存放增加的用户程序。

③ /dict：存放字典。

④ /doc：存放追加的文档。

⑤ /etc：存放设置文件。

⑥ /games：存放游戏和教学文件。

⑦ /include：存放 C 开发工具的头文件。

⑧ /info：存放 GNU 信息文件。

⑨ /lib：存放库文件。

⑩ /local：存放本地产生的及增加的应用程序。

⑪ /man：存放在线帮助文件。

⑫ /sbin：存放增加的管理程序。

⑬ /share：存放结构独立的数据。

⑭ /src：存放程序的源代码。

（7）/proc：可以在该目录下获取系统信息，这些信息是在内存中由系统产生的，该目录的内容不在硬盘上而在内存里。

① /proc/buddyinfo：每个内存区中的每个 order 有多少块可用，和内存碎片问题有关。

② /proc/execdomains：Linux 内核当前支持的 execution domains。

③ /proc/mdstat：多硬盘，RAID 配置信息（md=multiple disks）。

④ /proc/ioports：一个设备的输入/输出所使用的注册端口范围。

⑤ /proc/kcore：代表系统的物理内存，存储为核心文件格式，里边显示的是字节数，等于 RAM 大小加上 4Kb。

⑥ /proc/loadavg：根据过去一段时间内 CPU 和 IO 的状态得出的负载状态，与 uptime 命令有关。

⑦ /proc/meminfo：RAM 使用的相关信息。

⑧ /proc/misc：其他主要设备（设备号为 10）上注册的驱动。

⑨ /proc/modules：所有加载到内核的模块列表。

⑩ /proc/mounts：系统中使用的所有挂载。

⑪ /proc/mtrr：系统使用的内存类型范围寄存器（memory type range registers，MTRRs）。

⑫ /proc/partitions：分区中的块分配信息。

⑬ /proc/slabinfo：系统中所有活动的 slab 缓存信息（slab 是 Linux 操作系统的一种内存分配机制）。

⑭ /proc/stat：所有的 CPU 活动信息。

⑮ /proc/fb：帧缓冲设备列表，包括数量和控制它的驱动。

⑯ /proc/sysrq-trigger：使用 echo 命令来写这个文件时，远程 root 用户可以执行大多数的系统请求关键命令，就好像在本地终端执行一样。要写入这个文件，不能把 /proc/sys/kernel/sysrq 设置为 0。这个文件对 root 也是不可读的。

⑰ /proc/filesystems：内核当前支持的文件系统类型。

⑱ /proc/kmsg：记录内核生成的信息，可以通过/sbin/klogd 或/bin/dmesg 来处理。

⑲ /proc/locks：内核锁住的文件列表。

⑳ /proc/uptime：系统已经运行了多久。

㉑ /proc/swaps：交换空间的使用情况。

㉒ /proc/version：Linux 内核版本和 gcc 版本。

㉓ /proc/bus：目录下存放系统总线信息，如 pci/usb 等。

㉔ /proc/driver：目录下存放驱动信息。

㉕ /proc/fs：目录下存放文件系统信息。

㉖ /proc/irq：中断请求设备信息。

㉗ /proc/net：目录下网卡设备信息。

㉘ /proc/scsi：SCSI 设备信息。

㉙ /proc/dma：已注册使用的 ISA DMA 频道列表。

㉚ /proc/tty：tty 设备信息。

㉛ /proc/net/dev：显示网络适配器及统计信息。

㉜ /proc/vmstat：虚拟内存统计信息。

㉝ /proc/diskstats：取得磁盘信息。

㉞ /proc/schedstat：kernel 调度器的统计信息。

㉟ /proc/zoneinfo：显示内存空间的统计信息，对分析虚拟内存行为很有用。

㊱ /proc/cmdline：启动时传递给 kernel 的参数信息。

㊲ /proc/cpuinfo：CPU 的信息。

㊳ /proc/devices：已经加载的设备并分类。

2.2　CentOS 的命令行操作

Linux 命令是对 Linux 系统进行管理的命令。在 Linux 中命令是非常重要的，学好命令的用法可非常高效地实现 Linux 系统的管理和操作配置。与之前的 DOS 命令类似，Linux 系统管理命令是 Linux 能正常运行的核心。Linux 命令在系统中有两种类型，即内置 Shell 命令和 Linux 命令。当然 Linux 操作系统也有与 Windows 一样的操作界面，只是 Linux 的命令能让使用者更好地对系统进行管理。

> **注意**
>
> 在 Linux 中，几乎所有的命令都是严格区分大小写的，不能混用。

2.2.1　查看目录命令 ls

ls 是 list 的缩写，通过 ls 命令不仅可以查看 Linux 文件夹包含的文件，而且还可以查看文件权限（包括目录、文件夹、文件权限）、查看目录信息等，如图 2.2 所示。ls 命令可与不同参数形成组合以查看不同目标内容，如"ls -lrS"表示按文件大小反序排列显示文件详细信息。

ls 命令参数如下。

ls：不加参数列出目录的所有文件，不包含隐藏文件。

ls -a：列出目录所有文件，包含以.开始的隐藏文件。

ls -A：列出除.及..的其他文件。

ls -r：反序排列。

ls -t：以文件修改时间排序。

ls -S：以文件大小排序。

ls -h：以易读大小显示。

ls -l：除了文件名外，还将文件的权限、所有者、文件大小等信息详细列出来。

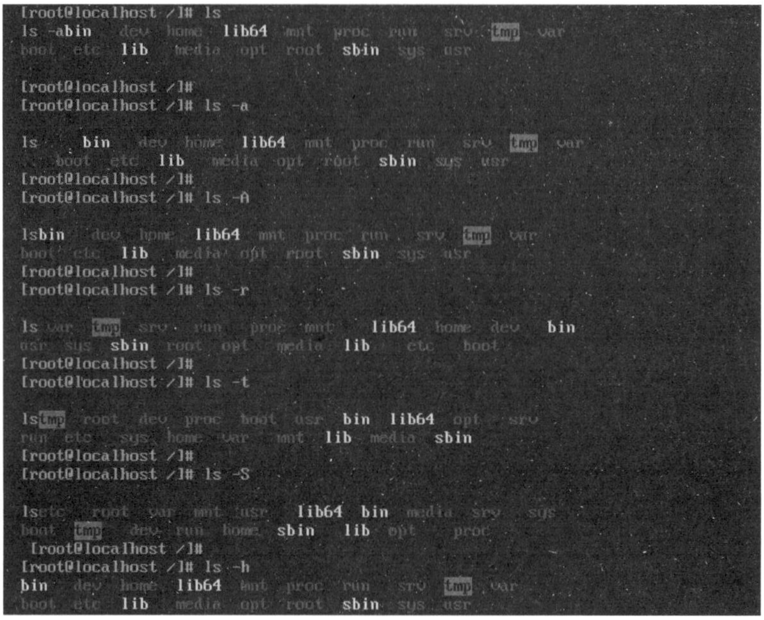

图 2.2　ls 的命令演示

2.2.2　切换目录命令 cd 和查看当前目录命令 pwd

cd 就是 change directory（改变目录）的缩写。通过 cd 命令可以改变当前工作目录，如同 Windows 中文件夹的选择一样。

pwd：查看当前的工作目录。

cd /：进入根目录。

cd ~：进入当前用户的 home 目录，可以类比 Windows 系统中"我的文档"文件夹。

cd -：切换到上次用过的工作路径。

cd ..：返回上级目录或父目录。

cd /home：进入 home 目录，系统存在/home 即可进入。

cd etc：若当前目录下有 etc 目录方可进入，若没有则报错。

cd ../..：返回上两级目录。

cd .：进入当前目录，无实际意义，工作目录并不会改变。

小知识

"路径""目录""文件夹"这三个名称一般情况下可以理解为同一个意思。

cd 命令的使用实例如图 2.3 所示。

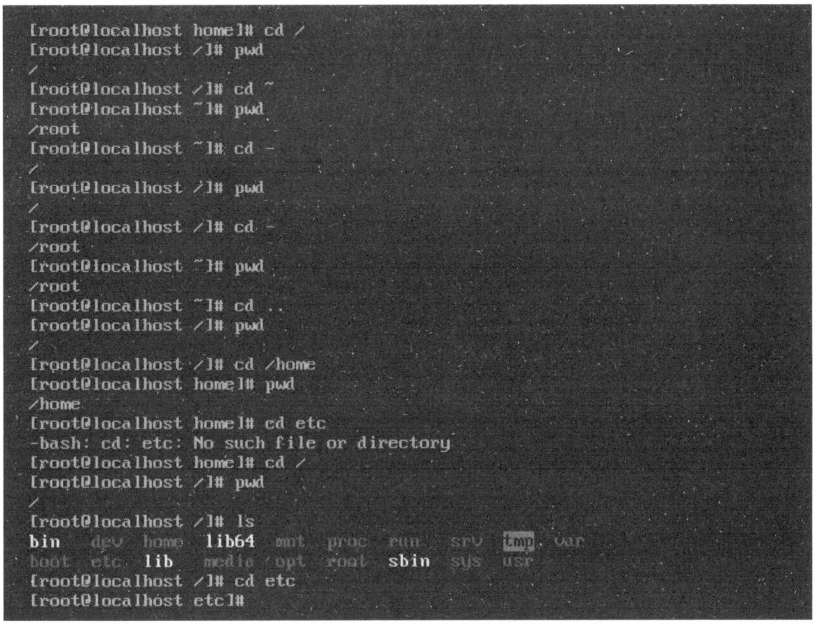

（a）

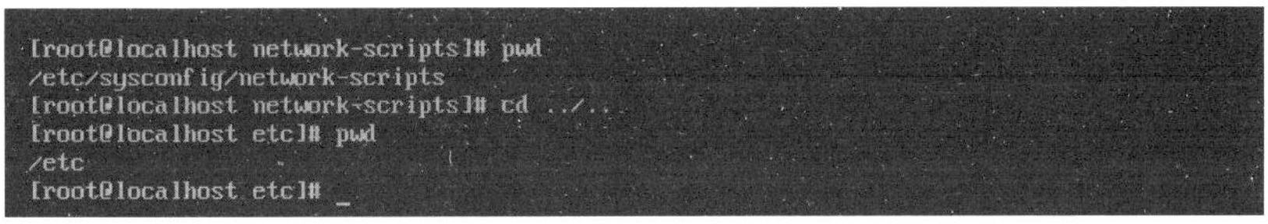

（b）

图 2.3　cd 命令的使用

小技巧

　　若在切换目录中出现中文目录名，可以先使用 ls 命令查看目录，然后使用 Ctrl+Shift+C 组合键复制中文目录名，使用 Ctrl+Shift+V 组合键粘贴目录名。有些特殊情况下中文不能直接使用，可以在中文外加上双引号。在 Linux 中是不允许目录名中包含空格字符的，但是在 Windows 中可以。如果在 Linux 中链接或者登录了 Windows 系统，在使用带空格的中文目录时可以加上双引号。

　　绝对路径和相对路径是在切换路径、创建文件和文件夹、打开文件、关联文件时经常使用的两个方法。简单来说，绝对路径是从 "/" 根目录开始计算的；相对路径是从当前目录开始计算的。

例如，当前目录为"/"目录，分别用绝对路径和相对路径进入 etc 目录。

cd /etc：这个命令使用的是绝对路径。

cd etc：这个命令使用的是相对路径。

若当前目录不在"/"根目录下，在其他任意目录中输入命令 cd /etc 均可进入/etc 目录；但是输入 cd etc 则不能进入/etc 目录，会出现报错，如图 2.4 所示。

图 2.4　绝对路径和相对路径的比较

2.2.3　创建新目录（文件夹）命令 mkdir

mkdir 是 make directory 的缩写，用于创建新目录。

mkdir test：在当前目录下创建一个新目录 test，如图 2.5 所示。

图 2.5　创建 test 目录

mkdir -p a/b/c：在当前目录下创建一个新文件夹 a，同时在 a 中创建一个文件夹 b，再在 b 中创建一个文件夹 c，"-p"的作用是当目录 a 不存在则创建，若不加"-p"则报错，如图 2.6 所示。

图 2.6　创建 a/b/c 文件夹

2.2.4　删除目录或文件命令 rm 和 rmdir

rm 是 remove 的缩写，一般用来删除文件；rmdir 是 remove directory 的缩写，一般用来删除一个目录中的一个或多个文件或目录。如果 rm 没有使用"-r"选项，则 rm 不会删除目录。rmdir 是专用来删除目录的。

rm -r test：删除当前目录下的 test 文件夹，如图 2.7 所示。

rm file：删除当前目录下的 file 文件，如图 2.8 所示。

```
[root@localhost 桌面]# ls
a  file1   test
[root@localhost 桌面]# rm -r test
rm: 是否删除目录 'test'? y
[root@localhost 桌面]# ls
a  file1
[root@localhost 桌面]#
```

图 2.7　rm 删除目录的使用

```
[root@localhost 桌面]# ls
a  file1
[root@localhost 桌面]# rm file1
rm: 是否删除普通空文件 'file1'? y
[root@localhost 桌面]# ls
a
[root@localhost 桌面]# █
```

图 2.8　rm 删除文件的使用

小提示

在删除命令中，文件夹名称后面是否添加"/"符号不影响删除效果，如 rm -rf test/ 和 rm -rf test 效果一样。

rm -rf test："-f"参数会不加提示直接删除当前目录下的 test 文件，如图 2.9 所示。

rm -rf *：删除当前目录下的所有文件且不会有删除提示，此命令要慎用。

```
[root@localhost 桌面]# ls
a  file1.txt   test
[root@localhost 桌面]# rm -rf test
[root@localhost 桌面]# ls
a  file1.txt
[root@localhost 桌面]# rm -f file1.txt
[root@localhost 桌面]# ls
a
```

图 2.9　删除文件

2.2.5　创建文件命令 touch

使用 touch 命令创建文件，可以更新现有文件和目录的时间戳以及创建新文件。

touch file1.txt：在当前目录下创建 file1.txt 文件，而且可以创建多个，如图 2.10 所示。

不过在 Linux 中有很多方法都可以创建文件，它们虽然不是专门用来创建文件的，但是在工作中反而会常用到。下面举三个例子。

（1）使用重定向运算符创建文件。

> file2.txt：在当前目录下创建 file2.txt 文件，如图 2.11 所示。

```
[root@localhost 桌面]# ls
a
[root@localhost 桌面]# touch file1.txt
[root@localhost 桌面]# ls
a  file1.txt
[root@localhost 桌面]# touch a.txt b.txt c.txt
[root@localhost 桌面]# ls
a  a.txt  b.txt  c.txt  file1.txt
[root@localhost 桌面]#
```

图 2.10　用 touch 命令创建文件

```
[root@localhost 桌面]# ls
a
[root@localhost 桌面]# > file2.txt
[root@localhost 桌面]# ls
a  file2.txt
[root@localhost 桌面]#
```

图 2.11　创建文件重定向

（2）使用 echo 命令创建文件。

echo > file3.txt：在当前目录下创建 file3.txt 文件，如图 2.12 所示。

echo "welcome my file" > file4.txt：创建 file4.txt 文件的同时可以将"welcome my file"
语句写入文件，如图 2.12 所示。

```
[root@localhost 桌面]# echo > file3.txt
[root@localhost 桌面]# ls
a  file2.txt  file3.txt
[root@localhost 桌面]# echo "welcome my file" > file4.txt
[root@localhost 桌面]# ls
a  file2.txt  file3.txt  file4.txt
[root@localhost 桌面]#
```

图 2.12　用 echo 命令创建文件

（3）使用 vi 命令创建文件。

vi file5.txt：在当前目录下创建 file5.txt 文件。由于 vi 命令的使用比较复杂且重要，
后面有个专题讲解，这里不做演示。

2.2.6　查看文件命令 cat、tac、head、tail、more、less、nl

在 Linux 中查看文件的命令有很多，不同命令会产生不同的查看效果，cat 是最常
用的查看文件的命令。

cat file4.txt：可以查看 file4.txt 文件的内容，如图 2.13 所示。

```
[root@localhost 桌面]# cat file4.txt
welcome my file
[root@localhost 桌面]#
```

图 2.13　用 cat 命令查看文件

tac file4.txt：可以从后往前查看 file4.txt 文件的内容，如图 2.14 所示。

```
[root@localhost 桌面]# cat file4.txt
welcome my file
zhe shi di 2 hang !
[root@localhost 桌面]# tac file4.txt
zhe shi di 2 hang !
welcome my file
```

图 2.14　用 tac 命令查看文件

head file4.txt：可以查看 file4.txt 文件的前几行内容，如图 2.15 所示。

tail file4.txt：可以查看 file4.txt 文件的后几行内容，如图 2.16 所示。

```
[root@localhost 桌面]# head file4.txt
welcome my file
zhe shi di 2 hang !
zhe shi di 3 hang !
zhe shi di 4 hang !
zhe shi di 5 hang !
zhe shi di 6 hang !
zhe shi di 7 hang !
zhe shi di 8 hang !
zhe shi di 9 hang !
zhe shi di 10 hang !
[root@localhost 桌面]#
```

图 2.15　用 head 命令查看文件

```
[root@localhost 桌面]# tail file4.txt
zhe shi di 11 hang !
zhe shi di 12 hang !
zhe shi di 13 hang !
zhe shi di 14 hang !
zhe shi di 15 hang !
zhe shi di 16 hang !
zhe shi di 17 hang !
zhe shi di 18 hang !
zhe shi di 19 hang !
zhe shi di 20 hang !
[root@localhost 桌面]#
```

图 2.16　用 tail 命令查看文件

more file4.txt：当遇到大文件时屏幕无法一次显示整个文件内容，可以使用 more 命令通过分页查看 file4.txt 文件的全部内容，按空格键翻页，按 Ctrl+B 组合键返回上一页，如图 2.17 所示。

```
[root@localhost 桌面]# more file4.txt
welcome my file
zhe shi di 2 hang !
zhe shi di 3 hang !
zhe shi di 4 hang !
zhe shi di 5 hang !
zhe shi di 6 hang !
zhe shi di 7 hang !
zhe shi di 8 hang !
zhe shi di 9 hang !
zhe shi di 10 hang !
zhe shi di 11 hang !
zhe shi di 12 hang !
zhe shi di 13 hang !
zhe shi di 14 hang !
zhe shi di 15 hang !
zhe shi di 16 hang !
zhe shi di 17 hang !
zhe shi di 18 hang !
zhe shi di 19 hang !
zhe shi di 20 hang !
zhe shi di 21 hang !
zhe shi di 22 hang !
zhe shi di 23 hang !
zhe shi di 24 hang !
--更多--(79%)
```

图 2.17　用 more 命令查看文件

less file4.txt：可以查看 file4.txt 文件的内容，翻页更方便（按 PageUp 键向上翻页，按 PageUp 键向下翻页），但查看结束后并不会在屏幕终端留下文件内容，如图 2.18 所示。

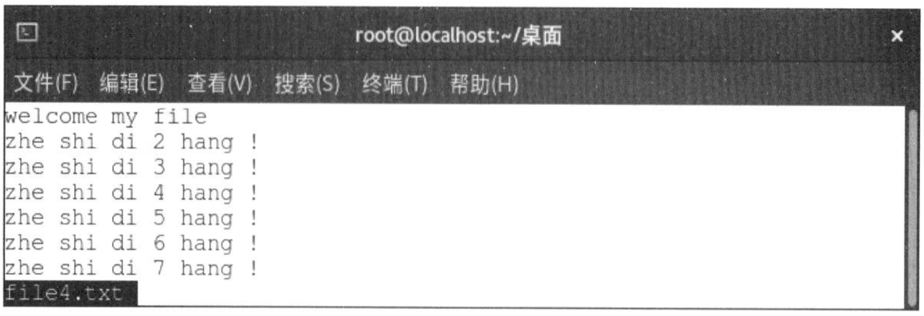

图 2.18　用 less 命令查看文件

nl file5.txt：可以查看 file5.txt 文件的内容，同时输出行号，如图 2.19 所示。

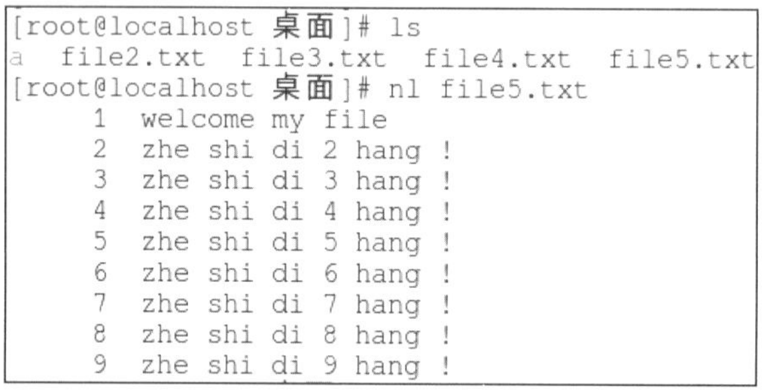

图 2.19　用 nl 命令查看文件

2.2.7　复制文件或目录命令 cp

cp 是 copy 的缩写，可以用来复制文件或者目录。

cp a.txt b.txt：可以将源文件 a.txt 复制到新文件 b.txt，同时，b.txt 中的内容和 a.txt 中的内容一致，如图 2.20 所示。

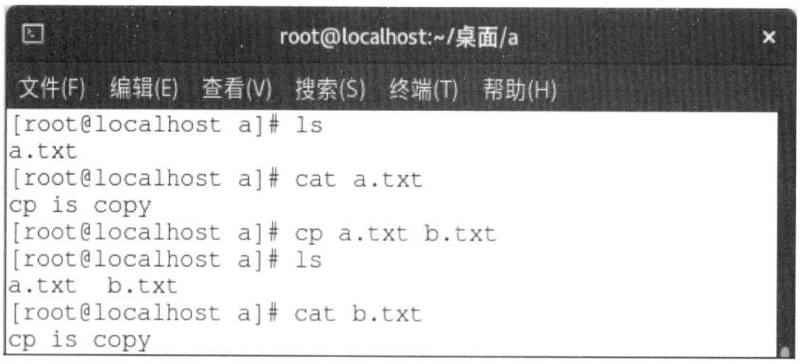

图 2.20　复制文件

cp -r test/ test1/：在 cp 命令中加上"-r"参数可以完成整个文件夹的复制，如图 2.21 所示。

```
root@localhost:~/桌面/a
文件(F)  编辑(E)  查看(V)  搜索(S)  终端(T)  帮助(H)
[root@localhost a]# ls
test
[root@localhost a]# ls test/
a.txt  b.txt  c
[root@localhost a]# cp -r test/ test1
[root@localhost a]# ls
test  test1
[root@localhost a]# ls test1/
a.txt  b.txt  c
```

图 2.21　文件夹复制

cp -s a.txt s.txt：此命令并不会复制文件，会生成一个软连接文件 s.txt。软连接可以类比理解为 Windows 的快捷方式，如图 2.22（a）所示，s.txt 文件指向 a.txt 文件，当 a.txt 删除后，s.txt 也就失去连接目标，不能正常使用了，如图 2.22（b）所示。

```
[root@localhost test]# cp -s a.txt s.txt
[root@localhost test]# ll
总用量 8
-rw-r--r--. 1 root root 11 3月  21 11:49 a.txt
-rw-r--r--. 1 root root 11 3月  21 11:49 b.txt
drwxr-xr-x. 2 root root 19 3月  21 16:31 c
lrwxrwxrwx. 1 root root  5 3月  21 17:12 s.txt -> a.txt
[root@localhost test]# _
```

（a）创建软连接

```
[root@localhost test]# rm a.txt
rm：是否删除普通文件 'a.txt'? y
[root@localhost test]# ls
b.txt  c  s.txt
[root@localhost test]# ll
总用量 4
-rw-r--r--. 1 root root 11 3月  21 11:49 b.txt
drwxr-xr-x. 2 root root 19 3月  21 16:31 c
lrwxrwxrwx. 1 root root  5 3月  21 17:12 s.txt -> a.txt
[root@localhost test]# 
```

（b）删除软连接源文件

图 2.22　软连接的创建及删除

cp -l a.txt l.txt：此命令并不会复制文件，会生成一个硬连接 l.txt。从文件类型上可以看出 l.txt 和 a.txt 没有区别，当 a.txt 改变后，l.txt 也发生了改变；a.txt 删除后，l.txt 并没有失效，还可以正常使用，如图 2.23 所示。这也正是硬连接和软连接的区别，具体原理如图 2.24 所示。

图 2.23　复制文件生成硬连接

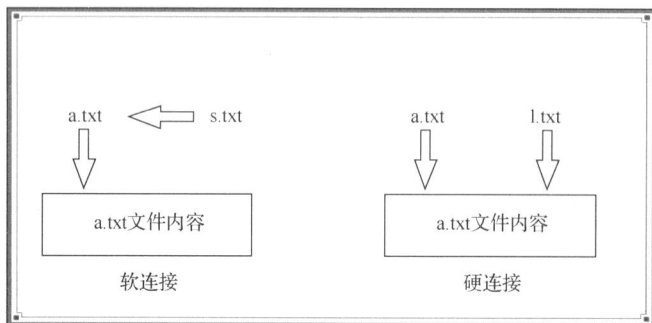

图 2.24　软连接和硬连接原理示意图

2.2.8　移动文件或者目录命令 mv

mv 即 move 的缩写，可以用来移动文件或目录。与 Windows 下的剪切功能相似，同时具有更名的功能。

mv a.txt b.txt：由于 a.txt 和 b.txt 在同一个目录下，从效果看是没有移动的，就只是改了名，如图 2.25 所示。

mv b.txt c/：此命令可以使 a.txt 文件移动到文件夹 c 下，如图 2.26 所示。

```
[root@localhost mv]# ls
a.txt
[root@localhost mv]# mv a.txt b.txt
[root@localhost mv]# ls
b.txt
```

图 2.25　用 mv 命令为文件改名

```
[root@localhost mv]# ls
b.txt
[root@localhost mv]# mkdir c
[root@localhost mv]# ls
b.txt   c
[root@localhost mv]# mv b.txt c/
[root@localhost mv]# ls c/
b.txt
```

图 2.26　用 mv 命令移动文件

mv b.txt d/e.txt：此命令可以使 b.txt 文件移动到文件夹 d 下并改名为 e.txt，如图 2.27 所示。

mv d f：此命令可以将整个文件夹 d 移动至文件夹 f 中，如图 2.28 所示。

```
[root@localhost c]# ls
b.txt   d
[root@localhost c]# mv b.txt d/e.txt
[root@localhost c]# ls d
e.txt
[root@localhost c]#
```

图 2.27　用 mv 命令移动文件并改名

```
[root@localhost c]# ls
d  f
[root@localhost c]# mv d f
[root@localhost c]# ls f
d
```

图 2.28　用 mv 命令移动目录

2.2.9　更改权限命令 chmod

在 Linux 中文件和目录有一个属性值，用 10 位字符用来表示它们的权限和类型，可使用 "ls -l" 或者 "ll" 来查看文件权限和类型。

（1）第 1 位字符表示文件的类型：

"-" 表示文本类型，是 Linux 中使用最多的一种文件类型。

"d" 字符表示目录类型，即文件夹。

"l" 字符表示符号链接，即软连接。

"c" 字符表示字符设备文件，如键盘鼠标，此类文件在/dev 目录下常见。

"b" 字符表示块设备文件，如硬盘/dev/hda1 等，也在/dev 目录下常见。

"s" 字符表示套接字文件，通常用在网络数据连接中，在/dev/run 目录下常见。

（2）第 2~9 位字符可以分为三组：第一组为所有者，简称 "u"；第二组为所有者的同组用户，称为用户组，简称 "g"；第三组为其他用户，简称 "o"，如图 2.29 所示。每组的每一位有两种常见的情况。

"r" 代表可读，"-" 代表不可读。

"w" 代表可写，"-" 代表不可写。

"x" 代表可执行，"-" 代表不可执行。

由此可知，图 2.29 所示的是一个目录，"所有者" 和 "用户组" 具有可读、可写、可执行权限，"其他用户" 有可读可写不可执行的权限。

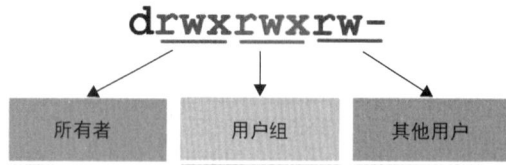

图 2.29　文件权限

对于 3 组权限位，当权限中的某位对应为"-"时，用"0"表示；如果对应为字母时，用"1"表示，则图 2.29 所示目录的权限可表示为 111 111 110，按每组转化为十进制后为 776。因此，图 2.29 所示的权限用 776 表示更为简单。

在 Linux 中新建的一个文件默认权限是 644，若要使所有者拥有执行权限，则可以使用以下命令。

chmod 744 file1.txt：在权限中 7 代表"111"，即"rwx"，因此增加了执行权限，chmod u+x file2.txt："u"是文件所有者，"+"是添加，"x"是执行权限，如图 2.30 所示。

```
[root@localhost chmod]# ll
总用量 0
-rw-r--r--. 1 root root 0 3月  21 21:18 file1.txt
-rw-r--r--. 1 root root 0 3月  21 21:26 file2.txt
[root@localhost chmod]# chmod 744 file1.txt
[root@localhost chmod]# chmod u+x file2.txt
[root@localhost chmod]# ll
总用量 0
-rwxr--r--. 1 root root 0 3月  21 21:18 file1.txt
-rwxr--r--. 1 root root 0 3月  21 21:26 file2.txt
```

图 2.30　更改文件权限

2.2.10　添加用户命令 useradd 及设置密码命令 passwd

Linux 系统中的用户"root"是超级管理员，具有最高权限，因此直接用 root 用户操作虽然方便，但也容易出现不安全操作。通过新建一个普通用户可以大大降低这个风险。

useradd user1：此命令可以新建一个用户"user1"，通过查看/etc/passwd 文件可以看到 user1 用户已经新建成功，如图 2.31 所示。

```
[root@localhost home]# useradd user1
[root@localhost ~]# tac /etc/passwd
user1:x:1001:1001::/home/user1:/bin/bash
```

图 2.31　新建用户

passwd user1：可以给 user1 用户设置密码，密码在设置过程中是看不到字符的输入结果的，一般要求密码超过 8 位，包含大小写和字符方为安全密码。但是如果强制设置简单密码，也是可以通过的，如图 2.32 所示。

```
[root@localhost home]# passwd user1
更改用户 user1 的密码 。
新的 密码:
无效的密码: 密码少于 8 个字符
重新输入新的 密码:
passwd: 所有的身份验证令牌已经成功更新。
```

图 2.32　更改用户密码

更改密码后,可通过新密码登录系统,如图 2.33 所示。

```
localhost login: user1
Password:
Last failed login: Mon Mar 21 22:27:05 CST 2022 on tty4
There was 1 failed login attempt since the last successful login.
Last login: Mon Mar 21 22:26:51 on pts/0
[user1@localhost ~]$ whoami
user1
[user1@localhost ~]$
```

图 2.33　登录测试

2.2.11　查看系统服务命令 netstat

netstat 命令用于显示各种网络相关信息,如网络连接、路由表、接口状态、链接所属的进程 ID 等众多信息。

netstat -at: 查看系统中所有启用的 tcp 服务(参数 a 表示所有,参数 t 表示 tcp 链接),此命令很常用,如图 2.34 所示。

```
[root@localhost home]# netstat -at
Active Internet connections (servers and established)
Proto Recv-Q Send-Q Local Address        Foreign Address
tcp        0      0 0.0.0.0:sunrpc       0.0.0.0:*
tcp        0      0 0.0.0.0:ssh          0.0.0.0:*
tcp        0      0 localhost:ipp        0.0.0.0:*
tcp6       0      0 [::]:sunrpc          [::]:*
tcp6       0      0 [::]:ssh             [::]:*
tcp6       0      0 localhost:ipp        [::]:*
```

图 2.34　系统开启的服务

netstat -r: 可以查看路由表,当然路由表也可以用 route 命令来查看,如图 2.35 所示。

```
[root@localhost home]# netstat -r
Kernel IP routing table
Destination     Gateway         Genmask         Flags   MSS Window  irtt Iface
192.168.1.0     0.0.0.0         255.255.255.0   U         0 0          0 ens33
[root@localhost home]# route
Kernel IP routing table
Destination     Gateway         Genmask         Flags Metric Ref    Use Iface
192.168.1.0     0.0.0.0         255.255.255.0   U     100    0        0 ens33
```

图 2.35　查看路由表

2.2.12　测试网络连通命令 ping

ping 命令用于测试当前设备和远端设备是否连通,也可以用来检查自身网络信息是否通畅,如图 2.36 所示。

ping 127.0.0.1：测试系统自身回环地址网络是否正常，如图 2.36 所示。

```
[root@localhost home]# ping 127.0.0.1
PING 127.0.0.1 (127.0.0.1) 56(84) bytes of data.
64 bytes from 127.0.0.1: icmp_seq=1 ttl=64 time=0.089 ms
64 bytes from 127.0.0.1: icmp_seq=2 ttl=64 time=0.074 ms
64 bytes from 127.0.0.1: icmp_seq=3 ttl=64 time=0.071 ms
64 bytes from 127.0.0.1: icmp_seq=4 ttl=64 time=0.072 ms
^C
--- 127.0.0.1 ping statistics ---
4 packets transmitted, 4 received, 0% packet loss, time 3063ms
rtt min/avg/max/mdev = 0.071/0.076/0.089/0.011 ms
```

图 2.36　测试系统回环地址

ping www.baidu.com：测试系统到百度服务器是否连通，如图 2.37 所示。

```
[root@localhost home]# ping www.baidu.com
PING www.a.shifen.com (14.215.177.38) 56(84) bytes of data.
64 bytes from 14.215.177.38 (14.215.177.38): icmp_seq=1 ttl=53 time=7.01 ms
64 bytes from 14.215.177.38 (14.215.177.38): icmp_seq=2 ttl=53 time=9.86 ms
64 bytes from 14.215.177.38 (14.215.177.38): icmp_seq=3 ttl=53 time=6.76 ms
64 bytes from 14.215.177.38 (14.215.177.38): icmp_seq=4 ttl=53 time=9.06 ms
^C
--- www.a.shifen.com ping statistics ---
4 packets transmitted, 4 received, 0% packet loss, time 3008ms
rtt min/avg/max/mdev = 6.755/8.169/9.856/1.324 ms
```

图 2.37　测试系统到百度服务器是否连通

小知识

使用 ping 命令时默认会一直发送测试数据包，按 Ctrl + C 组合键才可以结束测试。

2.3　vi 编辑器

文本编辑器有很多，如图形模式的 gedit、kwrite、OpenOffice，文本模式下的编辑器有 vi、vim（vi 的增强版本）。vi 和 vim 是 Linux 中最常用的编辑器，也是 Linux 中最基本的文本编辑工具。vi 和 vim 虽然没有图形界面编辑器那样单击鼠标的简单操作，但 vi 编辑器在系统管理、服务器管理字符界面中，永远是图形界面的编辑器所不能比拟的。

2.3.1　vi 编辑器的三种模式

（1）浏览模式：也称为视图模式，刚进入 vi 编辑器时就是浏览模式，此模式可以进入编辑模式和末行模式。

（2）末行模式：也称为命令模式，可以输入命令对文档进行保存、查询、退出等操作。

（3）编辑模式：也称为插入模式，可以对文档进行编辑。

三种模式的转换方式如图 2.38 所示。

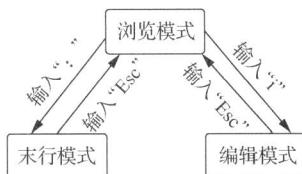

图 2.38 vi 编辑器的三种模式转换

2.3.2 vi 编辑器的使用

启动 vi 编辑器非常简单，只需要在 vi 后加文件名即可，如果该文件不存在则会新建一个文件，因此 vi 编辑器也可以新建文件。如果 vi 后不指定文件名，则 vi 编辑器会打开一个未命名的文件，编辑结束需要给它指定文件名。vi 编辑器常用命令见表 2.1。

表 2.1 vi 编辑器常用命令

命令模式	命令	功能
浏览模式	i	在光标前插入字符
	I	在当前行行首插入字符
	a	在光标后插入字符
	A	在当前行行尾插入字符
	o	在当前行之下插入一行
	O	在当前行之上插入一行
	s	删除当前字符并开始编辑
	S	删除当前行并开始编辑
	u	取消上一步操作
	ctrl + r	恢复"u"撤销的操作
	.	重复上一步操作
	yy	复制光标所在行到剪贴板
	nyy	复制光标往下 n 行到剪贴板
	p	粘贴剪贴板的内容至光标下一行
	dd	删除光标当前行
	ndd	删除从光标行开始往下 n 行
	:	进入末行模式
末行模式	set nu	显示行号
	w	保存文件
	w name	"w"之后加文件名，可以另存为"name"文件
	q	退出 vi 编辑器
	q!	不保存退出 vi 编辑器
	wq	保存并退出 vi 编辑器
	/ ?	"/"输入想要查找的内容按回车键进行查找，按"n"键继续往下查找，按"N"键往上查找。"?"与"/"查找方向相反

vi 在编辑某个文件时，会生成一个临时文件，这个文件以"."开头并以".swp"结

尾。正常退出后该文件自动删除；如果意外退出如忽然断电，该文件不会被删除，在下次编辑时可以选择以下命令处理：

O：只读打开，不改变文件内容；

E：继续编辑文件，不恢复.swp 文件保存的内容；

R：将恢复上次编辑以后未保存文件的内容；

Q：退出 vi 编辑器；

D：删除.swp 文件。

◀ 项目实战 ▶

项目背景：信息专业部的管理员打算在 CentOS 8 桌面上创建一个文件夹用以存放日志。该日志文件夹的详细信息如下。

（1）在桌面创建一个名为"log"的文件夹。

（2）在文件夹"log"中创建一个名为 error.log 的文本文件。

（3）使用 vi 编辑器对 error.log 文件内容进行修改，使其包含"this is error.log"。

（4）查看 error.log 文件的内容。

（5）复制 error.log 文件为 error_backup.log，并查看其内容。

（6）将 error_backup.log 文件移动到"/"根目录下进行备份。

（7）更改 error_backup.log 文件，使其当前用户的权限为可读、可写、可执行，同组用户为可读、不可写、可执行，其他用户不可读、不可写、可执行的权限。并使用适当的命令查看改后的权限。

（8）删除 error.log 文件。

练 习 题

1."查看当前目录下的文件可以通过命令 ll 或者 ls -l"这一说法是（   ）的。

　　A．正确　　　　　　　　　　B．错误

2."在同个目录下创建了文件 test，再创建目录 test 能够成功"这一说法是（   ）的。

　　A．正确　　　　　　　　　　B．错误

3."在'/bin'目录下存放着系统管理员使用的管理程序"这一说法是（   ）的。

　　A．正确　　　　　　　　　　B．错误

4．通过（   ）命令可以进行复制。

　　A．mv　　　　　B．cp　　　　　C．touch　　　　　D．mkdir

5．（   ）目录主要存放那些手动安装的软件。

　　A．/boot　　　　B．/root　　　　C．/var　　　　D．/usr/local

CentOS 安装服务的环境准备

▶ **任务描述**

当操作系统安装完成后，为了更好地管理与维护服务器，需要进一步学习基本操作，掌握对 CentOS 基本环境的配置方法，能够为服务器配置 IP 地址，安装相关软件。

▶ **学习目标**

※**知识目标**

- 了解文件打包与压缩的相关概念与配置命令。
- 掌握运用 YUM 安装方式安装与管理软件方法。
- 掌握 Linux 的网络配置方法。

※**素养目标**

- 建立软件安全意识，能够对网络软件具有分辨能力。

3.1 文件打包与压缩

当从网络上下载一些在 Linux 系统中使用的软件时，往往得到的是一些文件扩展名为".gz"".bz2"".xz"".tar.gz"和".tgz"之类的压缩文件，这些文件都要先解压缩才能安装使用。

在 Linux 中常用的打包、压缩命令是 tar，并通过 du 命令可以查看目录或文件所占用的磁盘空间大小，以对压缩前后的文件大小进行对比。下面介绍 du 命令和 tar 命令的使用方法。

3.1.1 du 命令

du（disk usage）命令用于查看指定目录或文件所占磁盘空间的大小。du 命令的常用选项如下。

-h:人性化显示容量信息，以 K（KB）、M （MB）、G（GB）为单位显示统计结果（默认单位为KB）。

-s:查看目录本身的大小。s 表示求和，如果不加该选项，则会显示指定目录下所有子目录和文件的大小。

例如，查看/etc/ssh/sshd_config 文件的大小，如图 3.1 所示。

```
[root@CentOS-B ~]# du -h /etc/ssh/sshd_config
8.0K    /etc/ssh/sshd_config
[root@CentOS-B ~]#
```

图 3.1　查看/etc/ssh/sshd_config 文件的大小

又例如，查看/etc 目录所占磁盘空间的大小，如图 3.2 所示。

```
[root@CentOS-B ~]# du -hs /etc/
22M     /etc/
[root@CentOS-B ~]#
```

图 3.2　查看/etc 目录所占磁盘空间的大小

小提示

du 命令支持通配符，如查看根目录下每个子目录的大小，如图 3.3 所示。

```
[root@CentOS-B ~]# du -hs /*
8.0K    /Allow
0       /bin
155M    /boot
0       /dev
22M     /etc
0       /home
0       /lib
0       /lib64
0       /Linux
9.4G    /media
0       /opt
```

图 3.3　查看根目录下每个子目录的大小

由于 Linux 系统在磁盘中是以块（block）为单位存储数据。一个块的大小大概为 4KB，因此，当执行 ll 命令时，查看的文件大小是文件的实际大小，而执行 du 命令时查看的文件大小是文件实际所占用的磁盘空间大小。

例如，新建文件 test，并向其中存放一个字符"a"。由于英文字符在计算机中以 ASCII 码的形式存放，并且在每行的末尾还会自动添加一个换行符 "\n"，因此执行 ll 命令查看到的文件实际大小为两个字节，而执行 du 命令查看到的文件所占用的磁盘空间大小则为 4KB，如图 3.4 所示。

小提示

du 命令查看到的文件占用磁盘空间大小是 4KB。

图 3.4　ll 命令与 du 命令查看文件大小

3.1.2　通过 tar 命令进行打包与压缩

Linux 系统中的打包和压缩是两个分开的操作。打包就是将多个文件或目录合并保存为一个整体的包文件，以方便传输；压缩则可以减小包文件所占用的磁盘空间。

Linux 中常用的打包命令为 tar（tape archive）；常用的压缩命令有三个，即 gzip、bzip2 和 xz。用 gzip 压缩的文件通常使用 ".gz" 作为文件名后缀；用 bzip2 压缩的文件通常使用 ".bz2" 作为文件名后缀；用 xz 压缩的文件以 ".xz" 作为文件名后缀。这三种压缩工具都只能针对单个文件进行压缩与解压缩，因此，通常是先通过 tar 命令将多个文件或目录打包成一个包文件，然后调用某种压缩工具对其进行压缩，如文件名后缀为 ".tar.gz"、".tgz" 和 ".tar.bz2" 的文件就属于这种先打包再压缩的文件。

需要注意的是，在打包与压缩的过程中，命令参数中的路径是相对路径，不是绝对路径。用成绝对路径会报错，但不影响压缩与打包，如图 3.5 所示。

图 3.5　使用绝对路径会报错

tar 命令本身只能对目录和文件进行打包，而不能直接进行压缩。如果需要压缩，则需要调用相关参数。

用 tar 命令进行打包或压缩时的格式如下：

tar [选项] 打包或压缩后的文件名　需要打包的源文件或目录

（1）将/root 目录下的所有文件打包成 root.tar，如图 3.6 所示。

图 3.6　将/root 目录下的所有文件打包成 root.tar

小提示

该命令中所用到的选项含义如下。

-c: 创建 ".tar" 格式的包文件，该选项不会对包文件进行压缩。

-v: 显示命令的执行过程。该选项非必需，可根据情况选用。

-f: 指定要打包或解包的文件名称，该选项必须放到选项组合的最后一位。

（2）调用 gzip 将/root 目录下的所有文件打包并压缩成 root.tar.gz，如图 3.7 所示。

图 3.7　通过 gzip 进行打包和压缩

小提示

"-z" 选项表示调用 gzip 来压缩文件。

（3）调用 bzip2 将/root 文件打包并压缩成 root.tar.bz2，如图 3.8 所示。

图 3.8　通过 bzip2 进行打包和压缩

小提示

"-j" 选项表示调用 bzip 来压缩文件。

（4）调用 xz 将/root 目录下的所有文件打包并压缩成 root.tar.xz，如图 3.9 所示。

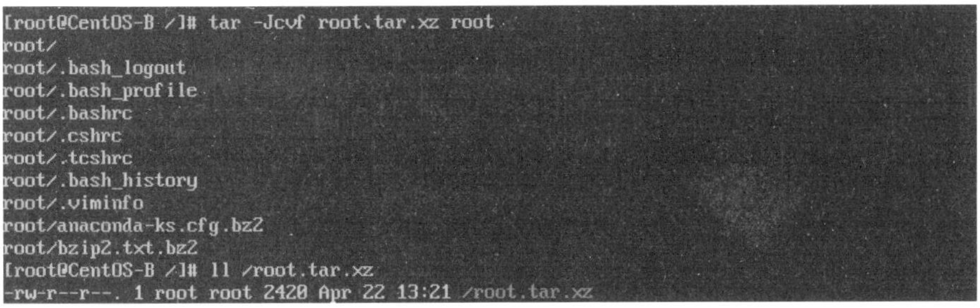

```
[root@CentOS-B /]# tar -Jcvf root.tar.xz root
root/
root/.bash_logout
root/.bash_profile
root/.bashrc
root/.cshrc
root/.tcshrc
root/.bash_history
root/.viminfo
root/anaconda-ks.cfg.bz2
root/bzip2.txt.bz2
[root@CentOS-B /]# ll /root.tar.xz
-rw-r--r--. 1 root root 2420 Apr 22 13:21 /root.tar.xz
```

图 3.9　通过 xz 进行打包和压缩

小提示

"-J" 选项表示调用 xz 来压缩包文件。

接下来通过以上几种方式对/Packages 目录进行压缩打包。执行"du -h Packages.*"命令来比较各个文件的大小，如图 3.10 所示。

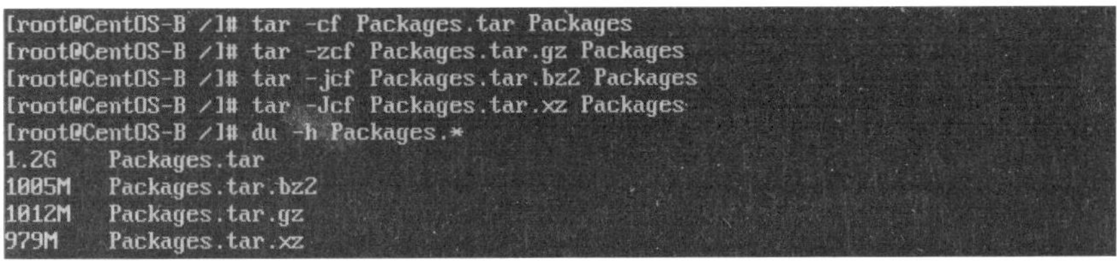

```
[root@CentOS-B /]# tar -cf Packages.tar Packages
[root@CentOS-B /]# tar -zcf Packages.tar.gz Packages
[root@CentOS-B /]# tar -jcf Packages.tar.bz2 Packages
[root@CentOS-B /]# tar -Jcf Packages.tar.xz Packages
[root@CentOS-B /]# du -h Packages.*
1.2G    Packages.tar
1005M   Packages.tar.bz2
1012M   Packages.tar.gz
979M    Packages.tar.xz
```

图 3.10　文件大小对比

可以发现，xz 方式在上述这四种方式中压缩比率是最高的，但压缩过程耗时也最长。换言之，压缩比率通常与耗时成正比。

上面的操作将打包和压缩后生成的文件都保存在当前目录下，如果需要指定保存位置，那么在文件名部分使用绝对路径来指明即可。

例如，调用 gzip 将/etc 目录打包并压缩，然后将压缩文件保存到/tmp 目录，代码如下：

```
[root@localhost~]#tar -zcf /tmp/etc.tar.gz /etc
```

3.1.3　通过 tar 命令进行解包和解压缩

用 tar 命令进行解包或解压缩时的格式如下：

tar [选项] 打包或压缩文件名 [-C 目标目录]

（1）将 root.tar.gz 解压缩到当前目录下，如图 3.11 所示。

执行命令后会在当前目录下创建一个名为 root 的目录，其中存放解压缩后的文件。"-x" 选项表示解开 ".tar" 格式的包文件。

```
[root@CentOS-B Backup]# ls
root.tar  root.tar.bz2  root.tar.gz  root.tar.xz
[root@CentOS-B Backup]# tar -zxf root.tar.gz
[root@CentOS-B Backup]# ls
root  root.tar  root.tar.bz2  root.tar.gz  root.tar.xz
```

图 3.11　解压缩 gz 格式压缩包

（2）将 root.tar.bz2 解压缩到/tmp 目录中，如图 3.12 所示。

"-C" 选项表示指定解压后文件存放的目标位置（注意 C 是大写），解压缩后会生成目录/tmp/root。

```
[root@CentOS-B Backup]# tar -jxf root.tar.bz2 -C /tmp/
[root@CentOS-B Backup]# ll -d /tmp/root/
dr-xr-x---. 2 root root 176 Apr 22 13:07 /tmp/root/
```

图 3.12　解压缩 bz2 格式压缩包

（3）在使用 tar 命令解压缩时，也可以不指定调用哪种压缩工具，系统会分析压缩文件的格式，自动调用相应的压缩工具进行解压缩。例如，将 root.tar.xz 解压缩到/var 目录中，如图 3.13 所示。

```
[root@CentOS-B Backup]# tar -xf root.tar.xz -C /var
[root@CentOS-B Backup]# ll -d /var/root/
dr-xr-x---. 2 root root 176 Apr 22 13:07 /var/root/
```

图 3.13　系统自动分析文件格式

（4）通过 "-t" 选项可以在不解压缩的情况下查看压缩文件内都包括哪些内容，如图 3.14 所示。

```
[root@CentOS-B Backup]# tar -tf root.tar.bz2
root/
root/.bash_logout
root/.bash_profile
root/.bashrc
root/.cshrc
root/.tcshrc
root/.bash_history
root/.viminfo
root/anaconda-ks.cfg.bz2
root/bzip2.txt.bz2
```

图 3.14　查看压缩包具体内容

3.2　软件安装与管理

早期只能采取源代码包的方式在 Linux 系统中安装软件，这是一件非常困难且耗费时间的事情。这是由于在 Linux 系统中使用的软件绝大多数是开源的，软件作者在发布软件时直接提供源代码。用户在取得应用软件的源代码后，需要自行编译并解决许多软件依赖关系问题，因此源代码安装需要用户具有一定的知识积累。另外，在安装、卸载软件时，还要考虑软件与其他程序、库的依赖关系，操作起来整体难度比较大。

虽然源代码安装这种方法古老并且复杂，但仍然有很多人在使用。这是由于通过源代码安装，用户一方面可以获得最新的应用程序；另一方面可以根据自身需求对软件进行修改或定制，从而拥有更灵活、丰富的功能，并且使软件可以跨越计算机平台，在各版本的 Linux 系统中使用。

软件资源丰富及安装便捷是 Windows 系统的优势，在 Linux 系统中安装软件相对要复杂些。Linux 中的软件安装方式主要分为三种，即源代码安装方式、RPM 安装方式和 YUM 安装方式，其中比较常用并且操作简便的安装方式是 YUM。在 CentOS 8 版本中，DNF 是 YUM 的下一代版本，是默认的软件包管理器，与 YUM 相兼容，可以像使用 YUM 一样使用 DNF 主要命令。

3.2.1　RPM 安装方式

虽然源代码安装有诸多优点，但是这种安装方式过于复杂，耗时又长，对用户的软件开发能力要求也比较高。为此，Red Hat 特别设计了一种名为 RPM（red hat packet manager，红帽软件包管理器）的软件包管理系统。RPM 是一种已经编译并封装好的软件包，用户可以直接安装使用。RPM 软件包是 CentOS 系统中软件的基本组成单位，每个软件都是由一个或多个 RPM 软件包组成的。通过 RPM，用户可以更加轻松方便地管理系统中的所有软件。

RPM 软件包只能用于采用 RPM 机制的 Linux 系统，如 RHEL、CentOS、Fedora、SUSE 等。在 Linux 世界中，还有另一种名为 DEB 的软件包管理机制，可以在 Debian、Ubuntu 等发行版本中使用。相比较而言，RPM 安装包应用更为广泛，基本已成为 Linux 系统中软件安装包事实上的标准。

但是 RPM 也有一个很大的缺点，即 RPM 软件包之间存在着复杂的依赖关系。例如，安装 A 软件包需要 B 软件包的支持，而安装 B 软件包又需要 C 软件包的支持，那么在安装 A 软件包之前，必须先安装 C 软件包，再安装 B 软件包，最后才能安装 A 软件包。如此复杂的依赖关系，都要由用户自行解决，常使很多初学者无所适从，因此，后来又出现了一种更加简单、更加人性化的软件安装方法，这就是 YUM 安装方式。

3.2.2　YUM 安装方式

YUM（yellow dog updater，modified）起初由 Yellow Dog 这一发行版的开发者 Terra Soft 研发，用 Python 写成，那时称为 YUP（yellow dog updater），后经杜克大学的 Linux@Duke 开发团队进行改进，遂改成此名。

YUM 仍基于 RPM，但是它可以自动解决 RPM 软件包间的依赖性问题，从而可更轻松地管理 Linux 系统中的软件。从 RHEL 5 时代起，Red Hat 就推荐使用 YUM 软件安装方式，这也是在本书中主要采用的软件安装方式。

DNF 是 YUM 软件的第三代版本，优化了 YUM 存在的一些问题，继承了原有的命令格式。在使用上，与 YUM 命令的区别不大。比如，在安装软件时，YUM 的命令是"yum -y install 软件包"，DNF 则是"dnf -y install 软件包"。

3.3 利用 YUM 进行软件管理

3.3.1 YUM 的基本组成

YUM 包含下列几项组件。

（1）YUM 下载源。如果把所有 RPM 文件放在某一个目录中，这个目录就可称为"YUM 仓库（YUM repository）"。也可以把 YUM 仓库通过 HTTP、FTP 等方式分享给其他计算机使用；当然，也可以直接使用别人建好的 YUM 仓库来取得需安装的软件。

（2）YUM 工具。YUM 提供了一个名为 yum 的命令，可以通过 yum 命令来使用 YUM 提供的众多功能。

（3）YUM 插件。YUM 还允许第三方厂商开发 YUM 的插件，让用户可任意扩充 YUM 的功能，如有的插件可以帮助选择最快的 YUM 源。

（4）YUM 缓存。YUM 运行时，会从 YUM 下载源获得软件信息与文件，并且暂存于本机硬盘上的*目录，称为"YUM 缓存（YUM cache）"。缓存目录为/arlcache/yum。

3.3.2 YUM 的基本配置

采用 YUM 安装方式前，必须先配置好 YUM 源。YUM 源也称为 YUM 仓库，其中存放了大量的 RPM 软件包，以及与软件包相关的元数据文件。这些元数据文件一般放置于特定的名为 repodata 的目录下。

设置 YUM 源需要配置定义文件，定义文件必须存放在指定的"/etc/yum.repos.d/"目录中，而且必须以".repo"作为文件名后缀。

通常所用的 YUM 源主要有两种类型：一种来自网络上的服务器；另一种来自本地的系统安装光盘。例如，在 CentOS 8 系统的"/etc/yum.repos.d/"目录中默认已经存在很多文件名后缀为".repo"的 YUM 源文件，以"CentOs-Base.repo"为例，这就是一个以网络上的 CentOS 服务器作为 YUM 源的配置文件。

在一些网络环境中，访问 CentOS 官网可能会比较慢，因而推荐采用像阿里云这类镜像站作为 YUM 源。为了避免因系统中同时存在多个 YUM 源而造成混乱，建议先将系统中默认的 YUM 源文件全部删除：

```
[root@CentOS-B~]#rm  -f  /etc/yum. repos.d/*
```

然后可以从 http://mirrors.aliyun.com/repo/Centos-8.repo 下载 YUM 源配置文件，并将其存放到/etc/yum.repos.d/目录中。如果 Linux 系统可以访问外网，就可以直接利用 wget 命令进行下载，并用“-O”选项指定下载文件的存放位置。

```
[root@CentOS-B~]#wget https://mirrors.aliyun.com/repo/Centos-8.repo
-O /etc/yum.repos.d/CentOS8.repo
```

在学习环境中，主机可能不方便连接外网，这时可以将系统光盘配置为 YUM 源。在 CentOS 的系统光盘中已经集成了绝大多数应用软件的 RPM 包。这些软件的版本虽然不是最新的，但非常稳定，完全可以满足需求。下面介绍将 CentOS 8 的系统光盘配置为 YUM 源的过程。

（1）挂载光盘。将光盘挂载在 media 目录下，如图 3.15 所示。

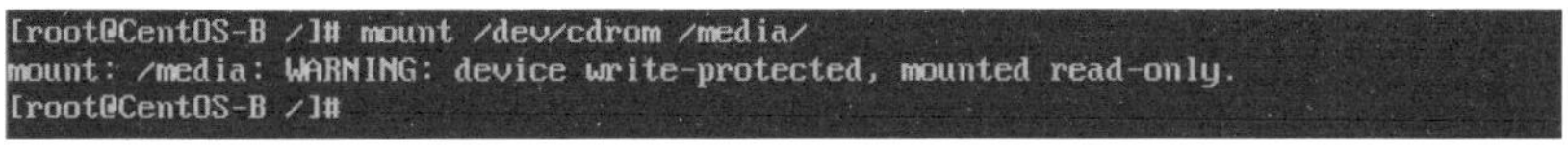

```
[root@CentOS-B /]# mount /dev/cdrom /media/
mount: /media: WARNING: device write-protected, mounted read-only.
[root@CentOS-B /]#
```

图 3.15　挂载光盘

（2）输入 mount 命令查看是否配置成功。出现以下字样表示挂载成功，如图 3.16 所示。

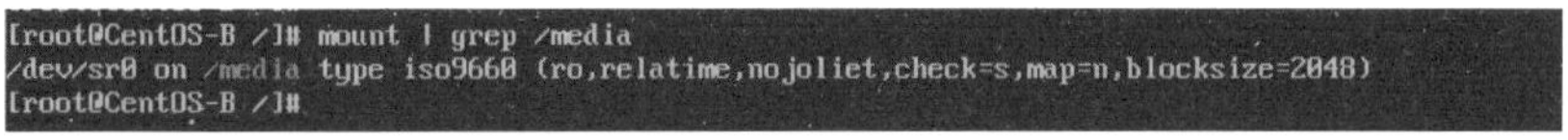

```
[root@CentOS-B /]# mount | grep /media
/dev/sr0 on /media type iso9660 (ro,relatime,nojoliet,check=s,map=n,blocksize=2048)
[root@CentOS-B /]#
```

图 3.16　查看挂载光盘的结果

（3）配置 YUM 源，新建一个 Backup 目录，将 yum.repos.d 目录下的文件移动至 Backup 目录下，如图 3.17 所示。

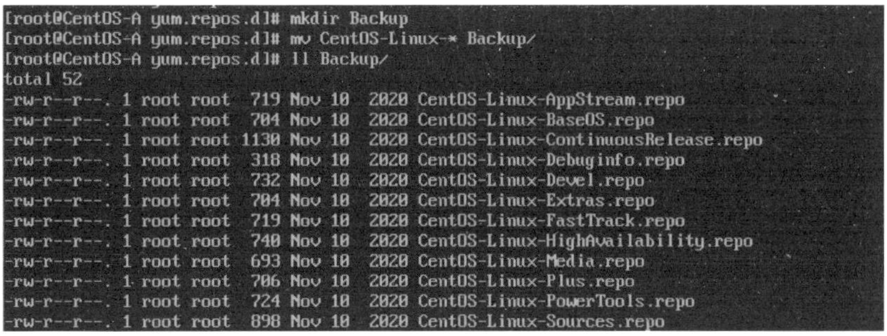

```
[root@CentOS-A yum.repos.d]# mkdir Backup
[root@CentOS-A yum.repos.d]# mv CentOS-Linux-* Backup/
[root@CentOS-A yum.repos.d]# ll Backup/
total 52
-rw-r--r--. 1 root root  719 Nov 10  2020 CentOS-Linux-AppStream.repo
-rw-r--r--. 1 root root  704 Nov 10  2020 CentOS-Linux-BaseOS.repo
-rw-r--r--. 1 root root 1130 Nov 10  2020 CentOS-Linux-ContinuousRelease.repo
-rw-r--r--. 1 root root  318 Nov 10  2020 CentOS-Linux-Debuginfo.repo
-rw-r--r--. 1 root root  732 Nov 10  2020 CentOS-Linux-Devel.repo
-rw-r--r--. 1 root root  704 Nov 10  2020 CentOS-Linux-Extras.repo
-rw-r--r--. 1 root root  719 Nov 10  2020 CentOS-Linux-FastTrack.repo
-rw-r--r--. 1 root root  740 Nov 10  2020 CentOS-Linux-HighAvailability.repo
-rw-r--r--. 1 root root  693 Nov 10  2020 CentOS-Linux-Media.repo
-rw-r--r--. 1 root root  706 Nov 10  2020 CentOS-Linux-Plus.repo
-rw-r--r--. 1 root root  724 Nov 10  2020 CentOS-Linux-PowerTools.repo
-rw-r--r--. 1 root root  898 Nov 10  2020 CentOS-Linux-Sources.repo
```

图 3.17　移动默认的 repo 文件

（4）在 yum.repos.d 目录下新建一个 server.repo 文件，并通过 vim 编辑器编辑，如图 3.18 所示。

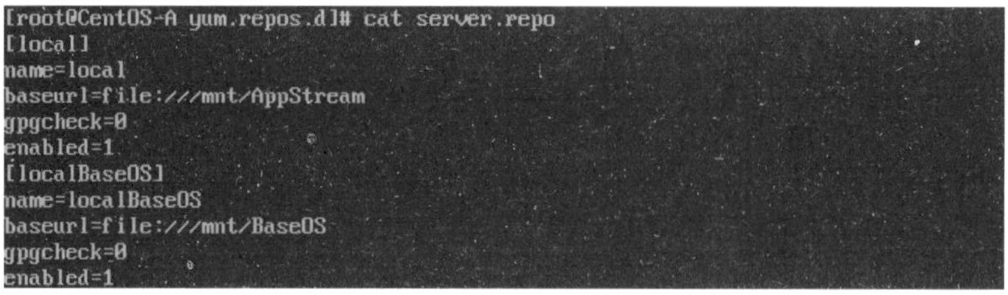

```
[root@CentOS-A yum.repos.d]# cat server.repo
[local]
name=local
baseurl=file:///mnt/AppStream
gpgcheck=0
enabled=1
[localBaseOS]
name=localBaseOS
baseurl=file:///mnt/BaseOS
gpgcheck=0
enabled=1
```

图 3.18　新建 server.repo 文件

小提示

注意，文件中“=”的左右两侧不要留有空格。

文件中各行的含义如下。

（1）[local]：YUM 源的名称。由于系统允许同时配置多个 YUM 源，因此这个名称在整个系统中必须是唯一的。名称的具体内容可自由定义。

（2）name：对 YUM 源的描述。这部分内容可由用户自由定义。

（3）baseurl：指定 YUM 源的访问路径。这是整个定义文件中最重要的一行，访问路径可以有多种不同的表示方法。

① 指向网络中的 Web 服务器：baserul=http://…。

② 指向网络中的 FTP 服务器：baserul=ftp://…。

③ 指向本地的某个目录：baserul=file://…例如，"baseurl=file:///mnt/cdrom”，表示访问路径指向的是本地的“/mnt/cdrom/”目录。

在同一个 YUM 源定义文件中可以设置多个 baseurl，即可以指定多个 YUM 源。在安装软件时会从这些 YUM 源中自动选择最新版本。如果版本都一样，就选择网络开销最小的。

（4）enabled：是否启用当前的 YUM 源。“1”表示启用；“0”表示禁用。如果文件中有这一行，则系统默认为 1。

（5）gpgcheck：是否检查 RPM 包的来源合法性。“1”表示启用；“0”表示禁用。如果文件中没有这一行，则系统默认为 1。

我们所使用的软件包主要是由 CentOS 组织提供的官方 RPM 包，另外，某些组织或个人也可以制作发布第三方的 RPM 包，但是在生产环境中为保证系统的可靠性，建议尽量不要使用第三方的 RPM 包。

为辨别软件包的来源并防止软件包被篡改，CentOS 会对发布的官方软件包提取消息摘要并用私钥进行数字签名，而将公钥放置在已经安装好的 CentOS 系统以及系统安装光盘中。这样在安装 RPM 包时就可以先检查数字签名并验证消息摘要，然后只允许检查通过的 RPM 包继续安装。

将 YUM 源定义文件中的 gpgcheck 项设为"1"表示检查 RPM 包的数字签名，设为"0"则表示不检查。如果将 gpgcheck 项设为"1"，那么在 YUM 源定义文件中必须再添加一个"gpgkey"行，以指定公钥的存放位置。

如果将 gpgcheck 项设为"0"，那么无须检查数字签名，"gpgkey"行也就不必设置。

在学习或试验环境中，可以将 gpgcheck 项设为"0"，以简化操作。在生产环境中，为了保证安全性，建议将 gpgcheck 项设为"1"。

3.3.3　YUM 源的检测

（1）通过安装 HTTPD 服务进行测试，如图 3.19 所示。

```
[root@CentOS-B /]# yum install httpd -y  //通过 yum 命令安装 HTTP 服务
```

出现以下命令表示服务安装成功，YUM 环境配置成功，可以正常启用。

```
Installed:
  apr-1.6.3-11.el8.x86_64
  apr-util-1.6.1-6.el8.x86_64
  apr-util-bdb-1.6.1-6.el8.x86_64
  apr-util-openssl-1.6.1-6.el8.x86_64
  centos-logos-httpd-85.5-1.el8.noarch
  httpd-2.4.37-39.module_el8.4.0+778+c970deab.x86_64
  httpd-filesystem-2.4.37-39.module_el8.4.0+778+c970deab.noarch
  httpd-tools-2.4.37-39.module_el8.4.0+778+c970deab.x86_64
  mailcap-2.1.48-3.el8.noarch
  mod_http2-1.15.7-3.module_el8.4.0+778+c970deab.x86_64

Complete!
```

图 3.19　成功安装 HTTP 服务

（2）通过 yum list 命令进行检测，如图 3.20 所示。

YUM 源设置好之后，可以执行"yum list"命令进行检测。该命令可以列出系统中已经安装的以及 YUM 源中尚未安装的所有软件包，其中名字前面带有"@"符号的是已经安装过的软件包。如果执行"yum list"命令后可以列出所有软件包，则证明 YUM 源配置正确。

yum list 命令也可用于查询 YUM 源中是否存在指定的软件包以及软件包版本。"Yum list all"命令用于列出仓库所有软件包。"yum list 软件名"命令用于列出单个软件包。

```
[root@CentOS-B /]# yum list vsftpd
Media                                              3.8 MB/s | 3.9 kB     00:00
CentOS8-AppStream                                  4.2 MB/s | 4.3 kB     00:00
Available Packages
vsftpd.x86_64                    3.0.3-33.el8                       CentOS8-AppStream
```

图 3.20　查看 vsftpd 软件包

yum list 命令支持使用通配符，如查询 YUM 源中所有名称中含有 ftp 的软件包。如果在安装软件时忘记了软件包的具体名称，就可以通过这种方式进行查询，如图 3.21 所示。

图 3.21　通配符查询

也可以借助 grep 命令进行查询，如图 3.22 所示。

图 3.22　通过 grep 命令辅助查询

除 yum list 外，执行 yum repolist 命令可以列出系统中所有可用的 YUM 源，也可以将其作为一种检测 YUM 源是否配置正确的方法，如图 3.23 所示。

图 3.23　列出所有可用 YUM 源

3.3.4　常用的 YUM 命令

（1）yum info——查看软件包的信息。

执行 yum info 命令可以查看指定软件包的简要信息，如果该软件包已经安装，那么命令执行后会显示"已安装的软件包"；如果软件包尚未安装，则会显示"可安装的软件包"。

例如，查看 vsftpd 软件包的信息，从中可以查看到软件包的版本、适用平台和软件描述等信息。可以通过该命令了解一些不熟悉软件的基本功能，如图 3.24 所示。

```
[root@CentOS-B /]# yum info vsftpd
Last metadata expiration check: 0:33:39 ago on Fri 22 Apr 2022 09:37:36 PM CST.
Available Packages
Name         : vsftpd
Version      : 3.0.3
Release      : 33.el8
Architecture : x86_64
Size         : 180 k
Source       : vsftpd-3.0.3-33.el8.src.rpm
Repository   : CentOS8-AppStream
Summary      : Very Secure Ftp Daemon
URL          : https://security.appspot.com/vsftpd.html
License      : GPLv2 with exceptions
Description  : vsftpd is a Very Secure FTP daemon. It was written completely from
             : scratch.
```

图 3.24　查看 vsftpd 软件包的基本信息

（2）yum install——安装软件。

使用 YUM 方式安装软件时，无论当前处在哪个工作目录，都会自动从 YUM 源中查找所要安装的软件包。

使用“yum install”命令安装软件，如 yum install tree。如果软件安装正确，那么在最后将出现“完毕!”或“Complete!”的提示，如图 3.25 所示。

```
[root@CentOS-B /]# yum install tree
Last metadata expiration check: 0:35:25 ago on Fri 22 Apr 2022 09:37:36 PM CST.
Dependencies resolved.
================================================================================
 Package          Architecture       Version              Repository       Size
================================================================================
Installing:
 tree             x86_64             1.7.0-15.el8         Media            59 k

Transaction Summary
================================================================================
Install  1 Package

Total size: 59 k
Installed size: 109 k
Is this ok [y/N]: y
Downloading Packages:
Running transaction check
Transaction check succeeded.
Running transaction test
Transaction test succeeded.
Running transaction
  Preparing        :                                                        1/1
  Installing       : tree-1.7.0-15.el8.x86_64                               1/1
  Running scriptlet: tree-1.7.0-15.el8.x86_64                               1/1
  Verifying        : tree-1.7.0-15.el8.x86_64                               1/1

Installed:
  tree-1.7.0-15.el8.x86_64

Complete!
```

图 3.25　安装 tree 软件

YUM 安装会自动检查软件包之间的依赖关系。例如，安装 http，执行“yum install httpd”之后，可以发现还要安装很多依赖包。输入“y”并按回车键，就可以将 http 连同依赖包全部安装。

yum install 也支持通配符，比如在安装 PHP 时忘记软件包的具体名称，则可以执行“yum install php*”命令。该命令会将 YUM 源中所有以“php”开头的软件包全部列出，从中选择需要安装的软件包即可。

yum install 命令可以使用"-y"选项实现自动确认，这样便无须与用户交互。

（3）yum remove——卸载软件。

卸载软件可以使用"yum remove"命令，如卸载 tree，如图 3.26 所示。

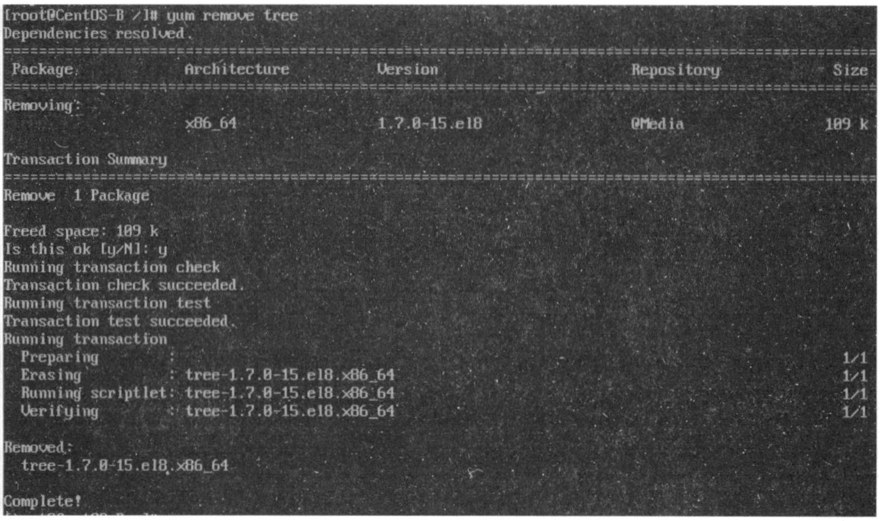

图 3.26　卸载 tree 软件

需要注意的是，yum remove 在卸载一个软件包的同时会将所有依赖于该软件包的其他软件包也一同卸载。例如，执行命令"yum remove cpp"，CPP 是在安装 GCC 时作为依赖包被一同安装的，因而在卸载 CPP 时会提示要将 GCC 也一同卸载。因为如果 CPP 被卸载了，那么 GCC 肯定也无法正常使用。但是这又会导致新的问题出现，比如 GCC 又是别的软件的依赖包，那么将会导致这些软件也无法正常使用。因此，如果这些被一同卸载的软件正好是其他软件或系统本身运行所需要的，就容易造成问题甚至系统崩溃，因而在使用 yum remove 命令卸载软件时一定要慎重。

（4）yum clean all——清除本地缓存。

YUM 会自动创建本地缓存，用来存储 YUM 数据，以提高 YUM 的执行效率。YUM 默认优先使用 YUM 缓存来获得软件的相关信息，在大部分情况下无须费心管理这些数据。但如果发现 YUM 运行不太正常，也许就是由于 YUM 缓存错误造成的，此时就可以用"yum clean all"命令清除缓存以解决问题。

例如，清除 YUM 本地缓存，如图 3.27 所示。

图 3.27　清除 YUM 本地缓存

YUM 常用命令表见表 3.1。

表 3.1　YUM 常用命令表

命令	功能
yum list	查询所有可用软件包
yum search 关键字	查询和关键字相关的包
yum -y install 包名	加上 -y 自动回答 yes
yum -y update 包名	升级
yum -y remove 包名	删除包
yum grouplist	列出所有可用的软件组列表
yum groupinstall 软件组名	安装指定软件组
yum groupremove 软件组名	卸载指定软件组

3.3.5　YUM 故障排错

YUM 方式虽然简单易用，但不少初学者在使用过程中仍会出现一些问题。下面列出在试验环境中对 YUM 故障排错的思路和步骤。

（1）确认虚拟机中是否已正确放入了系统镜像，并且检查光盘是否已经挂载。

（2）检查 YUM 源定义文件是否存在错误。YUM 源文件对格式要求非常严格，其中任何一个单词或字母出现错误，都会导致出现问题。

（3）检查是否还有别的 YUM 源定义文件。Linux 允许在同一个系统中同时配置并启用多个 YUM 源，但是必须要保证这些 YUM 源都是正确的，如果其中任何一个YUM 源出现错误，都会导致无法正常安装软件。

（4）用"yum clean all"命令清除缓存。

（5）执行"yum list"命令检测能否正确列出 YUM 源中的软件包。

3.4　利用 RPM 进行软件管理

RPM 这一文件格式名称虽然打上了 RedHat 的标志，但是其原始设计理念是开放式的，包括 OpenLinux、S.u.S.E. 以及 Turbo Linux 等 Linux 的分发版本都有采用，可以算是公认的行业标准。RPM 命令目前在 Linux 系统中主要用作查询，如查询系统中是否已经安装了某个软件、查询某个软件包的信息等。

3.4.1　了解 RPM 软件包

RPM 软件包是对程序源代码进行编译和封装以后形成的包文件，在软件包中会封装软件的程序、配置文件和帮助手册等组件。

使用 RPM 机制封装的软件包文件拥有约定俗成的命名格式，一般使用"软件包名称-版本号-RPM 包发布号.硬件平台.rpm"的文件名形式，以"bash-4.2.46-19.el7.x86_64.rpm"软件包为例，如图 3.28 所示。

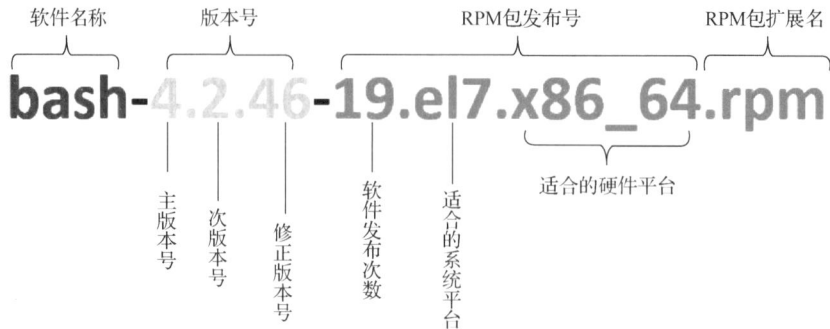

图 3.28　bash 软件包文件

具体信息含义如下。

软件包名称：bash。

版本号：4.2.46。这是 bash 的版本。

发布号：19.el7。发布号指的是 RPM 软件包的版本，RPM 软件包的封装者每次推出新版本的 RPM 软件包时，这个数值便会增加。

硬件平台：x86_64，指软件包所适用的硬件平台。"x86_64"指 64 位的 PC 架构。

3.4.2　常用的 RPM 命令

表 3.2 所示为 RPM 管理软件包的常用方法汇总。

表 3.2　RPM 管理软件包的常用方法汇总

命令	功能
rpm -q	查询软件包是否被安装
rpm -qa	查询并显示系统中所有已安装的软件包的详细信息
rpm -qc	查询软件包所安装的软件
rpm -ql	查询指定软件包中包括的文件列表
rpm -qi	查询指定软件包的详细信息
rpm -qf	指定文件所属软件包
rpm -qpi	RPM 软件包文件的详细信息
rpm -qpl	RPM 软件包中包含的文件列表
rpm -i	安装指定的软件包到当前 Linux 系统
rpm -ivh	安装指定的软件包时显示详细的安装信息
rpm -force	强制安装软件包
rpm -e	卸载指定的软件包
rpm -U	升级指定的软件包（如果指定的软件包在系统中不存在，执行过程等同于安装）
rpm -a	查询所有已安装的软件包
rpm -f	查询包含有文件的软件包
rpm -p	查询软件包文件为 package file 的软件包
rpm -s	显示包含有文件的软件包
rpm -v	验证软件包

（1）安装软件包。利用 RPM 方式安装软件包所使用的命令是"rpm -ivh"，选项的含义如下：-i，安装软件包；-v，显示安装过程；-h，显示安装进度，安装每进行 2%就会显示一个#号。

在利用 RPM 方式安装软件时，需要指明软件包的路径或者先切换到软件包所在目录，然后再安装，如图 3.29 所示。

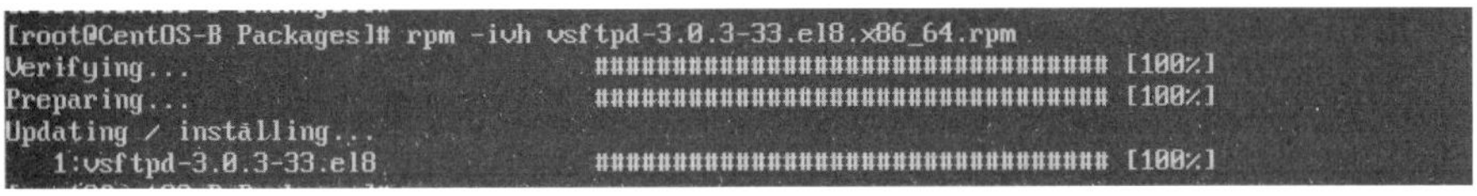

图 3.29　通过 rpm 命令安装 vsftpd

小提示

利用 RPM 安装软件包，在输入软件包的名字时可以用<Tab>键补全。

RPM 软件包通常在 CentOS 镜像的 AppSteam/Packages 文件夹里。

（2）删除软件包。使用"rpm -e"命令可以删除一个已经安装过的软件包，如将安装的 vsftpd 删除，如图 3.30 所示。

图 3.30　通过 rpm 命令删除 vsftpd

（3）查询软件包。安装软件主要采取 YUM 方式，RPM 则可以进行软件查询，用到的相关选项是"-q"（query）。

例如，查询系统中是否已经安装 httpd 软件，若已经安装，则会返回对应版本的软件包，否则会提示未安装该软件包，如图 3.31 所示。

图 3.31　通过"rpm -q"命令查询是否已安装 httpd

小提示

在用"rpm -q"命令进行查询时，必须指定软件包的完整名称，否则将无法查询出正确结果。

为了更加准确地查询到所需要的信息，通常将"-q"选项结合其他选项一起使用。

①"-qa"选项——查询所有已安装的软件包。

使用"-qa"选项可以列出系统中所有已经安装的软件包。

例如，统计系统中已经安装的 RPM 软件包的个数，如图 3.32 所示。

```
[root@CentOS-B /]# rpm -qa | wc -l
397
```

图 3.32　统计系统中已经安装的 RPM 软件包的个数

如果不确定要查找的软件准确名称，或者想知道系统中是否已经安装了某个软件包，那么可以使用"-qa"选项来查询所有已安装的软件包数据。

例如，查找系统中已经安装的所有与"ssh"有关的软件包，如图 3.33 所示。

```
[root@CentOS-B /]# rpm -qa | grep ssh
openssh-clients-8.0p1-5.el8.x86_64
openssh-8.0p1-5.el8.x86_64
openssh-server-8.0p1-5.el8.x86_64
libssh-config-0.9.4-2.el8.noarch
libssh-0.9.4-2.el8.x86_64
```

图 3.33　查找系统中已经安装的所有与"ssh"有关的软件包

② "-qi"选项——查询指定已安装软件包的信息。

通过"-qi"选项可以查询某个已安装软件包的详细信息。不同于 yum info 命令，如果软件包尚未安装，则不能用 rpm -qi 查看。

例如，查询 httpd 软件包的信息，如图 3.34 所示。

```
[root@CentOS-B /]# rpm -qi httpd
Name        : httpd
Version     : 2.4.37
Release     : 39.module_el8.4.0+778+c970deab
Architecture: x86_64
Install Date: Fri 22 Apr 2022 02:16:15 PM CST
Group       : System Environment/Daemons
Size        : 4488436
License     : ASL 2.0
Signature   : RSA/SHA256, Thu 20 May 2021 10:28:12 PM CST, Key ID 05b555b38483c65d
Source RPM  : httpd-2.4.37-39.module_el8.4.0+778+c970deab.src.rpm
Build Date  : Thu 20 May 2021 12:34:04 PM CST
Build Host  : x86-01.mbox.centos.org
Relocations : (not relocatable)
Packager    : CentOS Buildsys <bugs@centos.org>
Vendor      : CentOS
URL         : https://httpd.apache.org/
Summary     : Apache HTTP Server
Description :
The Apache HTTP Server is a powerful, efficient, and extensible
web server.
```

图 3.34　查询 httpd 软件包的信息

③ "-ql"选项——查询指定软件包所安装的文件。

通过"-ql"选项可以查询某个软件包安装了哪些程序文件，以及这些文件的安装位置。

采用 RPM 机制安装软件不能由用户指定软件安装目录，这是由于 Linux 默认的目录结构是固定的，每个默认目录都有专门的分工，因此安装软件时会自动分门别类地向相应的目录中复制对应的程序文件，并进行相关设置。

例如，查询 httpd 在系统中安装程序文件的位置，如图 3.35 所示。

```
[root@CentOS-B /]# rpm -ql httpd | tail -n 20
/usr/share/httpd/icons/world2.png
/usr/share/httpd/icons/xml.png
/usr/share/httpd/noindex
/usr/share/httpd/noindex/index.html
/usr/share/man/man5/httpd.conf.5.gz
/usr/share/man/man8/apachectl.8.gz
/usr/share/man/man8/fcgistarter.8.gz
/usr/share/man/man8/htcacheclean.8.gz
/usr/share/man/man8/htcacheclean.service.8.gz
/usr/share/man/man8/httpd.8.gz
/usr/share/man/man8/httpd.service.8.gz
/usr/share/man/man8/httpd.socket.8.gz
/usr/share/man/man8/httpd@.service.8.gz
/usr/share/man/man8/rotatelogs.8.gz
/usr/share/man/man8/suexec.8.gz
/var/cache/httpd
/var/cache/httpd/proxy
/var/lib/dav
/var/lib/httpd
/var/log/httpd
```

图 3.35　查询 httpd 在系统中安装程序文件的位置

小提示

httpd 安装程序文件的位置较多，图 3.35 展示的非全部内容。

④“-qc”选项——查询软件包所安装的配置文件。

通常情况下，用户更关心软件包在系统中安装了哪些配置文件。通过“-qc”选项可以查询某个软件包所安装的配置文件。

例如，查询 httpd 在系统中所产生的配置文件，如图 3.36 所示。

```
[root@CentOS-B /]# rpm -qc httpd
/etc/httpd/conf.d/autoindex.conf
/etc/httpd/conf.d/userdir.conf
/etc/httpd/conf.d/welcome.conf
/etc/httpd/conf.modules.d/00-base.conf
/etc/httpd/conf.modules.d/00-dav.conf
/etc/httpd/conf.modules.d/00-lua.conf
/etc/httpd/conf.modules.d/00-mpm.conf
/etc/httpd/conf.modules.d/00-optional.conf
/etc/httpd/conf.modules.d/00-proxy.conf
/etc/httpd/conf.modules.d/00-systemd.conf
/etc/httpd/conf.modules.d/01-cgi.conf
/etc/httpd/conf/httpd.conf
/etc/httpd/conf/magic
/etc/logrotate.d/httpd
/etc/sysconfig/htcacheclean
```

图 3.36　查询 httpd 在系统中所产生的配置文件

小提示

查询前需要安装 httpd 服务。

⑤“-qf”选项——查询某个文件所属的软件包。

通过“-qf”选项，可以查询系统中的某个文件来自于哪个软件包。

例如，查询 find 命令文件来自于哪个软件包。这样如果误删了 find 命令文件，就可以通过安装该软件包进行修复，如图 3.37 所示。

```
[root@CentOS-B /]# which find
/usr/bin/find
[root@CentOS-B /]# rpm -qf /usr/bin/find
findutils-4.6.0-20.el8.x86_64
```

图 3.37　查询并修复软件包

3.5　Linux 的网络配置

在 TCP/IP 网络上，每台工作站在存取网络上的资源之前，都必须进行基本的网络配置，配置参数包括 IP 地址、子网掩码、默认网关、DNS 等。配置这些参数有两种方法，即静态手动配置和从 DHCP 服务动态获得。手动配置静态网络参数就是直接配置网络接口的网络参数。在有些情况下，手动配置地址更可靠。一些管理员会创建一张详细的配置清单，并把它们放在机器上或机器附近以便于手工分配 IP 地址，如默认网关、子网掩码及 DNS 的 IP 地址，并且认为这种方法更简单。但是这种方法相当费时且容易出错或丢失信息，因此通常用于网络中计算机数目不多的情况。动态获取 IP 地址详细方法可以参看"项目 7 DHCP 服务器的安装与配置"。正面讲解如何手动配置 IP 地址。

3.5.1　通过 ifconfig 命令管理网卡信息

（1）安装 ifconfig 软件。CentOS 8 默认情况下未安装该软件，如图 3.38 所示。

```
[root@CentOS-B /]# yum -y install net-tools
Last metadata expiration check: 0:06:47 ago on Fri 22 Apr 2022 10:40:37 PM CST.
Dependencies resolved.
=========================================================================================
 Package          Architecture        Version                       Repository      Size
=========================================================================================
Installing:
 net-tools        x86_64              2.0-0.52.20160912git.el8       Media          322 k

Transaction Summary
=========================================================================================
Install  1 Package

Total size: 322 k
Installed size: 942 k
Downloading Packages:
Running transaction check
Transaction check succeeded.
Running transaction test
Transaction test succeeded.
Running transaction
  Preparing        :                                                                1/1
  Installing       : net-tools-2.0-0.52.20160912git.el8.x86_64                      1/1
  Running scriptlet: net-tools-2.0-0.52.20160912git.el8.x86_64                      1/1
  Verifying        : net-tools-2.0-0.52.20160912git.el8.x86_64                      1/1

Installed:
  net-tools-2.0-0.52.20160912git.el8.x86_64

Complete!
```

图 3.38　安装 ifconfig 软件

（2）通过 ifconfig 命令查看网卡信息，如图 3.39 所示。

```
[root@CentOS-B /]# ifconfig
ens33: flags=4163<UP,BROADCAST,RUNNING,MULTICAST>  mtu 1500
        inet 192.168.10.128  netmask 255.255.255.0  broadcast 192.168.10.255
        inet6 fe80::20c:29ff:fe93:2956  prefixlen 64  scopeid 0x20<link>
        ether 00:0c:29:93:29:56  txqueuelen 1000  (Ethernet)
        RX packets 3158  bytes 219397 (214.2 KiB)
        RX errors 0  dropped 0  overruns 0  frame 0
        TX packets 291  bytes 24050 (23.4 KiB)
        TX errors 0  dropped 0 overruns 0  carrier 0  collisions 0

lo: flags=73<UP,LOOPBACK,RUNNING>  mtu 65536
        inet 127.0.0.1  netmask 255.0.0.0
        inet6 ::1  prefixlen 128  scopeid 0x10<host>
        loop  txqueuelen 1000  (Local Loopback)
        RX packets 177  bytes 14444 (14.1 KiB)
        RX errors 0  dropped 0  overruns 0  frame 0
        TX packets 177  bytes 14444 (14.1 KiB)
        TX errors 0  dropped 0 overruns 0  carrier 0  collisions 0
```

图 3.39　通过 ifconfig 命令查看网卡信息

（3）通过 ifconfig 命令关闭网卡。在查看网卡信息时发现有两个网卡，分别为“lo 本地环回接口”网卡和“ens33”默认网卡。如果想关掉其中一张网卡，可以通过 ifconfig 命令进行关闭，如图 3.40 所示。关闭网卡的命令为

```
[root@CentOS-B /] ifconfig 网卡名称 down //关闭网卡
```

```
[root@CentOS-B /]# ifconfig lo down
[root@CentOS-B /]# ifconfig
ens33: flags=4163<UP,BROADCAST,RUNNING,MULTICAST>  mtu 1500
        inet 192.168.10.128  netmask 255.255.255.0  broadcast 192.168.10.255
        inet6 fe80::20c:29ff:fe93:2956  prefixlen 64  scopeid 0x20<link>
        ether 00:0c:29:93:29:56  txqueuelen 1000  (Ethernet)
        RX packets 3158  bytes 219397 (214.2 KiB)
        RX errors 0  dropped 0  overruns 0  frame 0
        TX packets 291  bytes 24050 (23.4 KiB)
        TX errors 0  dropped 0 overruns 0  carrier 0  collisions 0
```

图 3.40　通过 ifconfig 命令关闭网卡

小提示

开启网卡的命令为

```
[root@CentOS-B /] ifconfig 网卡名称 up //开启网卡
```

上文中“lo”是本地环回接口。本地环回接口的作用是作为本地软件环回测试本主机进程之间的通信，它的 IP 地址只能为 127.0.0.1。ens33 是系统的默认网卡（在 CentOS 6.5 版本中，默认网卡名称为 eth0）。在 CentOS 系统中，如果要与其他主机通信，必须通过默认网卡。

（4）通过 ifconfig 命令修改 IP 地址，如图 3.41 所示。命令为

```
[root@CentOS-B /]# ifconfig 网卡 IP 地址 netmask 掩码
```

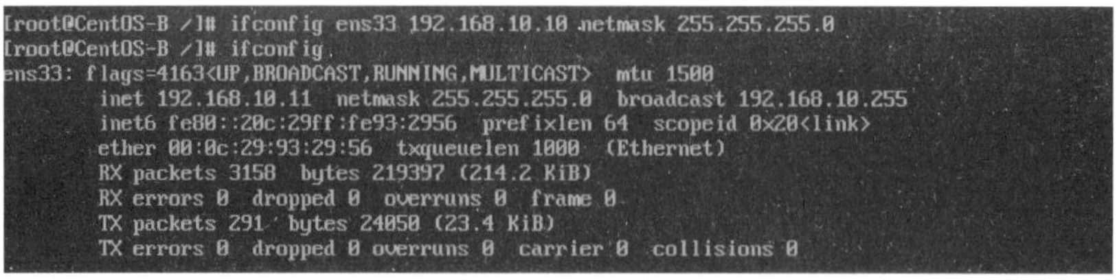

```
[root@CentOS-B /]# ifconfig ens33 192.168.10.10 netmask 255.255.255.0
[root@CentOS-B /]# ifconfig
ens33: flags=4163<UP,BROADCAST,RUNNING,MULTICAST>  mtu 1500
        inet 192.168.10.11  netmask 255.255.255.0  broadcast 192.168.10.255
        inet6 fe80::20c:29ff:fe93:2956  prefixlen 64  scopeid 0x20<link>
        ether 00:0c:29:93:29:56  txqueuelen 1000  (Ethernet)
        RX packets 3158  bytes 219397 (214.2 KiB)
        RX errors 0  dropped 0  overruns 0  frame 0
        TX packets 291  bytes 24050 (23.4 KiB)
        TX errors 0  dropped 0 overruns 0  carrier 0  collisions 0
```

图 3.41　通过 ifconfig 命令修改 IP 地址

3.5.2　通过修改网卡文件管理 IP 地址

（1）通过 vim 编辑器，在/etc/sysconfig/network-scripts 目录下查看并修改网卡信息，如图 3.42 所示。

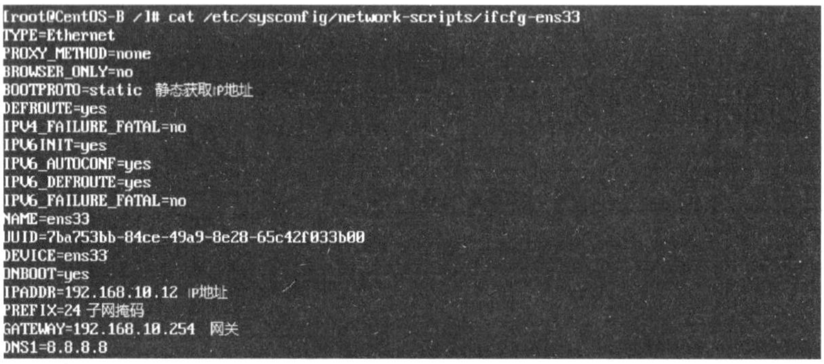

```
[root@CentOS-B /]# cat /etc/sysconfig/network-scripts/ifcfg-ens33
TYPE=Ethernet
PROXY_METHOD=none
BROWSER_ONLY=no
BOOTPROTO=static 静态获取IP地址
DEFROUTE=yes
IPV4_FAILURE_FATAL=no
IPV6INIT=yes
IPV6_AUTOCONF=yes
IPV6_DEFROUTE=yes
IPV6_FAILURE_FATAL=no
NAME=ens33
UUID=7ba753bb-84ce-49a9-8e28-65c42f033b00
DEVICE=ens33
ONBOOT=yes
IPADDR=192.168.10.12 IP地址
PREFIX=24 子网掩码
GATEWAY=192.168.10.254 网关
DNS1=8.8.8.8
```

图 3.42　ifcfg-ens33 网卡信息

小提示

常见的配置项还包括 IPADDR（表示该网卡的 IP 地址）、PREFIX（表示该网卡的子网掩码位数）、NETMASK（表示该网卡的子网掩码）、GATEWAY（表示该网卡的默认网关）、DNS1（表示该网卡的 DNS 服务器地址）。此外，还需要注意配置文件严格区分大小写。

（2）修改完成后的网卡文件并不会立即生效，需要重启网卡才能生效。通过 nmcli 命令重新连接网卡，使修改配置生效，如图 3.43 所示。

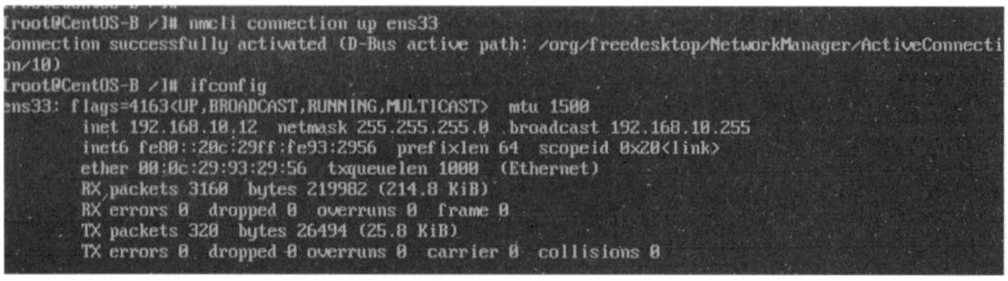

```
[root@CentOS-B /]# nmcli connection up ens33
Connection successfully activated (D-Bus active path: /org/freedesktop/NetworkManager/ActiveConnecti
on/10)
[root@CentOS-B /]# ifconfig
ens33: flags=4163<UP,BROADCAST,RUNNING,MULTICAST>  mtu 1500
        inet 192.168.10.12  netmask 255.255.255.0  broadcast 192.168.10.255
        inet6 fe80::20c:29ff:fe93:2956  prefixlen 64  scopeid 0x20<link>
        ether 00:0c:29:93:29:56  txqueuelen 1000  (Ethernet)
        RX packets 3160  bytes 219982 (214.8 KiB)
        RX errors 0  dropped 0  overruns 0  frame 0
        TX packets 320  bytes 26494 (25.8 KiB)
        TX errors 0  dropped 0 overruns 0  carrier 0  collisions 0
```

图 3.43　重启网卡

小提示

修改后的信息不会直接生效，必须要执行 nmcli 命令。

3.5.3　通过 nmcli 命令管理 IP 地址

从 RHEL 8/CentOS 8 版本开始, network.service 默认未安装, 默认只使用 NetworkManager 作为网络管理工具。

NetworkManager 有两个基本的概念，即连接（connection）和设备（device）。

设备是操作系统层面能够识别到的网卡设备，如本地回环接口 lo、本地网卡 eth0（用 nmcli d 命令可以查看到）。

连接可以认为是设备对应的配置文件，也就是说一个设备可以对应多个连接。同一时间只有一个连接是处于激活状态的（nmcli c 命令输出结果中绿色的行）。

（1）通过 nmcli 命令查看当前网卡信息，查询系统中所有连接的 IP 和 DNS 等信息，如图 3.44 所示。

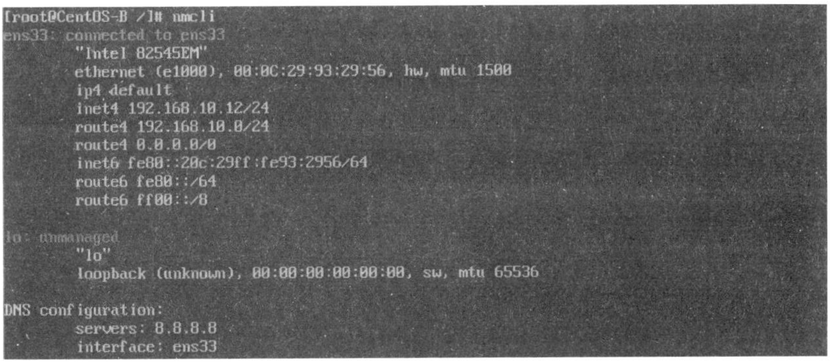

图 3.44　通过 nmcli 命令查看当前网卡信息

（2）查看网卡连接信息，如图 3.45 所示。

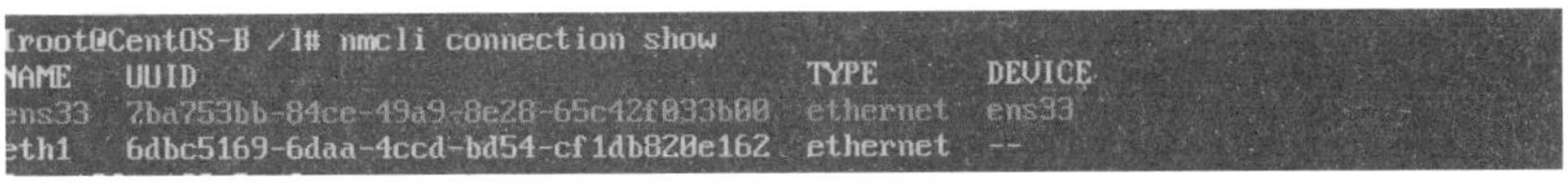

图 3.45　查看网卡连接信息

（3）查看网卡的详细信息，如图 3.46 所示。命令为

```
[root@CentOS-B/]# nmcli connection show ens33
```

```
connection.id:                                 ens33
connection.uuid:                               7ba753bb-84ce-49a9-8e28-65c42f033b00
connection.stable-id:                          --
connection.type:                               802-3-ethernet
connection.interface-name:                     ens33
connection.autoconnect:                        yes
connection.autoconnect-priority:               0
connection.autoconnect-retries:                -1 (default)
connection.multi-connect:                      0 (default)
connection.auth-retries:                       -1
connection.timestamp:                          1650640470
connection.read-only:                          no
connection.permissions:                        --
connection.zone:                               --
connection.master:                             --
connection.slave-type:                         --
connection.autoconnect-slaves:                 -1 (default)
connection.secondaries:                        --
connection.gateway-ping-timeout:               0
connection.metered:                            unknown
connection.lldp:                               default
connection.mdns:                               -1 (default)
connection.llmnr:                              -1 (default)
connection.wait-device-timeout:                -1
802-3-ethernet.port:                           --
802-3-ethernet.speed:                          0
802-3-ethernet.duplex:                         --
802-3-ethernet.auto-negotiate:                 no
802-3-ethernet.mac-address:                    --
802-3-ethernet.cloned-mac-address:             --
802-3-ethernet.generate-mac-address-mask:      --
802-3-ethernet.mac-address-blacklist:          --
802-3-ethernet.mtu:                            auto
802-3-ethernet.s390-subchannels:               --
802-3-ethernet.s390-nettype:                   --
802-3-ethernet.s390-options:                   --
```

图 3.46   ens33 的详细信息

（4）重新应用连接到设备 ens33，如图 3.47 所示。

```
[root@CentOS-B /]# nmcli device reapply ens33
Connection successfully reapplied to device 'ens33'.
```

图 3.47   重新应用连接到设备 ens33

（5）查看网络设备的详细信息，如图 3.48 所示。

```
[root@CentOS-B /]# nmcli device show
GENERAL.DEVICE:                         ens33
GENERAL.TYPE:                           ethernet
GENERAL.HWADDR:                         00:0C:29:93:29:56
GENERAL.MTU:                            1500
GENERAL.STATE:                          100 (connected)
GENERAL.CONNECTION:                     ens33
GENERAL.CON-PATH:                       /org/freedesktop/NetworkManager/ActiveConnection/10
WIRED-PROPERTIES.CARRIER:               on
IP4.ADDRESS[1]:                         192.168.10.12/24
IP4.GATEWAY:                            192.168.10.254
IP4.ROUTE[1]:                           dst = 0.0.0.0/0, nh = 192.168.10.254, mt = 100
IP4.ROUTE[2]:                           dst = 192.168.10.0/24, nh = 0.0.0.0, mt = 100
IP4.DNS[1]:                             8.8.8.8
IP6.ADDRESS[1]:                         fe80::20c:29ff:fe93:2956/64
IP6.GATEWAY:                            --
IP6.ROUTE[1]:                           dst = fe80::/64, nh = ::, mt = 100

GENERAL.DEVICE:                         lo
GENERAL.TYPE:                           loopback
GENERAL.HWADDR:                         00:00:00:00:00:00
GENERAL.MTU:                            65536
GENERAL.STATE:                          10 (unmanaged)
GENERAL.CONNECTION:                     --
GENERAL.CON-PATH:                       --
IP4.ADDRESS[1]:                         127.0.0.1/8
IP4.GATEWAY:                            --
IP6.GATEWAY:                            --
```

图 3.48   查看网络设备的详细信息

（6）停用网卡连接，如图 3.49 所示。

```
[root@CentOS-B /]# nmcli connection down ens33
Connection 'ens33' successfully deactivated (D-Bus active path: /org/freedesktop/NetworkManager/Acti
veConnection/10)
```

图 3.49　停用网卡连接

（7）启用网卡连接，如图 3.50 所示。

```
[root@CentOS-B /]# nmcli connection up ens33
Connection successfully activated (D-Bus active path: /org/freedesktop/NetworkManager/ActiveConnecti
on/12)
```

图 3.50　启用网卡连接

（8）设置网卡 IP 地址的获取方式为自动，如图 3.51 所示。

```
[root@CentOS-B /]# nmcli connection modify ens33 ipv4.method auto
[root@CentOS-B /]# nmcli connection up ens33
Connection successfully activated (D-Bus active path: /org/freedesktop/NetworkManager/ActiveConnecti
on/13)
[root@CentOS-B /]# ifconfig
ens33: flags=4163<UP,BROADCAST,RUNNING,MULTICAST>  mtu 1500
        inet 192.168.10.128  netmask 255.255.255.0  broadcast 192.168.10.255
        inet6 fe80::20c:29ff:fe93:2956  prefixlen 64  scopeid 0x20<link>
        ether 00:0c:29:93:29:56  txqueuelen 1000  (Ethernet)
        RX packets 3185  bytes 222707 (217.4 KiB)
        RX errors 0  dropped 0  overruns 0  frame 0
        TX packets 374  bytes 31354 (30.6 KiB)
        TX errors 0  dropped 0 overruns 0  carrier 0  collisions 0
```

图 3.51　通过 DHCP 自动获取 IP 地址

（9）通过 nmcli 给 ens33 修改 IP 地址/掩码，如图 3.52 所示。命令为

```
[root@CentOS-B /]# nmcli connection modify ens33 ipv4.address IP/掩码
```

```
[root@CentOS-B /]# nmcli connection modify ens33 ipv4.address 192.168.10.10/24
[root@CentOS-B /]# nmcli connection up ens33
Connection successfully activated (D-Bus active path: /org/freedesktop/NetworkManager/ActiveConnecti
on/15)
[root@CentOS-B /]# ifconfig
ens33: flags=4163<UP,BROADCAST,RUNNING,MULTICAST>  mtu 1500
        inet 192.168.10.128  netmask 255.255.255.0  broadcast 192.168.10.255
        inet6 fe80::20c:29ff:fe93:2956  prefixlen 64  scopeid 0x20<link>
        ether 00:0c:29:93:29:56  txqueuelen 1000  (Ethernet)
        RX packets 3188  bytes 223634 (218.3 KiB)
        RX errors 0  dropped 0  overruns 0  frame 0
        TX packets 404  bytes 34102 (33.3 KiB)
        TX errors 0  dropped 0 overruns 0  carrier 0  collisions 0
```

图 3.52　修改 ens33 的 IP 地址/掩码

（10）删除一个网卡连接，如图 3.53 所示。

```
[root@CentOS-B /]# nmcli connection delete eth1
Connection 'eth1' (7b530201-f8d8-4d1e-b761-11f0d7dc7469) successfully deleted.
[root@CentOS-B /]# nmcli connection show
NAME   UUID                                  TYPE      DEVICE
ens33  7ba753bb-84ce-49a9-8e28-65c42f033b00  ethernet  ens33
```

图 3.53　删除 eth1 网卡连接

3.5.4　图形化界面设置静态网络

（1）单击桌面右上角的倒三角按钮，选择"有线设置"，如图 3.54 所示。

图 3.54　选择"有线设置"

（2）进入网络设置界面，单击"设置"按钮 ，如图 3.55 所示。

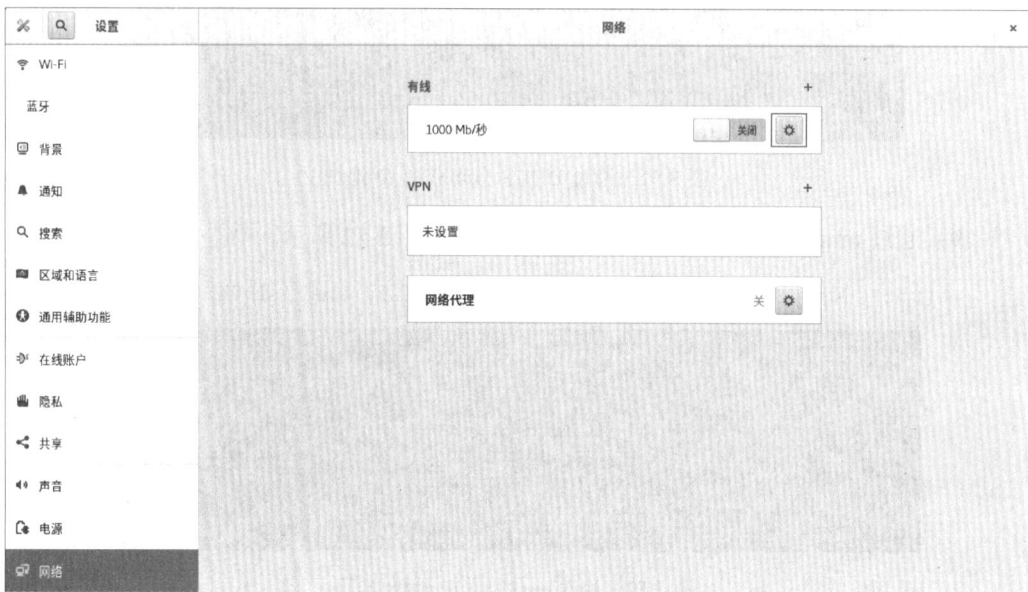

图 3.55　网络设置界面

（3）在"有线"对话框中，选择"IPv4"选项卡。在"IPv4 方法"中选择"手动"选项。在"地址"中输入 IP 地址、子网掩码、网关等信息。最后单击"应用"按钮保存，如图 3.56 所示。

（4）回到如图 3.55 所示网络设置界面，单击打开"有线"网络，此时提示已连接，如图 3.57 所示。

（5）查看网卡详细信息，如图 3.58 所示。

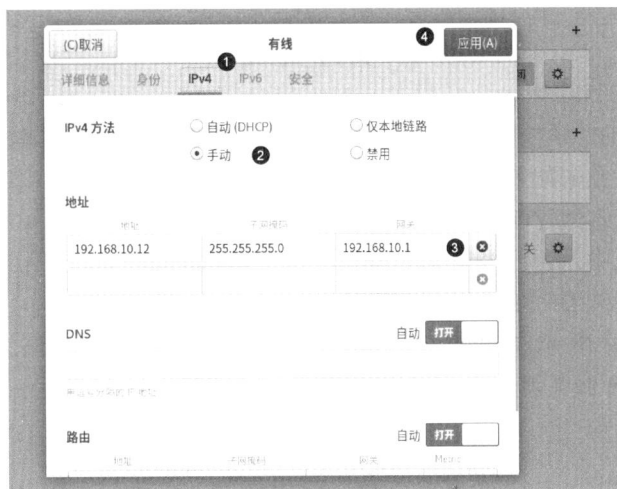

图 3.56 图形化下修改 IP 地址

图 3.57 激活 IP 地址

图 3.58 查看网卡详细信息

◀ **项目实战** ▶

项目背景：FSHC 学校购置了一台服务器，信息管理员打算为其配置 DHCP 服务器。由于设备刚购置，并未配置 IP 地址、本地 YUM 源。管理员做出以下计划：

（1）系统配置本地 YUM 源。

（2）检查系统中是否已经安装了 DHCP 服务器。

（3）为系统安装 DHCP 服务器。

（4）设置 ens33 网卡的 IP 地址为 192.168.20.10，子网掩码为 255.255.255.0，网关为 192.168.20.1，DNS 服务器为 8.8.8.8。

练习题

1．"通过 YUM 安装可以解决软件依赖的问题"这一说法是（　　）的。

    A．正确　　　　　　　　　　　　B．错误

2．"通过'rpm -qa'命令可以查看当前软件是否安装"这一说法是（　　）的。

    A．正确　　　　　　　　　　　　B．错误

3．"软件的安装方式有编译安装、软件包安装"这一说法是（　　）的。

    A．正确　　　　　　　　　　　　B．错误

4．"在 RHEL 8/CentOS 8 版本中默认安装了 network.service"这一说法是（　　）的。

    A．正确　　　　　　　　　　　　B．错误

5．"执行'yum list'命令检测能否正确列出 YUM 源中的软件包"这一说法是（　　）的。

    A．正确　　　　　　　　　　　　B．错误

DNS 服务器的安装与配置

▶ 任务描述

　　某中职学校组建了校园网，为了师生在使用计算机时可以简单、快捷地访问校园网内和互联网上的资源，需要在校园网内架设 DNS 服务器，实现域名与 IP 地址之间的转换。为完成该项目，需要了解什么是服务，如何部署 DNS 服务的环境，明确该服务中各个角色的作用是什么，以及 DNS 服务的基本配置方式如何。

▶ 学习目标

※知识目标

- 了解 DNS 服务的内涵与基本类型。
- 了解 DNS 服务的配置文件参数。
- 了解 DNS 服务记录类型的作用。
- 掌握 DNS 服务器的配置与运行维护方法。
- 掌握 DNS 的主/从服务器的配置方法。
- 掌握 DNS 安全加密传输的配置方法。
- 掌握 DNS 转发服务的配置方法。

※素养目标

- 树立专业自信，培养良好的学习态度。
- 理解 DNS 根服务器在国家网络安全中的重要性。

4.1 DNS 服务概述

在早期的互联网中，终端设备通过 IP 地址进行通信和资源共享，每台连网设备都有唯一的 IP 地址。当我们需要访问其他主机上的资源时，必须指向对方主机的 IP 地址建立连接，才能获取相关资源。随着互联网的高速发展，越来越多的终端设备加入到互联网当中，若通过 IP 地址进行资源获取，每个人所需记忆的 IP 地址数量很多，且 IP 地址由数字组成，排列无规律，难以记忆。为解决此难题，DNS（domain name system）域名系统服务应运而生，其主要作用是将枯燥难记的 IP 地址映射成易于记忆的主机名称。例如，访问百度官网，其 IP 地址为 183.232.231.172。通过输入 IP 地址，可以正确跳转到百度官网，但 IP 地址不方便记忆。通过域名地址方式访问百度官网（www.baidu.com），仅需记忆百度的拼音加上特定后缀就可以访问，域名存在一定规律，方便记忆。

小提示

在上述的例子中是如何获取服务器的 IP 地址的呢？答案是，在 Linux 或 Windows 系统中，通过 ping 命令加域名就可以得到该域名所对应的 IP 地址。例如 "ping www.baidu.com"，所返回的 "来自 183.232.231.172……" 中的 "183.232.231.172" 就是百度服务器的 IP 地址。目前，为了提高可靠性，大部分网站使用了负载均衡技术，在多次访问站点的过程中 IP 地址可能会有变动，导致无法通过早前的 IP 地址访问站点。如百度官网 IP 地址，不同的时间返回的 IP 地址可能不一致。

4.1.1 DNS 概述

DNS 在因特网上作为域名和 IP 地址相互映射的分布式数据库，能够使用户更加方便地访问互联网，而不用去记无规律的 IP 地址。域名系统的功能类似于电话簿，可以通过查询对方的姓名找到相对应的电话号码，也可以通过搜索对方的电话号码找到对应的姓名。域名系统只不过将"姓名"变成"域名"，将"电话号码"变成"IP 地址"。当然，域名系统与电话簿的实际原理差别很大，但其功能类似。

DNS 有两种工作模式，分别为正向解析和反向解析。将域名解析为 IP 地址称为正向解析；将 IP 地址解析为域名称为反向解析。目前在互联网上使用最多的工作模式是正向解析，广泛应用于站点访问。反向解析主要应用在邮件服务器中，启用反向解析，可以拒绝接收所有没有注册的域名发来的信息，作为一种拒收垃圾邮件的手段。

DNS 使用端口号 53，使用 UDP（user datagram protocol，用户数据报协议）协议和 TCP（transmission control protocol，传输控制协议）协议。DNS 服务器在区域传输时使用 TCP 协议 53 号端口，在给客户端提供域名解析服务时使用 UDP 协议 53 号端口。

DNS 采用了类似目录树的层次结构来记录域名与 IP 地址之间的对应关系,如图 4.1 所示。在根域下方是顶级域,顶级域又可以进一步划分出不同域名。

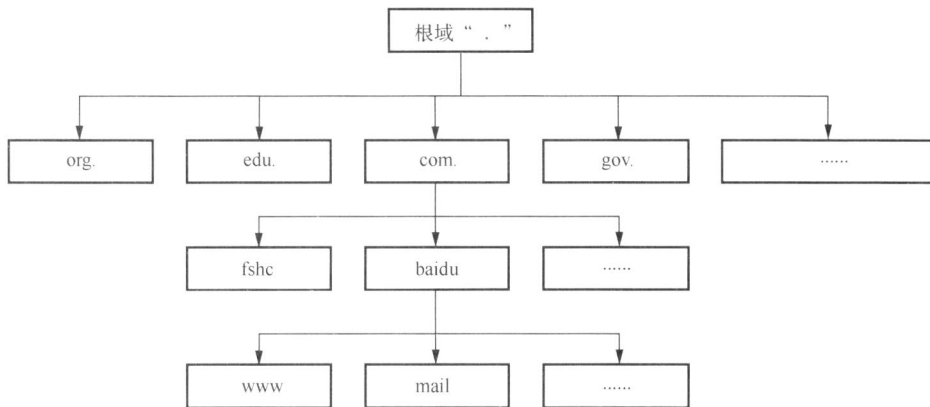

图 4.1　DNS 架构图

顶级域名后缀分为国家顶级域名和国际顶级域名。国家顶级域名是按照国际标准 ISO3166 国家代码分配后缀,例如,中国(cn),美国(us),日本(jp)等。国际顶级域名由 ICANN(The Internet Corporation for Assigned Names and Numbers,因特网域名与数字地址分配公司)认证批准的单位负责运营管理,常见的国际顶级域名有工商企业(com)、非营利机构组织(org)、政府部门(gov)等。

4.1.2　DNS 服务器的类型

DNS 服务器用于实现域名和 IP 地址的双向解析,目前主要有四种类型的 DNS 服务器类型,分别为主 DNS 服务器、辅助(从)DNS 服务器、转发 DNS 服务器和缓存 DNS 服务器。

主 DNS 服务器托管着控制区域文件,是特定 DNS 域的权威信息源。负责提供和维护 DNS 地址解析服务。

辅助(从)DNS 服务器可以从主 DNS 服务器复制一组完整的域信息。此服务器的区域文件从主 DNS 服务器复制并存储为本地文件。在实际应用中,辅助 DNS 服务器主要用于负载平衡和容错。如果主 DNS 服务器出现故障,可以根据需要将辅助(从)DNS 服务器配置转为主 DNS 服务器。

转发 DNS 服务器可以将解析请求(非本域的域名查询请求或指向特定域名的查询请求)转发到其他 DNS 服务器,并且将解析缓存到转发服务器中,在解析缓存未过期前,如果有相同的域名解析查询请求就会直接调用本地缓存中的数据,不需要再次转发到其他 DNS 服务器,起到了减少网络流量、提高查询效率的作用。

缓存 DNS 服务器并不在本地数据库中存储任何解析记录,它仅缓存本地局域网内客户的相关 DNS 解析查询结果,从而起到加速查询请求和节省网络带宽的作用。

4.1.3 DNS 服务配置文件参数

在 CentOS 8 中，DNS 服务是由 BIND（Berkeley Internet name domain，伯克利因特网名称域）服务程序提供的，BIND 是一款互联网使用最广泛的开源 DNS 服务器软件，BIND 服务的程序名称是 named。在 BIND 服务程序中，支持 DNS 服务最重要的三个配置文件如下。

（1）主配置文件（/etc/named.conf），定义 BIND 服务程序的执行，在该配置文件上可以设置 DNS 服务器的类型及 DNS 服务器监听的端口号等。

（2）区域配置文件（/etc/named.rfc1912.zones），保存域名和 IP 地址对应关系的位置，在该配置文件上可以管理与维护 DNS 解析条目。

（3）数据配置文件目录（/var/named），存储域名和 IP 地址之间实际关系的数据配置文件。

4.1.4 DNS 记录类型的作用

在 DNS 服务器的配置过程中，需要将域名和 IP 地址进行映射，而这个映射是怎么样进行的呢？这些地址的映射是需要通过 DNS 记录类型来进行关联的，常用的 DNS 记录类型有以下几种。

（1）A（address）记录：用来指定主机名（域名）对应的 IP 地址记录，这是最常见的 DNS 记录类型。

（2）NS（name server）记录：为域名解析服务器记录，负责该域解析的权威 DNS 服务器，记录值为 DNS 服务器的域名。

（3）SOA（start of authority）记录：SOA 被称为初始授权权限记录，用于标记多个 NS 记录中的哪个是主服务器。

（4）MX（mail exchange）记录：为邮件交换记录。在发送邮件时，客户端需要通过邮箱账号找到邮件服务器的地址，并且通过 SMTP（simple mail transfer protocol，简单邮件传输协议）和它通信。如果需要将邮件服务器的 IP 地址映射到域名地址，则需要通过 MX 记录。

（5）PTR（Pointer）记录：又称为反向查询记录，用来指定 IP 地址对应的域名地址记录。

4.2 配置 DNS 基本服务

FSHC 学校信息管理员为了让学校的 Web 服务器能够实现域名访问，通过架设 DNS 服务器为本校提供基本的域名解析服务。试验环境如表 4.1 所列。

表 4.1　配置 DNS 服务试验环境

主机名	主机 IP 地址	角色	作用
CentOS-A	192.168.10.10	服务器	提供 DNS 解析服务
Windows 10	192.168.10.100	客户端	测试效果

4.2.1　配置 DNS 的正向解析

在服务器 CentOS-A 中安装配置 BIND 服务，设置主 DNS 服务器 IP 地址为 192.168.10.10，负责区域 fshc.com 内主机解析。区域内有网站服务，要求实现访问域名 www.fshc.com 时将其解析成 IP 地址 192.168.10.10 的效果，从而实现域名的访问。

（1）用命令"yum install bind -y"安装 DNS 服务器，如图 4.2 所示。

```
[root@localhost ~]# yum install bind -y
Failed to set locale, defaulting to C.UTF-8
CentOS Linux 8 - Media - BaseOS                         451 kB/s | 3.9 kB     00:00
CentOS Linux 8 - Media - AppStream                      700 kB/s | 4.3 kB     00:00
Dependencies resolved.
==================================================================================
 Package          Architecture          Version              Repository          Size
==================================================================================
Installing:
 bind             x86_64                32:9.11.26-6.el8      media-appstream     2.1 M
```

图 4.2　安装 DNS 服务器

（2）用命令"vim /etc/named.conf"修改 named.conf 文件，修改第 11 行为 any，作用是监听所有的 53 端口；修改第 19 行为 any，作用是允许查询所有客户端的地址，如图 4.3 所示。

```
10 options {
11         listen-on port 53 { any; };
12         listen-on-v6 port 53 { ::1; };
13         directory        "/var/named";
14         dump-file        "/var/named/data/cache_dump.db";
15         statistics-file  "/var/named/data/named_stats.txt";
16         memstatistics-file "/var/named/data/named_mem_stats.txt";
17         secroots-file    "/var/named/data/named.secroots";
18         recursing-file   "/var/named/data/named.recursing";
19         allow-query      { any; };
```

图 4.3　设置允许监听的端口

（3）用命令"vim /etc/named.rfc1912.zones"编辑区域配置文件，在文件中添加 47～51 行。"zone"fshc.com"IN {};"的作用是添加 fshc.com 的正向解析；"type master"指模式为主 DNS；"file "fshc.com.zone";"的作用是指向正向解析的配置文件。"allow-update {none; }"的作用是允许那些客户机动态更新解析信息，如图 4.4 所示。

```
47 zone "fshc.com" IN {
48         type master;
49         file "fshc.com.zone";
50         allow-update { none; };
51 };
```

图 4.4　添加正向解析配置

（4）用命令"cp -p /var/named/named.localhost /var/named/fshc.com.zone"复制一份为 fshc.com 域的正向解析模板，如图 4.5 所示。

```
[root@CentOS-A /]# cp -p /var/named/named.localhost /var/named/fshc.com.zone
[root@CentOS-A /]#
```

图 4.5　复制正向解析文件的备份

小提示

cp 命令的格式：cp -p [要复制的目录或者文件]　[复制后的目录或者文件]

参数的作用是除复制文件的内容外，还把修改时间和访问权限也复制到新文件中，在配置各类文件时都建议复制一个源文件作为备份文件。

（5）用命令"vim /var/named/fshc.com.zone"修改正向解析文件，添加第 11 行，作用是将 www 子域名指向 IP 地址 192.168.10.10；将域名指向一个 IPv4 地址，需要增加 A 记录，如图 4.6 所示。

```
1  $TTL 1D
2  @        IN SOA    @ rname.invalid. (
3                                              0         ; serial
4                                              1D        ; refresh
5                                              1H        ; retry
6                                              1W        ; expire
7                                              3H )      ; minimum
8           NS        @
9           A         127.0.0.1
10          AAAA      ::1
11 www      A         192.168.10.10
```

图 4.6　在正向解析文件中增加 A 记录

小提示

AAAA 记录：将主机名（或域名）指向一个 IPv6 地址（如 ff03:0:0:0: 0:0:0:c1），需要添加 AAAA 记录；NS 记录：域名解析服务器记录，如果要将子域名指定某个域名服务器来解析，需要设置 NS 记录。

（6）正向解析文件配置完成后，就可以开启 DNS 服务了，用命令"systemctl restart named"开启 DNS 服务，如图 4.7 所示。

```
[root@CentOS-A /]# systemctl restart named
[root@CentOS-A /]#
```

图 4.7　开启 DNS 服务

（7）通过 nmcli 命令添加 DNS 服务器 IP 地址 192.168.10.10。修改完成网卡设置后，执行"nmcli connection reload ens33"命令重启网卡使设置都生效，如图 4.8 所示。

```
[root@CentOS-A /]# nmcli connection modify ens33 ipv4.dns 192.168.10.10
[root@CentOS-A /]# nmcli connection reload ens33
```

图 4.8　配置网卡信息

（8）用命令"nslookup www.fshc.com"测试正向解析是否成功，如图4.9所示。

```
[root@CentOS-A /]# nslookup www.fshc.com
Server:         127.0.0.1
Address:        127.0.0.1#53

Name:   www.fshc.com
Address: 192.168.10.10
```

图 4.9　正向解析成功

小提示

nslookop 命令的格式: nslookup [要解析的域名]，测试能否解析到相应 IP 地址。
若系统并未有 nslookup 命令，则需要安装 bind-utils。

4.2.2　配置 DNS 的反向解析

在 DNS 域名解析服务中，反向解析的作用是将用户提交的 IP 地址解析为相应的域名信息。在定义区域时，应该将 IP 地址反向写入。如原来是 192.168.10.0，反向写入后应该是 10.168.192，只需写入 IP 地址的网络位即可。

（1）用命令"vim /etc/named.rfc1912.zones"编辑区域配置文件，在文件中添加第 53～57 行内容。"zone "10.168.192.in-addr.arpa" IN{}"的作用是添加 fshc.com 的反向解析；"file "192.168.10.arpa""的作用是指向反向解析的配置文件，如图 4.10 所示。

```
53 zone "10.168.192.in-addr.arpa" IN {
54         type master;
55         file "192.168.10.arpa";
56         allow-update { none; };
57 };
```

图 4.10　添加反向解析配置

（2）用命令"cp -p /var/named/named.lookback /var/named/192.168.10.arpa"复制一份反向解析模板文件并将其重命名为 192.168.10.arpa，将该文件作为 fshc.com 域的反向解析文件，如图 4.11 所示。

```
[root@CentOS-A /]# cp -p /var/named/named.loopback /var/named/192.168.10.arpa
[root@CentOS-A /]#
```

图 4.11　复制反向解析模板文件并重命名

（3）用命令"vim /var/named/192.168.10.arpa"修改反向解析文件，添加第 12 行，作用是负责将 IP 反向解析为域名。"10"为 IP 中的主机部分，对应的是"192.168.10.10"这台主机。"www.fshc.com"对应的是该主机的域名。反向解析的域名需要添加 PTR 记录，如图 4.12 所示。

图 4.12　在反向解析文件中增加 PTR 记录

小提示

PTR 记录是 A 记录的反向查询记录，又称为 IP 反查记录或指针记录，负责将 IP 反向解析为域名。在域名后面需要添加 "."。

（4）反向解析文件配置完成后，就可以用命令"systemctl restart named"重启 DNS 服务了，如图 4.13 所示。

图 4.13　重启 DNS 服务

（5）用命令"nslookup 192.168.10.10"测试反向解析是否成功，如图 4.14 所示。

图 4.14　反向解析成功

小提示

nslookop 命令的格式：nslookup [要解析 IP]，能否解析到对应的域名地址。

4.3　配置主从 DNS 服务器

DNS 域名解析服务作为一项重要的互联网基础设施服务，保证 DNS 域名分析服务的正常运行，提供稳定、快速的域名搜索服务是非常重要的。在 DNS 域名分析服务中，辅助服务器可以从主服务器获取指定的域数据文件，起到备份解析数据和均衡负载的作用。

通过引入辅助服务器，能够保障 DNS 域名解析服务的正常运行，降低主服务器的负载压力，同时提高用户的查询效率。

FSHC 学校信息管理员为了提高 DNS 服务的稳定性，改善师生访问站点检验，决定搭建一个辅助 DNS 服务器。通过 DNS 主从同步实现数据备份，保障学校能够提供稳定、快速的域名解析服务。试验环境如表 4.2 所示。

表 4.2　配置主从 DNS 服务器试验环境

主机名	主机 IP 地址	角色	作用
CentOS-A	192.168.10.10	主服务器	提供 DNS 解析服务
CentOS-B	192.168.10.11	从服务器	备份 DNS 解析服务

4.3.1　配置主服务器 CentOS-A

（1）完成本小节任务应先完成 4.2 节中主服务器 CentOS-A 正反向双向解析配置。

（2）用命令“vim /etc/named.rfc1912.zones”修改主服务的区域配置文件，在主服务器的区域配置文件中允许该从服务器的更新请求，更改第 50 行和第 56 行的参数为“allow-update { 192.168.10.20; };”，如图 4.15 所示。

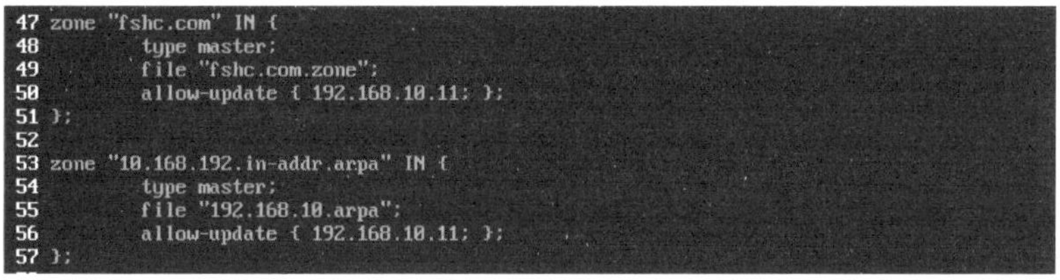

```
47 zone "fshc.com" IN {
48         type master;
49         file "fshc.com.zone";
50         allow-update { 192.168.10.11; };
51 };
52
53 zone "10.168.192.in-addr.arpa" IN {
54         type master;
55         file "192.168.10.arpa";
56         allow-update { 192.168.10.11; };
57 };
```

图 4.15　修改主服务器的 named.rfc1912.zones 区域配置文件

（3）用命令“systemctl restart named”重启主服务器的 DNS 服务，如图 4.16 所示。

```
[root@CentOS-A /]# systemctl restart named
[root@CentOS-A /]#
```

图 4.16　重启 DNS 服务

（4）在主服务器上关闭 DNS 防火墙与 SeLinux，如图 4.17 所示。SeLinux 指安全增强型 Linux（security-enhanced Linux），它是一个 Linux 内核模块，也是 Linux 的一个安全子系统。

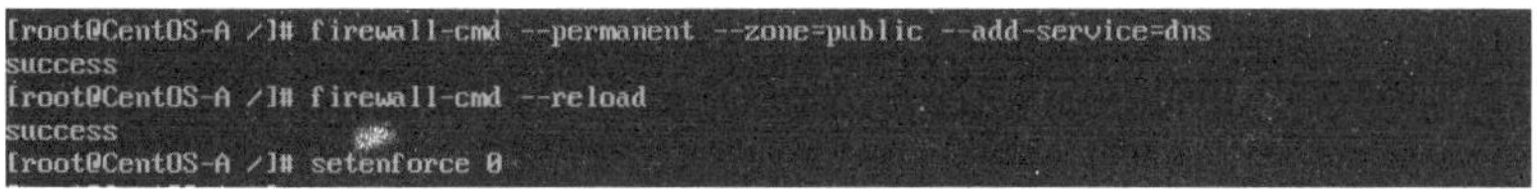

```
[root@CentOS-A /]# firewall-cmd --permanent --zone=public --add-service=dns
success
[root@CentOS-A /]# firewall-cmd --reload
success
[root@CentOS-A /]# setenforce 0
```

图 4.17　关闭防火墙与 SeLinux

4.3.2　配置从服务器 CentOS-B

（1）配置从服务器 CentOS-B 的网卡信息，DNS 指向主服务器 CentOS-A 的 IP 地址，配置结果查询如图 4.18 所示。

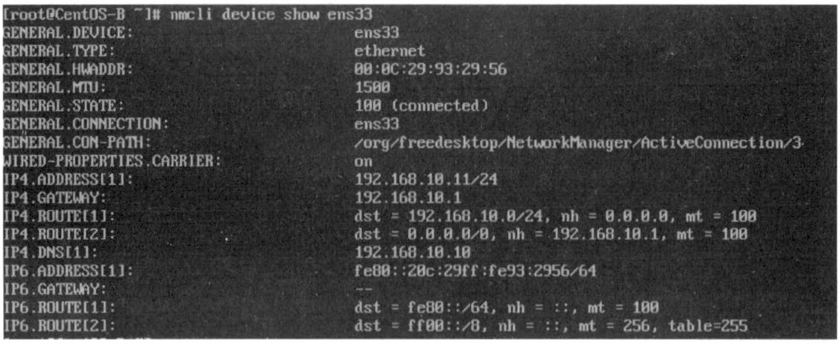

```
[root@CentOS-B ~]# nmcli device show ens33
GENERAL.DEVICE:                         ens33
GENERAL.TYPE:                           ethernet
GENERAL.HWADDR:                         00:0C:29:93:29:56
GENERAL.MTU:                            1500
GENERAL.STATE:                          100 (connected)
GENERAL.CONNECTION:                     ens33
GENERAL.CON-PATH:                       /org/freedesktop/NetworkManager/ActiveConnection/3
WIRED-PROPERTIES.CARRIER:               on
IP4.ADDRESS[1]:                         192.168.10.11/24
IP4.GATEWAY:                            192.168.10.1
IP4.ROUTE[1]:                           dst = 192.168.10.0/24, nh = 0.0.0.0, mt = 100
IP4.ROUTE[2]:                           dst = 0.0.0.0/0, nh = 192.168.10.1, mt = 100
IP4.DNS[1]:                             192.168.10.10
IP6.ADDRESS[1]:                         fe80::20c:29ff:fe93:2956/64
IP6.GATEWAY:                            --
IP6.ROUTE[1]:                           dst = fe80::/64, nh = ::, mt = 100
IP6.ROUTE[2]:                           dst = ff00::/8, nh = ::, mt = 256, table=255
```

图 4.18　从服务器的网卡信息

（2）测试与主服务器 CentOS-A 的连通性，如图 4.19 所示。

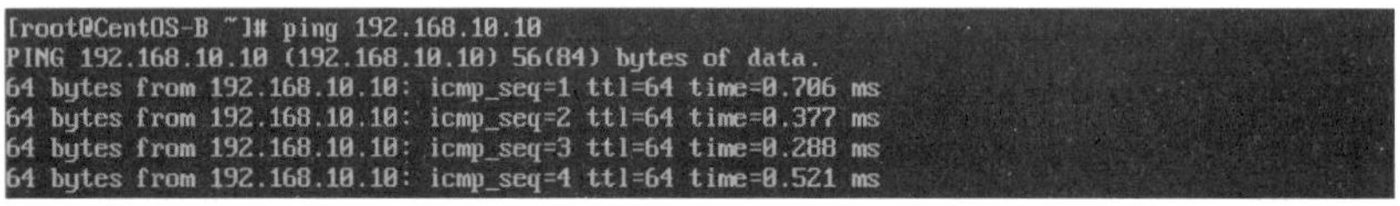

```
[root@CentOS-B ~]# ping 192.168.10.10
PING 192.168.10.10 (192.168.10.10) 56(84) bytes of data.
64 bytes from 192.168.10.10: icmp_seq=1 ttl=64 time=0.706 ms
64 bytes from 192.168.10.10: icmp_seq=2 ttl=64 time=0.377 ms
64 bytes from 192.168.10.10: icmp_seq=3 ttl=64 time=0.288 ms
64 bytes from 192.168.10.10: icmp_seq=4 ttl=64 time=0.521 ms
```

图 4.19　与主服务器的连通性测试

（3）通过命令“yum -y install bind-chroot”安装 DNS 服务器与 bind-chroot 软件包，如图 4.20 所示。在 CentOS 8.4 中，DNS 服务由 bind 应用程序提供，安装 bind 软件即安装 DNS 服务。

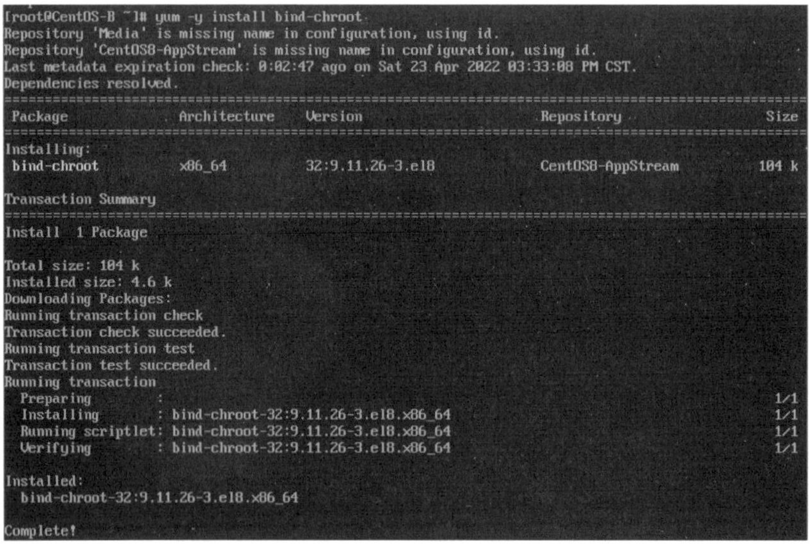

```
[root@CentOS-B ~]# yum -y install bind-chroot
Repository 'Media' is missing name in configuration, using id.
Repository 'CentOS8-AppStream' is missing name in configuration, using id.
Last metadata expiration check: 0:02:47 ago on Sat 23 Apr 2022 03:33:08 PM CST.
Dependencies resolved.
================================================================================
 Package          Architecture   Version              Repository           Size
================================================================================
Installing:
 bind-chroot      x86_64         32:9.11.26-3.el8     CentOS8-AppStream   104 k

Transaction Summary
================================================================================
Install  1 Package

Total size: 104 k
Installed size: 4.6 k
Downloading Packages:
Running transaction check
Transaction check succeeded.
Running transaction test
Transaction test succeeded.
Running transaction
  Preparing        :                                                        1/1
  Installing       : bind-chroot-32:9.11.26-3.el8.x86_64                    1/1
  Running scriptlet: bind-chroot-32:9.11.26-3.el8.x86_64                    1/1
  Verifying        : bind-chroot-32:9.11.26-3.el8.x86_64                    1/1

Installed:
  bind-chroot-32:9.11.26-3.el8.x86_64

Complete!
```

图 4.20　安装 bind 与 bind-chroot

（4）用命令“vim /etc/named.conf”修改 named.conf 配置文件，修改第 11 行为 any，作用是监听所有的 53 端口；修改第 19 行为 any，作用是允许查询所有客户端的地址，如图 4.21 所示。

```
options {
        listen-on port 53 { any; };
        listen-on-v6 port 53 { ::1; };
        directory       "/var/named";
        dump-file       "/var/named/data/cache_dump.db";
        statistics-file "/var/named/data/named_stats.txt";
        memstatistics-file "/var/named/data/named_mem_stats.txt";
        secroots-file   "/var/named/data/named.secroots";
        recursing-file  "/var/named/data/named.recursing";
        allow-query     { any; };
```

图 4.21　修改从服务器的 named.conf 配置文件

（5）用命令“vim /etc/named.rfc1912.zones”在 named.rfc1912.zones 区域配置文件中添加第 47～56 行参数。第 48 行和第 53 行的参数“type slave”意思是服务类型为 slave（从服务器）。第 49 行和第 54 行的参数“masters { 192.168.10.10; };”意思是指向主服务器 IP 地址；第 50 行的参数“flie "slaves/fshc.com.zone"”和第 55 行的参数“file "slaves/192.168.10.arpa"”意思是从服务器同步数据配置文件后要保存到的位置，如图 4.22 所示。

```
47 zone "fshc.com" IN {
48         type slave;
49         masters { 192.168.10.10; };
50         file "slaves/fshc.com.zone";
51 };
52 zone "10.168.192.in-addr.arpa" IN {
53         type slave;
54         masters { 192.168.10.10; };
55         file "slaves/192.168.10.arpa";
56 };
```

图 4.22　修改从服务器的 named.rfc1912.zones 区域配置文件

小提示

修改了配置文件后需要重启 DNS 服务。这里的 masters 参数比正常的主服务类型 master 多了个字母 s，表示可以有多个主服务器。

（6）从服务器配置完成后，就可以用命令“systemctl restart named”重启 DNS 服务了，如图 4.23 所示。

```
[root@CentOS-A /]# systemctl restart named
[root@CentOS-A /]#
```

图 4.23　重启 DNS 服务

（7）当从服务器的 DNS 服务程序重启后，一般就已经自动从主服务器上同步了数据配置文件，而且该文件默认会放置在区域配置文件所定义的目录位置中。用命令“ls /var/named/slaves”就可以看到在 slaves 目录下多出了两个配置文件：192.168.10.arpa 及 fshc.com.zone，如图 4.24 所示。

```
[root@CentOS-B ~]# ls /var/named/slaves/
192.168.10.arpa  fshc.com.zone
[root@CentOS-B ~]#
```

图 4.24　查看 slaves 目录下的反向解析与正向解析文件是否生成

小提示

fshc.com.zone 是正向解析文件，192.168.10.arpa 是反向解析文件。

（8）在 Windows 10 上配置网卡信息，将 DNS 指向从服务器的 IP 地址，配置结果查询如图 4.25 所示。

```
以太网适配器 Ethernet0:

   连接特定的 DNS 后缀 . . . . . . . :
   描述. . . . . . . . . . . . . . . : Intel(R) 82574L Gigabit Network Connection
   物理地址. . . . . . . . . . . . . : 00-0C-29-90-73-B5
   DHCP 已启用 . . . . . . . . . . . : 否
   自动配置已启用. . . . . . . . . . : 是
   本地链接 IPv6 地址. . . . . . . . : fe80::24ea:b376:c7c7:ab6d%6(首选)
   IPv4 地址 . . . . . . . . . . . . : 192.168.10.100(首选)
   子网掩码 . . . . . . . . . . . . : 255.255.255.0
   默认网关. . . . . . . . . . . . . : 192.168.10.1
   DHCPv6 IAID . . . . . . . . . . . : 50334761
   DHCPv6 客户端 DUID . . . . . . . : 00-01-00-01-28-B6-A3-AC-00-0C-29-90-73-B5
   DNS 服务器 . . . . . . . . . . . : 192.168.10.11
   TCPIP 上的 NetBIOS . . . . . . . : 已启用
```

图 4.25　DNS 指向从服务器的 IP 地址

（9）用命令“nslookup”测试正向解析、反向解析是否成功。提供服务的 DNS 服务器是 192.168.10.11，如图 4.26 所示。

```
C:\Users>nslookup 192.168.10.10
服务器:  UnKnown
Address:  192.168.10.11

名称:    www.fshc.com
Address:  192.168.10.10


C:\Users>nslookup www.fshc.com
服务器:  UnKnown
Address:  192.168.10.11

名称:    www.fshc.com
Address:  192.168.10.10
```

图 4.26　成功解析

4.4 配置 DNS 安全的加密传输

加密的 DNS 会使黑客更难劫持或破坏传输过程中的 DNS 信息，提升了传输数据的安全性，进一步保护了用户的隐私。

为保障 DNS 服务器的安全，FSHC 学校信息管理员在完成搭建主从服务器的基础上，需要对服务器同步进行安全的加密传输。IP 地址为 192.168.10.10 的主服务器 CentOS-A 上的 DNS 密钥要求：“加密算法为 HMAC-MD5，密钥长度为 128，密钥类型为 HOST master-slave”。

本小节的搭建任务，建立在 4.3 节主从 DNS 服务器配置完成的基础上。

4.4.1　在主服务器生成 DNS 服务密钥

（1）使用命令"dnssec-keygen -a HMAC-MD5 -b 128 -n HOST master-slave"生成安全的 DNS 服务密钥，如图 4.27 所示。

```
[root@CentOS-A /]# dnssec-keygen -a HMAC-MD5 -b 128 -n HOST master-slave
Kmaster-slave.+157+04604
[root@CentOS-A /]#
```

图 4.27　生成 DNS 服务密钥

小提示

dnssec-keygen 命令的格式为"dnssec-keygen [参数]"。

-a：指定加密算法 [包括 RSAMD5（RSA）、RSASHA1、DSA 等]。

-b：密钥长度（HMAC-MD5 长度在 1～512 位之间）。

-n：密钥的类型（HOST 为与主机相关的）。

密钥参数：128 位 HMAC-MD5 算法，主机名称为 master-slave。

（2）用命令"ls -al Kmaster-slave.+157+04604.*"查看生成的密钥文件（依次为公钥与私钥），如图 4.28 所示。

```
[root@CentOS-A /]# ls -al Kmaster-slave.+157+04604.*
-rw-------. 1 root root  56 Apr 23 16:47 Kmaster-slave.+157+04604.key
-rw-------. 1 root root 165 Apr 23 16:47 Kmaster-slave.+157+04604.private
```

图 4.28　查看生成的公钥与私钥

（3）使用命令"cat Kmaster-slave.+157+04604.private"查看私钥内容（把 Key 的值记录下来），如图 4.29 所示。

```
[root@CentOS-A /]# cat Kmaster-slave.+157+04604.private
Private-key-format: v1.3
Algorithm: 157 (HMAC_MD5)
Key: xGMDrVPZ6aYjqUqN8J2n+Q==
Bits: AAA=
Created: 20220423084745
Publish: 20220423084745
Activate: 20220423084745
```

图 4.29　私钥的内容

（4）使用命令"vim /var/named/chroot/fshc.key"创建密钥验证文件，依次为密钥名称、密钥加密类型及私钥的 Key 值，如图 4.30 所示。

```
[root@CentOS-A /]# cat /var/named/chroot/fshc.key
key "master-slave" {
        algorithm hmac-md5;
        secret "xGMDrVPZ6aYjqUqN8J2n+Q==";
};
```

图 4.30　创建密钥验证文件

（5）使用命令"chown root.named /var/named/chroot/fshc.key"设置 fshc.key 文件的所有者和组，如图 4.31 所示。

```
[root@CentOS-A /]# chown root.named /var/named/chroot/fshc.key
[root@CentOS-A /]# ll -d /var/named/chroot/fshc.key
-rw-r--r--. 1 root named 81 Apr 23 16:53 /var/named/chroot/fshc.key
[root@CentOS-A /]#
```

图 4.31　设置密钥验证文件的所有者和组

（6）为了更加安全，使用命令"chmod 640 /var/named/chroot/fshc.key"设置 fshc.key 文件的权限为 640（rw-r-----），如图 4.32 所示。

```
[root@CentOS-A /]# chmod 640 /var/named/chroot/fshc.key
[root@CentOS-A /]# ll -d /var/named/chroot/fshc.key
-rw-r-----. 1 root named 81 Apr 23 16:53 /var/named/chroot/fshc.key
```

图 4.32　设置权限

（7）使用命令"ln /var/named/chroot/fshc.key /etc/fshc.key"将密钥文件硬连接到/etc目录中，如图 4.33 所示。

```
[root@CentOS-A /]# ln /var/named/chroot/fshc.key /etc/fshc.key
[root@CentOS-A /]# ll /etc/ | grep fshc.key
-rw-r-----. 2 root named    81 Apr 23 17:00 fshc.key
```

图 4.33　建立硬连接

（8）用命令"vim /etc/named.conf"修改 named.conf 配置文件，在第 9 行添加参数"include "/etc/fshc.key""，作用是配置密钥的绝对路径为"/etc/fshc.key"。第 20 行添加参数"allow-transfer { key master-slave; };"，作用是配置限定区传送的密钥名称为 master-slave，如图 4.34 所示。

```
 9 include "/etc/fshc.key";
10 options {
11     listen-on port 53 { any; };
12     listen-on-v6 port 53 { ::1; };
13     directory       "/var/named";
14     dump-file       "/var/named/data/cache_dump.db";
15     statistics-file "/var/named/data/named_stats.txt";
16     memstatistics-file "/var/named/data/named_mem_stats.txt";
17     secroots-file   "/var/named/data/named.secroots";
18     recursing-file  "/var/named/data/named.recursing";
19     allow-query     { any; };
20     allow-transfer { key master-slave; };
```

图 4.34　修改 named.conf 配置文件

（9）主服务器配置完成后，就可以用命令"systemctl restart named"重启 DNS 服务了，如图 4.35 所示。

```
[root@CentOS-A /]# systemctl restart named
[root@CentOS-A /]#
```

图 4.35　重启 DNS 服务

4.4.2　在从服务器上重新获取同步的配置文件

（1）使用命令"rm -rf /var/named/slaves/*"删除原先同步的配置文件，如图 4.36 所示。

```
[root@CentOS-B ~]# rm -rf /var/named/slaves/*
[root@CentOS-B ~]# ll /var/named/slaves/
total 0
```

图 4.36　删除同步配置文件

（2）从服务器删除同步文件后，须用命令"systemctl restart named"重启 DNS 服务，如图 4.37 所示。

```
[root@CentOS-A /]# systemctl restart named
[root@CentOS-A /]#
```

图 4.37　重启 DNS 服务

（3）用命令"ls /var/named/slaves/"查看，会发现即使再重启 DNS 服务同步的配置文件已不存在了，如图 4.38 所示。

```
[root@CentOS-B ~]# ll /var/named/slaves/
total 0
```

图 4.38　同步的配置文件已被删除

（4）用命令"scp /var/named/chroot/fshc.key root@192.168.10.11:/var/named"将主服务器上的 fshc.key 密钥文件传送到从服务器上，如图 4.39 所示。

```
[root@CentOS-A /]# scp /var/named/chroot/fshc.key root@192.168.10.11:/var/named
The authenticity of host '192.168.10.11 (192.168.10.11)' can't be established.
ECDSA key fingerprint is SHA256:ZaIivnIhHP+gSyyFCeIocBVqADBC5Aap5gGfzCM+qH0.
Are you sure you want to continue connecting (yes/no/[fingerprint])? yes
Warning: Permanently added '192.168.10.11' (ECDSA) to the list of known hosts.
root@192.168.10.11's password:
fshc.key                                    100%   81   101.5KB/s   00:00
[root@CentOS-A /]#
```

图 4.39　传送密钥文件

小提示

scp 命令的格式：scp [要传送的文件的绝对路径][传送给的用户]@[传送用户的 IP]：[要传送目录的绝对路径]。

（5）使用命令"chown root.named /var/named/fshc.key"设置 fshc.key 文件的所有者和组，如图 4.40 所示。

```
[root@CentOS-B ~]# chown root.named /var/named/fshc.key
[root@CentOS-B ~]# ll /var/named/fshc.key
-rw-r-----. 1 root named 81 Apr 23 17:10 /var/named/fshc.key
```

图 4.40　设置密钥验证文件的所有者和组

（6）使用命令"ln /var/named/fshc.key /etc/fshc.key"将密钥文件硬连接到/etc 目录中，如图 4.41 所示。

图 4.41　建立硬连接

（7）使用命令"vim /etc/named.conf"修改 named.conf 配置文件，在第 9 行添加参数"include "/etc/fshc.key""的作用是配置密钥的绝对路径。在文件第 10～12 行添加以下参数："server 192.168.10.10{};"的作用是指定主服务器的 IP 地址；"keys {master-slave; };"的作用是指定密钥名称，如图 4.42 所示。

图 4.42　修改 named.conf 配置文件

（8）从服务器配置完成后，用命令"systemctl restart named"重启 DNS 服务，如图 4.43 所示。

图 4.43　重启 DNS 服务

（9）用命令"ll /var/named/slaves"查看，可以看到同步的正向解析、反向解析文件又回来了，如图 4.44 所示。

图 4.44　查看同步文件是否存在

（10）用命令"nslookup 192.168.10.10"测试正向解析是否可用，如图 4.45 所示。

图 4.45　正向解析成功

（11）用命令"nslookup www.fshc.com"测试反向解析是否可用，如图 4.46 所示。

图 4.46　反向解析成功

4.5 配置 DNS 转发服务

转发 DNS 服务器可以向其他 DNS 转发解析请求。它的作用是在客户端无法解析域名时转发给其他服务器进行解析。例如，客户端的 DNS 服务器地址指向 CentOS-C 服务器，发出查询 fshc.com 域的请求，而 CentOS-C 上并未有 fshc.com 域的相关解析。此时，CentOS-C 将解析请求转发给能够提供 fshc.com 域解析的 DNS 服务器 CentOS-A 上，由它来帮助 CentOS-C 解析 fshc.com 域中的域名。试验环境见表 4.3。

表 4.3　配置 DNS 转发服务试验环境

主机名	主机 IP 地址	角色	作用
CentOS-A	192.168.10.10	主服务器	提供 DNS 解析服务
CentOS-C	192.168.10.12	转发 DNS 服务器	转发 DNS 解析
客户端	192.168.10.111	测试机	测试 DNS 服务

本节的搭建，建立在 4.2 节完成配置 DNS 服务器的正向解析、反向解析的基础上。

（1）用命令“yum install bind -y”安装 DNS 服务器，如图 4.47 所示。

```
[root@localhost ~]# yum install bind -y
Failed to set locale, defaulting to C.UTF-8
CentOS Linux 8 - Media - BaseOS                     451 kB/s | 3.9 kB     00:00
CentOS Linux 8 - Media - AppStream                  700 kB/s | 4.3 kB     00:00
Dependencies resolved.
================================================================================
 Package       Architecture    Version              Repository             Size
================================================================================
Installing:
 bind          x86_64          32:9.11.26-6.el8     media-appstream       2.1 M
```

图 4.47　安装 DNS 服务器

（2）用命令“vim /etc/named.conf”修改 named.conf 配置文件，在第 20 行添加参数“forward only”，作用是表明 DNS 转发模式。在第 21 行添加“forwarders { 192.168.10.10; };”的作用是指定域名转发的服务器，如图 4.48 所示。

```
10 options {
11         listen-on port 53 { any; };
12         listen-on-v6 port 53 { ::1; };
13         directory       "/var/named";
14         dump-file       "/var/named/data/cache_dump.db";
15         statistics-file "/var/named/data/named_stats.txt";
16         memstatistics-file "/var/named/data/named_mem_stats.txt";
17         secroots-file   "/var/named/data/named.secroots";
18         recursing-file  "/var/named/data/named.recursing";
19         allow-query     { any; };
20         forward only;
21         forwarders { 192.168.10.10; };
```

图 4.48　修改 named.conf 配置文件

（3）转发器配置完成后，需要用命令“systemctl restart named”重启 DNS 服务，使服务生效，如图 4.49 所示。

```
[root@CentOS-A /]# systemctl restart named
[root@CentOS-A /]#
```

图 4.49　重启 DNS 服务

（4）在客户端上配置网卡信息，将 DNS 指向转发 DNS 服务器的 IP 地址，配置结果如图 4.50 所示。

图 4.50　DNS 指向转发服务器的 IP 地址

（5）用命令"nslookup"测试正向解析、反向解析是否成功。提供服务的 DNS 服务器的 IP 地址是 192.168.10.10，如图 4.51 所示。

```
[root@CentOS-D ~]# nslookup 192.168.10.10
10.10.168.192.in-addr.arpa      name = www.fshc.com.

[root@CentOS-D ~]# nslookup www.fshc.com
Server:         192.168.10.12
Address:        192.168.10.12#53

Name:   www.fshc.com
Address: 192.168.10.10
```

图 4.51　成功解析

◀ 项目实战 ▶

项目背景：FSHC 学校购置了两台服务器，用于为学校提供域名解析服务。为了保障 DNS 服务器稳定地提供服务，打算用第二台服务器作为从服务器。并且为了保障数据安全，为其配置安全设置。FSHC 学校信息管理教师提出以下需求。

主 DNS 服务器需要提供以下解析服务。

安全教育站点：

访问站点的 IP 地址：192.168.10.10:80

域名：aqjy.fshc.com

心理健康站点：

访问站点的 IP 地址：192.168.10.10:8080

域名：xljk.fshc.com

班级荣誉站点：

访问站点的 IP 地址：192.168.10.11

域名：bjry.fshc.com

党史学习站点：

访问站点的 IP 地址：192.168.10.12

域名：dsxx.fshc.com

技能竞赛站点：

访问站点的 IP 地址：192.168.10.13

域名：jnjs.fshc.com

师生邮件站点：

访问站点的 IP 地址：192.168.10.14

域名：mail.fshc.com

练 习 题

1. DNS 服务器的作用是（　　）。

　　A．将域名转换为 IP 地址　　　　　B．为主机动态分配 IP 地址

　　C．监测网络内有无攻击行为　　　　D．为网络访问提供日志服务

2. nslookup 命令的作用是（　　）。

　　A．将 IP 地址解析为 MAC 地址　　B．测试网络是否联通

　　C．域名解析　　　　　　　　　　　D．路由跟踪

3. 安装 bind 后，服务名为（　　）。

　　A．httpd　　　　　B．named　　　　C．network　　　　D．Servcies

4. DNS 服务的配置文件中用于记录邮件交换的标记是（　　）。

　　A．FX　　　　　　B．AAA　　　　　C．MX　　　　　　D．PTR

5. DNS 反向解析是指（　　）。

　　A．域名到域名的映射　　　　　　　B．IP 地址到域名的映射

　　C．域名到 IP 地址的映射　　　　　D．IP 地址到 IP 地址的映射

VSFTP 服务器的安装与配置

▶ 任务描述

　　某中职学校组建了校园网，为了满足师生日常的文件上传和下载需求，需要架设 VSFTP 服务器，为学校的教师和学生等用户提供 FTP 等服务。为完成该项目，需要了解 VSFTP 服务的基本实现原理，以及如何部署 VSFTP 服务的环境等内容。

▶ 学习目标

※知识目标

- 了解 FTP 服务的内涵。
- 了解 FTP 服务的工作模式。
- 掌握 VSFTP 服务的基本配置方法。
- 掌握 VSFTP 服务的三种用户配置方法。

※素养目标

- 培养学生热爱集体和学校的品质。
- 培养学生勤于思考、善于实践的科学精神。

5.1　FTP 服务概述

一般来说，人们使用互联网的主要目的是将计算机连接到网络上以获取资料，而文件传输是获取资料的重要方式。今天的互联网中有成千上万的个人电脑、移动终端、工作站、服务器。此外，各种终端设备有着不同的操作系统，如 Windows、Linux、MacOS、Harmony OS（鸿蒙）等。这些不同的操作系统之间是如何进行文件传输的呢？FTP（file transfer protocol，文件传输协议）协议可以使不同的操作系统实现文件传输。

5.1.1　FTP 概述

FTP 是 TCP/IP 协议中的一种，它的作用是在服务器和客户端之间传输文件。FTP 协议由两个部分组成，一是 FTP 服务器，用来存储文件和提供 FTP 文件传输服务；二是 FTP 客户端，用来访问 FTP 服务器和获取文件。用户使用 FTP 客户端通过 FTP 协议获取 FTP 服务器上的资源。

FTP 协议工作在 TCP 模型的应用层，运行在 TCP 连接上，TCP 的"3 次握手"保证了文件传输的可靠性。FTP 协议使用 TCP 端口中的 20 端口与 21 端口，21 端口是监听端口，用于传输控制信息；20 端口是数据端口，用于传输数据。但 FTP 服务器是否使用 20 端口作为数据端口与 FTP 的传输模式有关。如果采取主动模式，FTP 服务器数据端口则为 20 端口；如果采用被动模式，FTP 服务器的数据端口具体使用何值则需要FTP 服务器与 FTP 客户端协商决定。

运行 FTP 协议的服务器就是 FTP 服务器，由 FTP 服务器提供传输文件服务。在 CentOS 8.4 中，FTP 服务由 VSFTP 软件提供，VSFTP（very secure FTP，安全文件传输协议）是一个基于 GPL（general public license，通用公共许可）协议发布的 FTP 服务器软件，该软件的特点是安全、高速、稳定。

连接 FTP 服务器，使用 FTP 协议从 FTP 服务器获取文件的主机就是 FTP 客户端，用户要连接上 FTP 服务器就需要使用 FTP 客户端。目前 FTP 客户端有 FileZilla、SmartFTP、WinSCP 等软件。

5.1.2　FTP 服务的工作模式

FTP 服务支持两种工作模式，分别为主动模式（POPT 模式）和被动模式（PASV 模式）。两种模式的区别在于数据连接是由服务器发起还是由客户端发起。VSFTP 服务器默认情况下使用被动模式。

在主动模式下，FTP 服务器打开 TCP 21 端口，等待连接。FTP 客户端发送用户名和密码登录 FTP 服务器，登录成功后与 FTP 服务器的 TCP 21 端口建立控制连接。FTP 客户端登录到 FTP 服务器后要查看目录或读取数据时，客户端会随机开放一个端口（大于编号 1024 的端口，如 1025 端口），通过 TCP 21 端口控制连接通道发送 POPT 参数到

FTP 服务器，告知 FTP 服务器客户端采取主动模式并开放 1025 端口。FTP 服务器收到来自客户端的主动模式参数 POPT 和端口号 1025 后，通过服务器的 20 端口和客户端 1025 端口建立数据连接。

在被动模式下，FTP 服务器打开 TCP 21 端口，等待连接。FTP 客户端发送用户名和密码登录 FTP 服务器，登录成功后与 FTP 服务器的 TCP 21 端口建立控制连接。FTP 客户端登录到 FTP 服务器后要查看目录或读取数据时，客户端通过 TCP 21 端口控制连接通道发送 PASV 参数到 FTP 服务器，告知 FTP 服务器客户端采取被动模式。FTP 服务器收到 PASV 参数后会随机开放一个端口（大于编号 1024 的端口，如 1025 端口），通过 TCP 21 端口控制连接通道将端口号 1025 告知 FTP 客户端。FTP 客户端通过 20 端口与 FTP 服务器的 1025 端口建立数据连接。

由此可见，被动模式下建立控制连接通道时与主动模式类似，但建立连接后发送的不是 PORT 参数，而是 PASV 参数。

5.1.3 FTP 服务的用户认证模式

在 CentOS 8.4 中，VSFTP 服务提供三种用户认证模式登录 FTP 服务器。三种用户认证模式分别为匿名（anonymous）用户模式、本地（local）用户模式、虚拟（virtual）用户模式。

匿名用户模式：匿名用户模式是一种最不安全的认证模式，任何人都无须密码即可直接登录到 FTP 服务器。

本地用户模式：本地用户模式是通过 Linux 系统本地账户密码数据信息进行身份验证的模式。相比匿名用户模式更安全，并易于配置。但存在弊端，由于使用 Linux 系统本地账户，如果被黑客破解了 FTP 账户信息，黑客就可以随意登录 FTP 服务器，从而控制 FTP 服务器。

虚拟用户模式：虚拟用户模式是这三种模式中最安全的身份验证模式，需要单独为 FTP 服务建立用户数据库文件，并虚拟化账户信息。通过虚拟出的账户信息进行身份验证登录 FTP 服务器。这些虚拟化后的账户信息在 FTP 服务器系统上并不存在，仅用以登录 FTP 服务器认证使用。

5.2 安装与配置 VSFTP 服务器

在 VSFTP 服务中有三种用户登录方式，分别为匿名登录、本地用户登录、虚拟用户登录。三种用户登录方式各有优缺点，面对需求的不同应采用不同的登录方式。例如，为了方便每个人获取文件，可采取匿名的方式，方便每个人快捷地获取相关文件。但如果是在企业内部，通常会选择安全性较高的虚拟用户登录方式进行。

5.2.1 配置 VSFTP 的基本服务

FSHC 学校计算机网络技术专业有两个班级，信息管理员建立了 VSFTP 站点，用于存放 1 班与 2 班提交的实训作业。试验环境如表 5.1 所示。

表 5.1 配置 VSFTP 服务器试验环境

主机名	主机 IP 地址	角色	作用
CentOS-A	192.168.10.10	服务器	提供 FTP 服务
Windows 10	192.168.10.100	客户端	测试效果

（1）用命令"yum -y install vsftpd"安装 VSFTP 服务器，如图 5.1 所示。

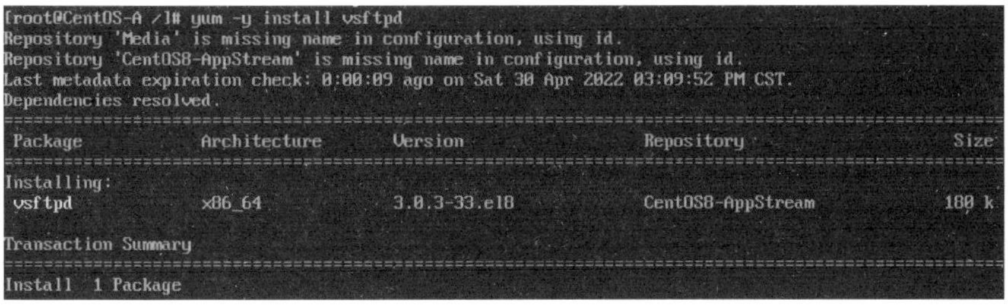

图 5.1 成功安装 VSFTP 服务器

（2）用命令"systemctl restart vsftpd"开启 VSFTP 服务；用命令"systemctl enable vsftpd"设置 VSFTP 服务为开机自动启动，如图 5.2 所示。

图 5.2 开启并设置开机自动启动 VSFTP 服务

（3）用命令"vim /etc/selinux/config"编辑 Selinux 的配置文件，修改第 7 行为"SELINUX=disabled"，作用是关闭 Selinux，如图 5.3 所示。

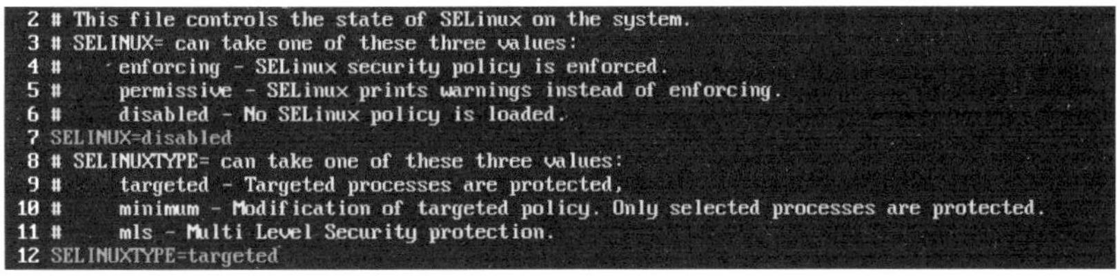

图 5.3 编辑 Selinux 的配置文件

（4）用命令"systemctl stop firewalld"关闭防火墙的默认策略，如图 5.4 所示。

图 5.4 关闭防火墙的默认策略

小提示

firewalld 防火墙管理工具默认禁止了 FTP 的端口号，因此在正式配置 VSFTPD 服务程序之前，为了避免这些默认的防火墙策略"捣乱"，还需要关闭 firewalld 防火墙的默认策略或者放行 FTP 协议。

（5）用命令"lsof -i :21"查看端口，判断 FTP 服务是否正常启用，如图 5.5 所示。

```
[root@CentOS-A /]# lsof -i :21
COMMAND   PID USER   FD   TYPE DEVICE SIZE/OFF MODE NAME
vsftpd  11751 root    3u  IPv6  91786      0t0  TCP *:ftp (LISTEN)
```

图 5.5　查看端口 21 的服务

小提示

lsof 命令格式 lsof [参数]：[端口]，作用是查看端口对应进程的状态。

5.2.2　配置 VSFTP 匿名用户登录

在 VSFPD 服务程序中，匿名开放模式是最不安全的身份验证模式，任何人都可以直接登录到 FTP 服务器，无须密码验证。此模式通常用于访问不重要的公共文件。

信息技术管理员为了使所有人可以访问 FTP 服务器，将修改 FTP 的主配置文件，启用匿名访问"anonymous_enable=YES"，实现匿名登录 FTP 服务器需下载/var/ftp/pub 目录下的 123.txt 文件。试验环境如表 5.2 所示。

表 5.2　配置 VSFTP 匿名用户登录试验环境

主机名	主机 IP 地址	角色	作用
CentOS-A	192.168.10.10	服务器	提供 FTP 服务（匿名）
Windows 10	192.168.10.100	客户端	测试效果

（1）用命令"yum -y install vsftpd"安装 VSFTP 服务器，如图 5.6 所示。

```
[root@CentOS-A /]# yum -y install vsftpd
Repository 'Media' is missing name in configuration, using id.
Repository 'CentOS8-AppStream' is missing name in configuration, using id.
Last metadata expiration check: 0:00:09 ago on Sat 30 Apr 2022 03:09:52 PM CST.
Dependencies resolved.
========================================================================
Package        Architecture      Version            Repository          Size
========================================================================
Installing:
vsftpd         x86_64            3.0.3-33.el8        CentOS8-AppStream    180 k

Transaction Summary
========================================================================
Install  1 Package
```

图 5.6　安装 VSFTP 服务器

（2）用命令"vim /etc/vsftpd/vsftpd.conf"编辑 VSFTP 的主配置文件，修改第 12 行的参数为"anonymous_enable=YES"的作用是启用匿名用户登录；修改第 15 行的参数为"local_enable=NO"的作用是关闭本地用户登录，如图 5.7 所示。

```
11 # Allow anonymous FTP? (Beware - allowed by default if you comment this out).
12 anonymous_enable=YES
13 #
14 # Uncomment this to allow local users to log in.
15 local_enable=No
16 #
17 # Uncomment this to enable any form of FTP write command.
18 write_enable=YES
19 #
20 # Default umask for local users is 077. You may wish to change this to 022,
21 # if your users expect that (022 is used by most other ftpd's)
22 local_umask=022
```

图 5.7　启用匿名用户访问

小提示

anonymous_enable=YES 允许匿名用户模式（默认关闭）

开启 VSFTP 匿名用户模式后重启服务器即可通过匿名用户进行下载文件。如果需要进一步设置匿名用户上传权限、创建目录权限、修改目录权限、删除目录权限则需要使用以下参数：

anon_umask=022 匿名用户上传文件的 umask 值；

anon_upload_enable=YES 允许匿名用户上传文件；

anon_mkdir_write_enable=YES 允许匿名用户创建目录；

anon_other_write_enable=YES 允许匿名用户修改目录名称或删除目录。

这些参数不仅可以作用于匿名用户也可以作用于虚拟用户。

（3）用命令"systemctl restart vsftpd"使配置生效，如图 5.8 所示。

```
[root@CentOS-A /]# systemctl restart vsftpd
[root@CentOS-A /]#
```

图 5.8　重启 VSFTPD 服务

（4）用命令"touch /var/ftp/pub/123.txt"在目录匿名用户 pub 下创建一个名为 123.txt 的文件，如图 5.9 所示。

```
[root@CentOS-A /]# touch /var/ftp/pub/123.txt
[root@CentOS-A /]# ll /var/ftp/pub/123.txt
-rw-r--r--. 1 root root 0 Apr 30 15:17 /var/ftp/pub/123.txt
```

图 5.9　创建 123.txt 文件

（5）在客户端"Windows 10"中，按 Win+E 组合键打开此电脑，如图 5.10 所示。

图 5.10　打开此电脑

（6）在如图 5.11 所示的文本框中输入主服务器的 IP 地址 192.168.10.10 后可以看到文件夹 pub，双击 pub，可以看见创建的文件 123.txt，如图 5.12 所示。

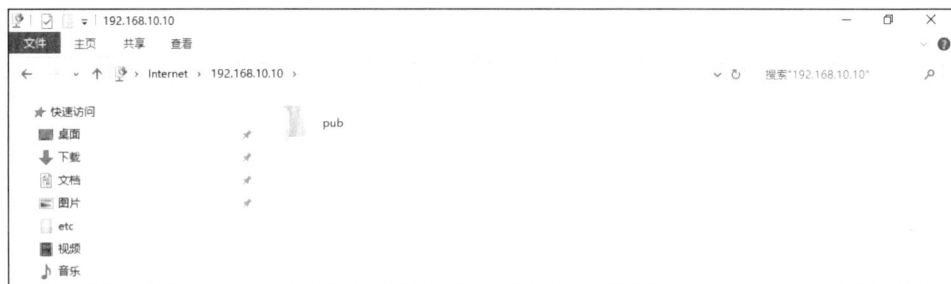

图 5.11　通过匿名用户登录可以看见 pub 文件夹

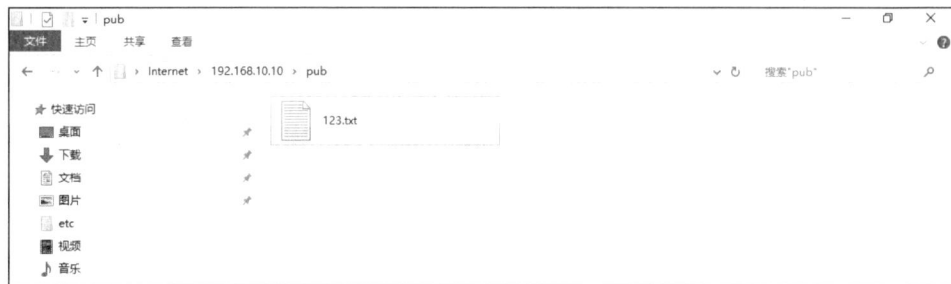

图 5.12　通过匿名用户进入 pub 文件夹可以看见 123.txt

小提示

在资源管理器地址栏输入"ftp//FTP 服务器的 IP 地址"可以访问 FTP 服务器。

（7）右击 123.txt 文件，选中"复制到文件夹"，在弹出"浏览文件夹"对话框中选中"桌面"，可以把文件复制到桌面上，如图 5.13 所示。

图 5.13　将 123.txt 文件复制到桌面上

5.2.3　配置 VSFTP 本地用户登录

使用匿名用户认证模式虽然可以便捷地使用 FTP 服务器，但其实并不安全。为了提升 FTP 服务器的安全性，信息管理员决定将匿名用户认证模式修改为本地用户认证模式，使得用户只有通过系统账户密码认证才能访问 FTP 服务器。试验环境如表 5.3 所示。

表 5.3　配置 VSFTP 本地用户登录试验环境

主机名	主机 IP 地址	角色	作用
CentOS-A	192.168.10.10	服务器	提供 FTP 服务（本地）
Windows 10	192.168.10.100	客户端	测试效果

（1）用命令"yum -y install vsftpd"安装 VSFTPD 服务器，如图 5.14 所示。

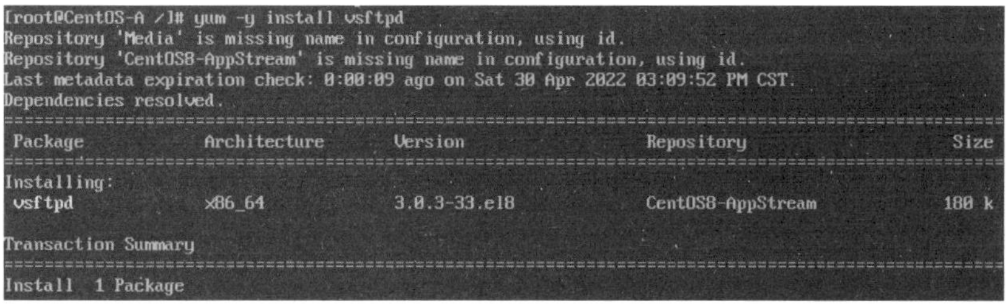

图 5.14　安装 VSFTP 服务器

（2）用命令"vim /etc/vsftpd/vsftpd.conf"编辑 VSFTP 的主配置文件，修改第 12 行的参数为"anonymous_enable=NO"的作用是将关闭匿名用户访问；修改第 15 行的参数为"local_enable=YES"的作用是开启本地用户登录，如图 5.15 所示。

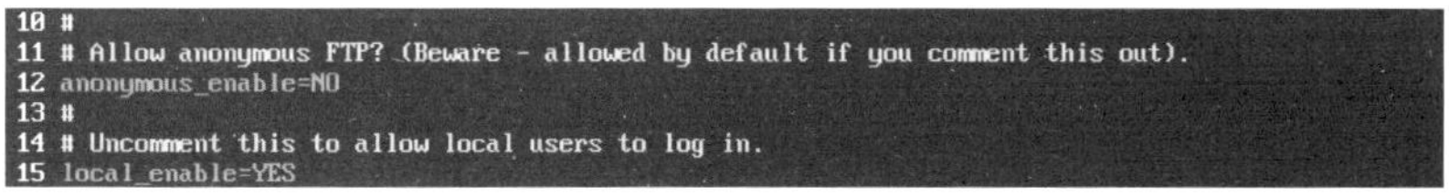

图 5.15　修改 VSFTP 配置文件

（3）创建 fshc 用户，并为其添加密码 123456，如图 5.16 所示。

```
[root@CentOS-A /]# useradd fshc
[root@CentOS-A /]# echo 123456 | passwd --stdin fshc
Changing password for user fshc.
passwd: all authentication tokens updated successfully.
```

图 5.16　创建 fshc 用户并添加密码

（4）重启 VSFTPD 服务器，如图 5.17 所示。

```
[root@CentOS-A /]# systemctl restart vsftpd
[root@CentOS-A /]#
```

图 5.17　重启 VSFTP 服务器

（5）通过 ftp 命令远程登录 FTP 服务器 IP 地址 192.168.10.10，如图 5.18 所示。

```
[root@CentOS-A /]# ftp 192.168.10.10
Connected to 192.168.10.10 (192.168.10.10).
220 (vsFTPd 3.0.3)
Name (192.168.10.10:root): fshc
331 Please specify the password.
Password:
230 Login successful.
Remote system type is UNIX.
Using binary mode to transfer files.
ftp>
ftp>
```

图 5.18　fshc 本地用户登录 FTP 服务器

5.2.4　配置 VSFTP 虚拟用户登录

虚拟用户的出现是因为在 Linux 下，使用 VSFTP 建立用户后，使用 FTP 时默认会访问相应的用户主目录，如图 5.19 所示。

```
[root@CentOS-A /]# ftp 192.168.10.10
Connected to 192.168.10.10 (192.168.10.10).
220 (vsFTPd 3.0.3)
Name (192.168.10.10:root): fshc
331 Please specify the password.
Password:
230 Login successful.
Remote system type is UNIX.
Using binary mode to transfer files.
ftp> pwd
257 "/home/fshc" is the current directory
```

图 5.19　默认处于 home 目录下

虚拟用户模式是这三种模式中最安全的一种认证模式，须专门创建 FTP 账户用来登录 FTP 服务器。通过虚拟用户可以使 FTP 服务器的安全性得到提升，但配置起来也会复杂些。试验环境如表 5.4 所示。

表 5.4　配置 VSFTP 虚拟用户登录试验环境

主机名	主机 IP 地址	角色	作用
CentOS-A	192.168.10.10	服务器	提供 FTP 服务（虚拟）
Windows 10	192.168.10.100	客户端	测试效果

创建三个虚拟用户 fshc1、fshc2、fshc3，密码都为 123456。

fshc1：用户拥有所有权限。

fshc2：用户只允许下载。

fshc3：用户只允许上传。

（1）用命令“yum -y install vsftpd”安装 VSFTPD 服务器，如图 5.20 所示。

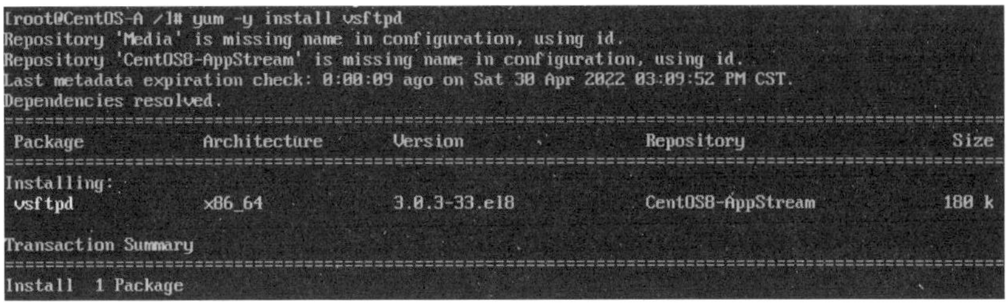

```
[root@CentOS-A /]# yum -y install vsftpd
Repository 'Media' is missing name in configuration, using id.
Repository 'CentOS8-AppStream' is missing name in configuration, using id.
Last metadata expiration check: 0:00:09 ago on Sat 30 Apr 2022 03:09:52 PM CST.
Dependencies resolved.
================================================================================
 Package        Architecture        Version           Repository          Size
================================================================================
Installing:
 vsftpd         x86_64              3.0.3-33.el8      CentOS8-AppStream   180 k

Transaction Summary
================================================================================
Install  1 Package
```

图 5.20　安装 VSFTP 服务器

（2）创建虚拟用户账户，在/etc/vsftpd 目录下创建 fshc_user.list 文件，在文件中输入以下账户名与密码。奇数行是账户，偶数行是密码，如图 5.21 所示。

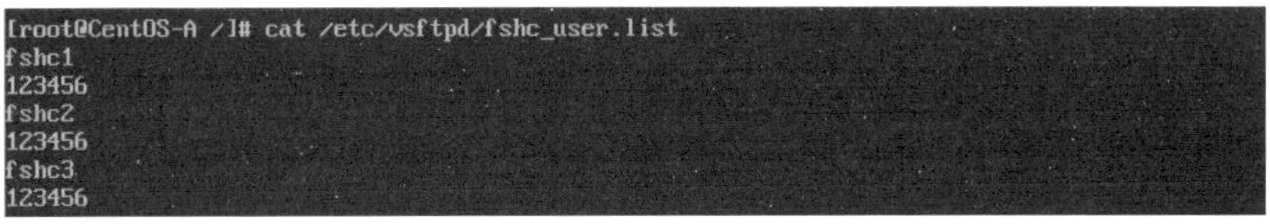

```
[root@CentOS-A /]# cat /etc/vsftpd/fshc_user.list
fshc1
123456
fshc2
123456
fshc3
123456
```

图 5.21　添加匿名用户及密码

（3）用命令“db_load -T -t hash -f fshc_user.list fshc_user.db ”将用户信息文件转换为数据库并使用 hash 加密，如图 5.22 所示。

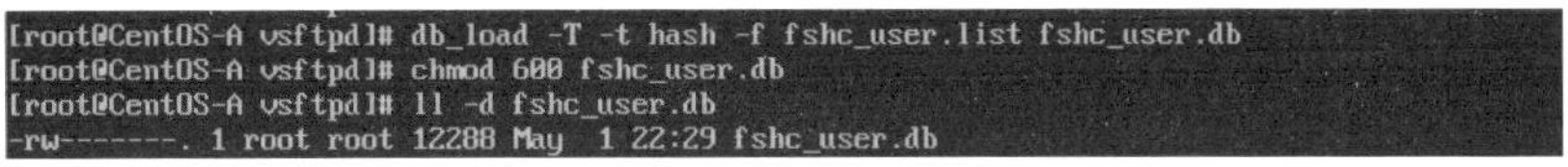

```
[root@CentOS-A vsftpd]# db_load -T -t hash -f fshc_user.list fshc_user.db
[root@CentOS-A vsftpd]# chmod 600 fshc_user.db
[root@CentOS-A vsftpd]# ll -d fshc_user.db
-rw-------. 1 root root 12288 May  1 22:29 fshc_user.db
```

图 5.22　用 db 命令转换为数据库并加密

（4）创建 VSFTPD 虚拟用户的映射系统用户 fshcftpuser，将虚拟用户创建的文件属性归属于系统用户，并且将该用户设置为不允许登录 FTP 服务器，如图 5.23 所示。

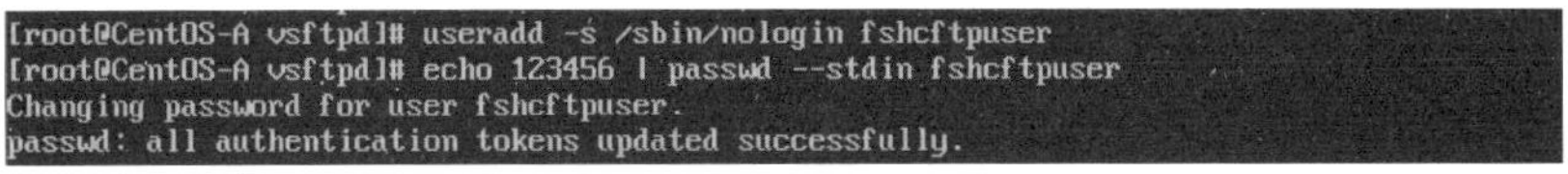

```
[root@CentOS-A vsftpd]# useradd -s /sbin/nologin fshcftpuser
[root@CentOS-A vsftpd]# echo 123456 | passwd --stdin fshcftpuser
Changing password for user fshcftpuser.
passwd: all authentication tokens updated successfully.
```

图 5.23　创建虚拟用户映射系统用户

（5）用命令“vim /etc/pam.d/vsftpd”修改 VSFTPD 认证文件。将第 1～8 行的内容注释掉，在第 9 行添加“auth required pam_userdb.so db=/etc/vsftpd/fshc_user”参数，在第 10 行添加“acount required pam_userdb.so db=/etc/vsftpd/fshc_user”，启用“pam 认证”作用在/etc/vsftpd/fshc_user.db 文件下，如图 5.24 所示。

图 5.24　修改 VSFTPD 认证文件

小提示

auth 主要负责接受用户名和密码、验证用户密码以及为用户设置一些秘密信息；account 用于检查账号是否过期、账号登录是否有时间限制等；sufficient 表明本模块返回成功已经足以满足身份认证的要求，并且不需要执行同一堆栈中的其他模块，但如果此模块失败，则可以忽略此模块。这被认为是一个充分条件。

（6）用命令"vim /etc/vsftpd/vsftpd.conf"修改 VSFTPD 主配置文件，参数"guest_enable=YES"的作用是开启虚拟用户访问；添加参数"allow _writeable_chroot= YES"，作用是允许限制在自己的目录活动的用户拥有写的权限；添加参数guest_username=fshcftpuser，作用是映射系统用户，如图 5.25 所示。

图 5.25　修改 VSFTPD 主配置文件

（7）用命令"mkdir /etc/vsftpd/fshc"和"chmod 777 /etc/vsfptd/fshc"创建 fshc 目录，并赋予权限，如图 5.26 所示。

图 5.26　创建目录并赋予权限

（8）用命令"touch /etc/vsftpd/fshc/fshc1"创建属于 fshc1 虚拟用户的各项权限设置文件，配置 fshc1 用户拥有所有权限。参数"local_root=/fshc/fshc1"的作用是指定用户的宿主目录；参数"anon_world_readable_only=NO"的作用是关闭只读权限；参数"anon_other_write_enable=YES"的作用是允许其他人写入；参数"anon_mkdir_write_ enable=YES"的作用是允许匿名（虚拟）用户上传或建立目录；参数"anon_upload_ enable=YES"的作用是允许上传，参数"download_enable=YES"的作用是允许下载，如图 5.27 所示。

```
[root@CentOS-A fshc]# cat /etc/vsftpd/fshc/fshc1
loacl_root=/fshc/fshc1
anon_world_readable_only=NO
anon_other_write_enable=YES
anon_mkdir_write_enable=YES
anon_upload_enable=YES
download_enable=YES
```

图 5.27　添加虚拟用户 fshc1 权限

小提示

　　fshc1 虚拟用户的权限设置文件名不能乱改，文件的名字必须是虚拟用户的名字；否则服务是找不到这个文件的。

　　（9）用命令"cat /etc/vsftpd/fshc/fshc2"创建属于 fshc2 虚拟用户的各项权限设置文件，配置 fshc2 用户只允许下载，如图 5.28 所示。

```
[root@localhost /]# cat /etc/vsftpd/fshc/fshc2
local_root=/fshc/fshc2
write_enable=YES
anon_world_readable_only=NO
anon_upload_enable=NO
anon_other_write_enable=YES
```

图 5.28　添加虚拟用户 fshc2 权限

　　（10）用命令"cat /etc/vsftpd/fshc/fshc3"，创建属于 fshc3 虚拟用户的各项权限设置文件，配置 fshc3 用户只允许上传，如图 5.29 所示。

```
[root@localhost /]# cat /etc/vsftpd/fshc/fshc3
local_root=/fshc/fshc3
write_enable=YES
download_enable=NO
anon_world_readable_only=NO
anon_upload_enable=YES
anon_mkdir_write_enable=YES
anon_other_write_enable=YES
```

图 5.29　添加虚拟用户 fshc3 权限

　　（11）将虚拟用户配置文件映射到主配置文件上。参数 user_config_dir 用来定义不同虚拟用户不同权限的配置文件所存放的路径，如图 5.30 所示。

```
# Allow anonymous FTP? (Beware - allowed by default if you comment this out).
anonymous_enable=YES
local_enable=YES
write_enable=YES
guest_enable=YES
guest_username=virtualftpuser
allow_wirteable_chroot=YES
user_config_dir=/etc/vsftpd/fshc
```

图 5.30　配置不同权限的配置文件存放路径

　　（12）创建虚拟用户的 home 目录，并且修改所属用户与所属组 fshcftpuser，如图 5.31 所示。

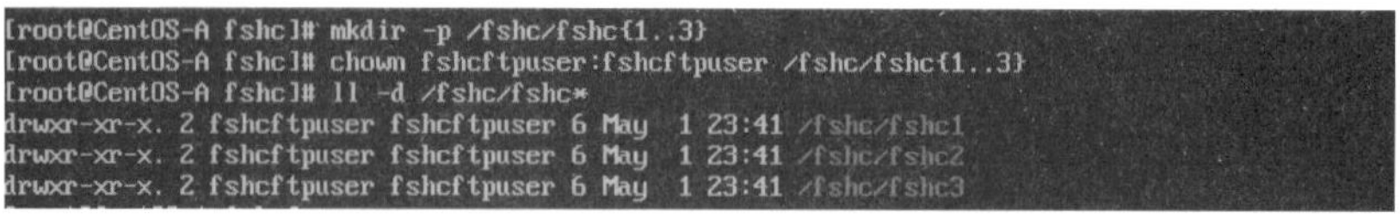

图 5.31　创建虚拟用户的 home 目录

（13）用命令"systemctl restart vsftpd"使配置生效，如图 5.32 所示。

图 5.32　重启 VSFTPD 服务

（14）通过命令"ftp 192.168.10.10"登录 FTP 服务器，测试虚拟用户 fshc1 的权限，如图 5.33 所示。

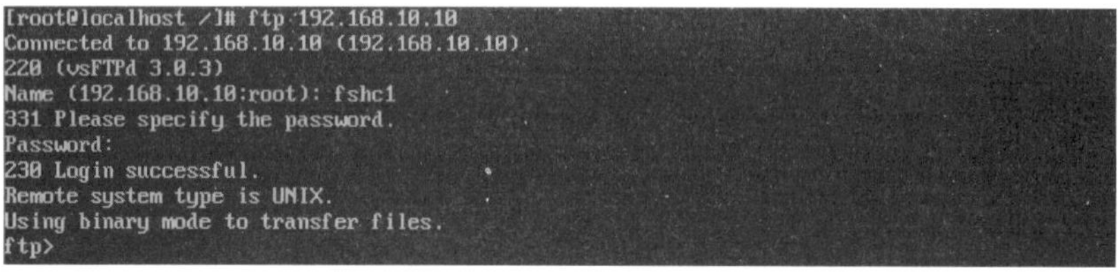

图 5.33　虚拟用户 fshc1 登录 FTP

（15）虚拟用户 fshc1 能够创建文件夹，如图 5.34 所示。

图 5.34　虚拟用户 fshc1 能够创建文件夹

（16）通过命令"ftp 192.168.10.10"登录 FTP 服务器，测试虚拟用户 fshc2 用户的权限，如图 5.35 所示。

图 5.35　虚拟用户 fshc2 登录 FTP

（17）虚拟用户 fshc2 允许下载 test 文件，不允许上传 fshc2.txt 文件，如图 5.36 所示。能够成功下载 test 文件，如图 5.37 所示。

```
ftp> dir
227 Entering Passive Mode (192,168,10,10,93,175).
150 Here comes the directory listing.
-rw-r--r--    1 0        0               0 May 01 16:12 test
226 Directory send OK.
ftp> get test
local: test remote: test
227 Entering Passive Mode (192,168,10,10,180,251).
150 Opening BINARY mode data connection for test (0 bytes).
226 Transfer complete.
ftp> put /fshc2.txt
local: /fshc2.txt remote: /fshc2.txt
227 Entering Passive Mode (192,168,10,10,141,101).
550 Permission denied.
```

图 5.36　测试虚拟用户 fshc2 权限

```
[root@localhost /]# ll test
-rw-r--r--. 1 root root 0 May  2 00:12 test
```

图 5.37　成功下载 test 文件

（18）通过命令 "ftp 192.168.10.10" 登录 FTP 服务器，测试虚拟用户 fshc3 的权限，如图 5.38 所示。

```
[root@localhost /]# ftp 192.168.10.10
Connected to 192.168.10.10 (192.168.10.10).
220 (vsFTPd 3.0.3)
Name (192.168.10.10:root): fshc3
331 Please specify the password.
Password:
230 Login successful.
Remote system type is UNIX.
Using binary mode to transfer files.
```

图 5.38　虚拟用户 fshc3 登录 FTP

（19）虚拟用户 fshc3 允许上传 test 文件，不允许下载 fshc3.txt 文件，如图 5.39 所示。

```
ftp> get fshc3.txt
local: fshc3.txt remote: fshc3.txt
227 Entering Passive Mode (192,168,10,10,60,243).
550 Permission denied.
ftp> put test
local: test remote: test
227 Entering Passive Mode (192,168,10,10,118,192).
150 Ok to send data.
226 Transfer complete.
ftp> dir
227 Entering Passive Mode (192,168,10,10,207,52).
150 Here comes the directory listing.
-rw-r--r--    1 0        0               0 May 01 16:17 fshc3.txt
-rw-------    1 1000     1000            0 May 01 16:18 test
226 Directory send OK.
```

图 5.39　测试虚拟用户 fshc3 权限

5.2.5　配置 VSFTP 用户隔离设置

创建 FTP 用户隔离和保护公司内部共享资源安全，可以有效地防止需要共享给公司的重要安全隐私资料丢失。为了禁止一些用户登录 FTP 服务器，选择配置 FTP 用户隔离。

（1）用户隔离：新建用户 fshc，密码设置为 123，在 user_list 列表中添加用户 fshc，重启服务，实现用户 fshc 隔离无法登录。

（2）取消用户隔离：修改配置文件 vsftpd.conf，加入命令 userlist_deny=NO，重启服务，fshc 可以登录。

试验环境如表 5.5 所示。

表 5.5　配置 VSFTP 用户隔离设置试验环境

主机名	主机 IP 地址	角色	作用
CentOS-A	192.168.10.10	服务器	提供 FTP 服务（本地）
Windows 10	192.168.10.100	客户端	测试效果

具体操作步骤如下。

（1）用命令"yum -y install vsftpd"安装 VSFTP 服务器，如图 5.40 所示。

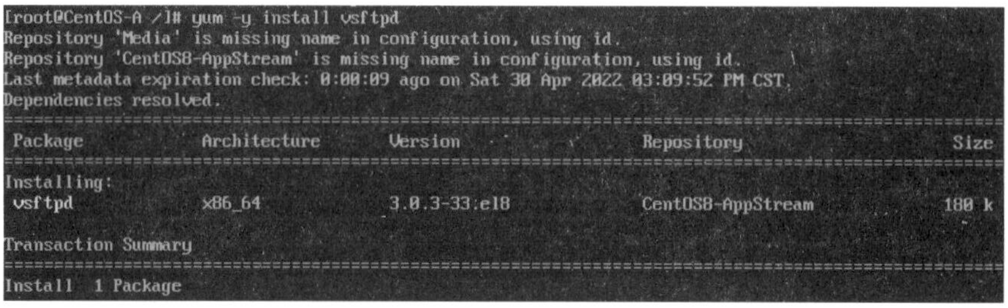

图 5.40　安装 VSFTP 服务器

（2）创建 fshc 测试用户，并设置它的密码为 123456，如图 5.41 所示。

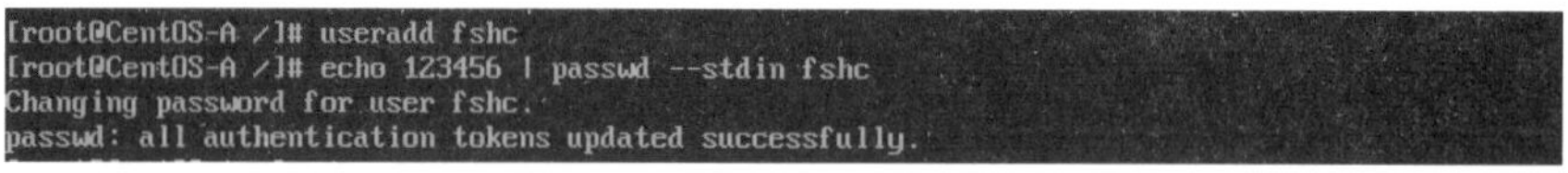

图 5.41　创建用户并设置密码

（3）用命令"vim /etc/vsftpd/user_list"修改用户隔离文件，在第 21 行添加 fshc 用户的用户名，如图 5.42 所示。

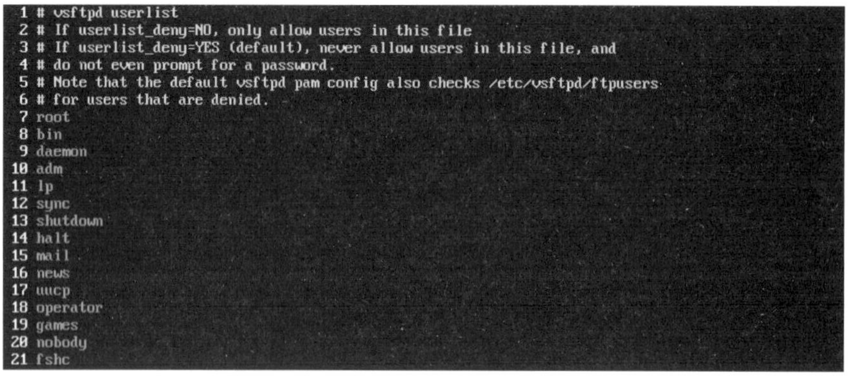

图 5.42　添加 fshc 用户进入用户隔离文件

小提示

当且仅当 userlist_enable=YES 时，userlist_deny 项的配置才有效，user_list 文件才会被使用；当其为 NO 时，无论 userlist_deny 项为何值都是无效的，本地全体用户（除了 ftpusers 中的用户）都可以登录 FTP。

（4）用命令"systemctl restart vsftpd"使配置生效，如图 5.43 所示。

图 5.43　重启 VSFTPD 服务

（5）在 Windows 10 客户端按 Win+R 组合键弹出运行框，再输入 cmd 进入命令行，输入"ftp 192.168.10.10"再依次输入创建的用户 fshc 及其密码 123456，发现登录失败，说明用户隔离文件有效果，如图 5.44 所示

图 5.44　尝试登录失败

（6）用命令"vim /etc/vsftpd/vsftpd.conf"修改主配置文件，在第 127 行加入参数"userlist_deny=NO"，作用是文件中的用户允许访问 FTP 服务器，如图 5.45 所示。

图 5.45　修改主配置文件

小提示

当 userlist_enable=YES、userlist_deny=NO 时：user_list 是一个白名单，即只有出现在列表中的用户才能登录（user_list 之外的用户都登录不了）；此外，它还需要特别提醒匿名用户在使用白名单后不能登录！除非在 user_list 中加入一行：anonymous。

（7）用命令"systemctl restart vsftpd"使配置生效，如图 5.46 所示。

图 5.46　重启 VSFTPD 服务

（8）在 Windows 10 客户端再次尝试登录 FTP 服务器，发现可以成功进入了，如图 5.47 所示。

图 5.47　登录成功界面

项目实战

项目背景：FSHC 计算机网络技术专业购置了一台服务器，用于收集与发放计算机网络实训资料，将其配置成为 FTP 服务器。同学们可以匿名登录的形式访问 FTP 站点，能够上传文件与下载文件。

练习题

1．FTP 指的是（　　　）。

A．文件传输协议　　　　　　　　B．超文本传输协议

C．简单邮件传输协议　　　　　　D．邮局协议

2．启动 VSFTPD 服务的命令是（　　　）。

A．systemctl start vsftp　　　　　B．systemctl start vsftpd

C．systemctl vsftpd start　　　　　D．systemctl vsftpd stop

3．FTP 匿名登录账号是（　　　）。

A．Admin　　　　B．guest　　　　C．anonymous　　　D．Uesr

4．FTP 的端口号为（　　　）。

A．21　　　　　　B．80　　　　　　C．25　　　　　　D．53

HTTP 服务器的安装与配置

▶ 任务描述

　　某中职学校组建了校园网，为了扩大学校的影响力，需要建设学校的官方网站。现要架设 HTTP 服务器，为学校内部和校园外部的用户提供服务。为完成本项目，需要了解 HTTP 服务的基本实现原理，以及如何部署 HTTP 服务的环境等内容。

▶ 学习目标

※知识目标

- 了解 HTTP 服务的内涵与相关命令。
- 了解 HTTP 服务配置文件参数。
- 掌握 HTTP 服务的基本配置方法。
- 掌握 HTTP 服务的高阶配置方法。
- 掌握客户端访问 Web 服务的方式。

※素养目标

- 培养学生精益求精的精神和不断进取的精神。
- 在 HTTP 服务器的学习中了解国家网络安全的重要性。

6.1 安装和配置 HTTP 服务器

我们平时访问的网站需要用到 Web（world wide web，万维网）网络服务，用户可以通过浏览器访问到互联网中各种资源。访问的页面是由浏览器提供的，而浏览器所接收的数据由 Web 服务器提供。HTTP 服务就是用户与 Web 服务之间的桥梁，通过 HTTP 请求去获取相关站点数据。

6.1.1 HTTP 概述

HTTP（hypertext transfer protocol，超文本传输协议）是用于从 Web 服务器传输超文本到本地浏览器的传输协议。HTTP 是一种应用层协议，它使用"浏览器/服务器"模式，基于 TCP/IP，端口号为 80。

HTTP 服务简单来说就是定义客户端如何从 HTTP 服务器请求 Web 页面，以及 HTTP 服务器如何把 Web 页面传送给客户端。客户端向 HTTP 服务器发送一个请求报文，请求报文包含请求的方法、URL、协议版本、请求头部和请求数据。HTTP 服务器以一个状态行作为响应，响应的内容包括协议的版本、成功或者错误代码、服务器信息、响应头部和响应数据。

在访问网站时经常会遇到故障，故障通常以错误代码的形式呈现，通过错误代码可以得知当前 HTTP 服务器存在的问题，工程师们可以根据错误代码更正相关配置。常见的错误代码有 404（未找到，请求的网页不存在）、403（禁止，服务器拒绝请求）、401（未授权，请求须身份验证）、408（请求超时，服务器等候请求时发生超时）、500（服务器内部错误，服务器遇到错误，无法完成请求）、200（服务器成功返回网页）、503（服务不可用）等。

为了提升 HTTP 服务的安全性，HTTPS 通过传输加密和身份认证确保传输过程的安全性。在 HTTP 的基础上加上 SSL（secure socket layer，安全套接字）协议以确保数据传输安全。HTTPS 便是加上 SSL 后的 HTTP，端口号为 443。在配置 HTTPS 服务的过程中，需要向证书颁发机构（certificate authority，CA）申请有效的安全证书，才能够确保服务数据传输的安全性。

目前能够提供 Web 网络服务的程序有 IIS（internet information services，互联网信息服务）、Nginx（engine x）、Tomcat 和 Apache 等。在 Windows 系统当中，常用的是 IIS。在 Linux 系统当中，常用的是 Apache 或者 Tomcat。在 CentOS 8 系统自带的软件包中 HTTP 服务由 Apache 开源软件提供。本项目学习的内容是如何通过 Apache 开源软件搭建 HTTP 服务器。

6.1.2 安装 HTTP 服务器

在 CentOS 8.4 版本中，默认情况下并未安装 HTTP 服务器，需要通过"dnf -y install httpd"命令安装。在系统自带软件包中，HTTP 服务是依靠 Apache 开源软件的网页服务器实现的。需要注意的是，HTTP 服务在 Apache 开源软件的软件包中的名称为"httpd"。

在 HTTP 服务当中，需要用到的软件包有 httpd-tool、httpd-filesystem、centos-logos-httpd、httpd，如图 6.1 所示。

```
[root@CentOS-B ~]# rpm -qa | grep httpd
httpd-tools-2.4.37-39.module_el8.4.0+778+c970deab.x86_64
httpd-filesystem-2.4.37-39.module_el8.4.0+778+c970deab.noarch
centos-logos-httpd-85.5-1.el8.noarch
httpd-2.4.37-39.module_el8.4.0+778+c970deab.x86_64
```

图 6.1 通过 rpm 命令查询与 HTTP 服务相关的软件包

6.1.3 HTTP 服务相关命令

（1）安装 HTTP 服务器：

```
[root@FSHC ~]# dnf -y install httpd          //安装 HTTPD 服务器
```

（2）管理 HTTP 服务：

```
[root@FSHC ~]# systemctl stop httpd          //关闭 HTTPD 服务
[root@FSHC ~]# systemctl start httpd         //开启 HTTPD 服务
[root@FSHC ~]# systemctl restart httpd       //重启 HTTPD 服务
```

（3）设置 HTTP 开机自启动：

```
[root@FSHC ~]# systemctl enable httpd        //设置 HTTPD 开机自启动
[root@FSHC ~]# systemctl disable httpd       //设置 HTTPD 开机不自启动
[root@FSHC ~]# systemctl is-enabled httpd    //查看 HTTPD 是否开机自启动
```

6.1.4 HTTP 服务配置文件参数

HTTP 服务的配置文件主要存放在/etc/httpd/conf 文件夹下的 httpd.conf 文件中。在 HTTP 服务的程序文件中，存在多个目录，分别为：服务目录/etc/httpd，用以存放主要配置文件等内容；网站数据目录/var/www/html，用以存放默认配置下的网站文件；日志目录/var/log/httpd，用来存放日志记录，该文件夹里有访问日志 access_log、错误日志 error_log 等日志文件。

在 HTTP 服务的 httpd.conf 配置文件中，用"#"号将其后面的代码或参数变为注释。注释在文件中起到说明作用，作为注释的代码或参数随即失效。在配置文件里存在很多参数，每个参数都有各自的功能，但经常使用的并不多，表 6.1 列出了常用的参数。

表 6.1 配置文件中的常用参数

参数	解释
ServerRoot	服务目录
ServerAdmin	管理员邮箱
ServerName	网站服务器的域名
DocumentRoot	网站服务器的目录
Listen	监听的 IP 地址与端口
DirectoryIndex	默认首页文件
Timeout	网页超时时间，默认为 5 分钟（300 秒）
VirtualHost	虚拟主机
DirectoryIndex	主页文件

6.1.5 配置 HTTP 基本服务

在安装完成 HTTP 服务器之后，仅需重启该服务即可访问到默认的网页。通过这一操作可以测试能否实现该网站的基本功能。如果需要修改默认显示的网页，可以通过以下步骤来实现。

（1）安装 HTTP 服务器，通过命令"dnf -y install httpd"安装并重启 HTTP 服务，如图 6.2 所示。

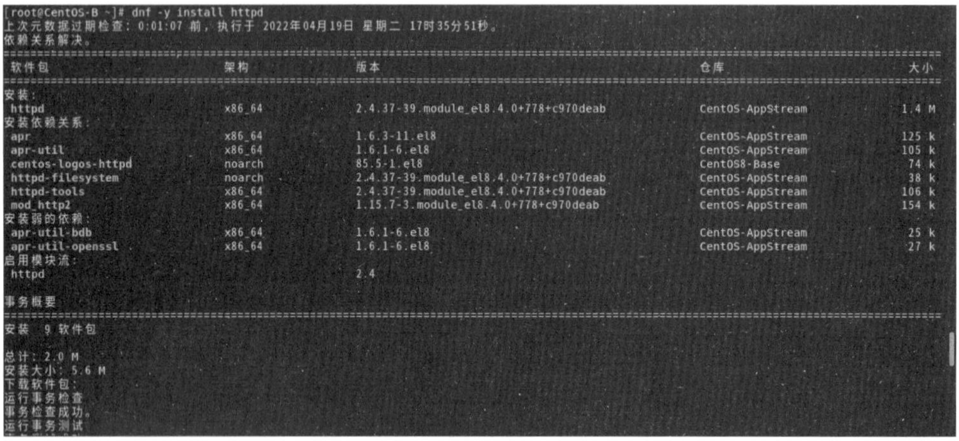

图 6.2　安装 HTTP 服务器并重启

（2）通过系统自带的火狐浏览器访问 127.0.0.1 或 localhost 默认的首页，如图 6.3 所示。

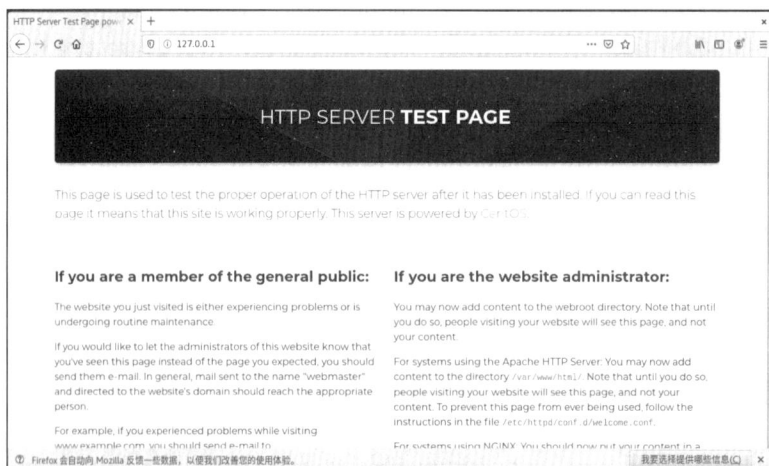

图 6.3　访问默认的首页

小提示

127.0.0.1 和 localhost 都代表本地主机。

（3）在/var/www/html 里创建 index.html 文件，并输入以下内容：“Welcome to FSHC”，如图 6.4 所示。

```
[root@CentOS-B html]# vim index.html
[root@CentOS-B html]# cat index.html
Welcome to FSHC
[root@CentOS-B html]# 
```

图 6.4　创建 index.html 文件

小提示

如果已经重启 HTTP 服务，那么修改 index.html 文件不需要再次重启该服务。

除了通过 vim 进行创建 index.html 文件外，也可以通过 echo 命令，在命令行输入“Welcome to FSHC”。

（4）再次访问本地网站，查看到网页信息已发生变化，如图 6.5 所示。

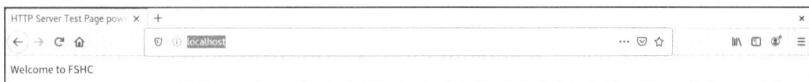

图 6.5　成功访问

index.html 文件除了可以存放在/var/www/html 文件夹中，也可以通过修改默认目录存放路径，将其存放在其他的文件夹中。修改默认目录的原因通常是为了安全性考虑。修改默认目录路径后，黑客攻击时无法得知 HTTP 服务器的默认目录存放路径，无法进行直接攻击，需要长时间的对服务器进行扫描后才能得知默认目录存放路径。方法是通过修改 httpd.conf 配置文件中的 DocumentRoot（根目录，也称默认目录）参数值为“存放的文件夹路径”，比如将目录修改为/root/web 文件夹，具体的步骤如下。

（1）修改 httpd.conf 配置文件第 122 行的 DocumentRoot 值为“/root/web”，第 127 行和第 134 行的目录也修改为“/root/web”，如图 6.6 所示。

小提示

在进入 vim 编辑器时，输入“:set nu”就可以显示行数。通过输入“DocumentRoot”或“/var/www/html”可快速定位到需要修改的参数上，也可以通过“:122”快速定位到第 122 行上。

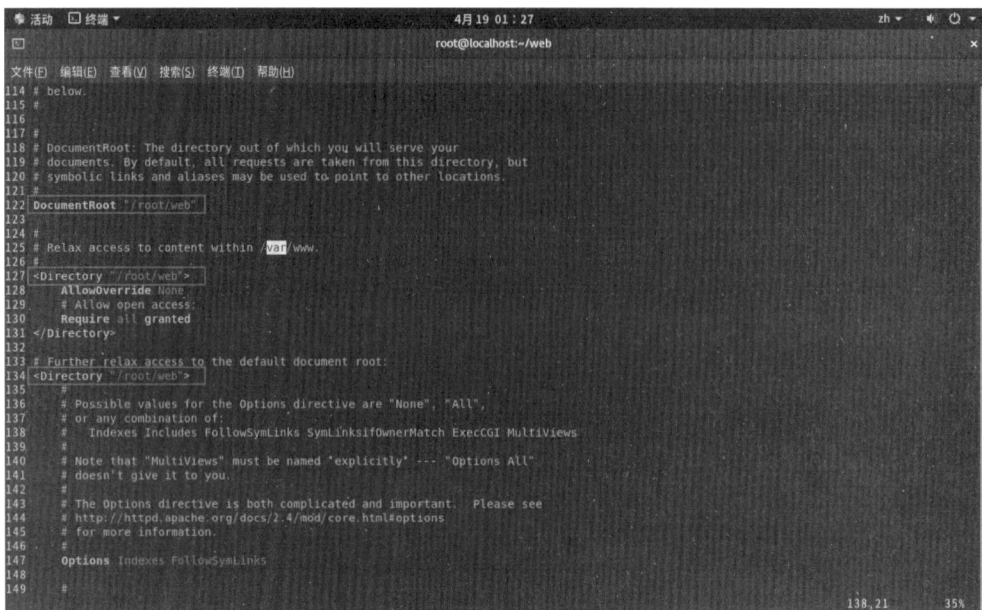

图 6.6　修改 httpd.conf 配置文件

（2）创建文件夹/root/web，并将文件夹权限修改为 755。在文件夹里创建 index.html 文件，内容为"Welcome to FSHC-web"，如图 6.7 所示。

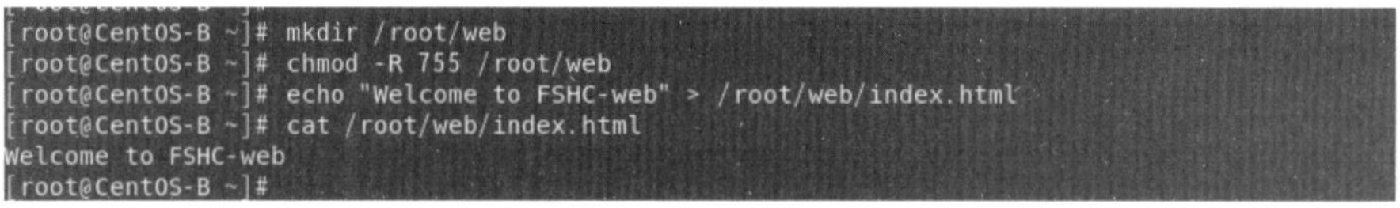

图 6.7　创建站点文件夹与 index.html 文件

小提示

如果想修改默认网页的后缀为 htm 或 php 等其他格式，可以通过修改 httpd.conf 配置文件的第 134 行 IfModule dir_module 下的 DirectoryIndex 参数的值来实现。

（3）重启服务器，并查看网页是否有变化，如图 6.8 所示。

图 6.8　访问网页成功

（4）如果出现 Forbidden（禁止访问）提示，则需要关闭 SeLinux 或重新设置 SeLinux。这里可以通过"setenforce 0"命令将其临时关闭，如图 6.9 所示。

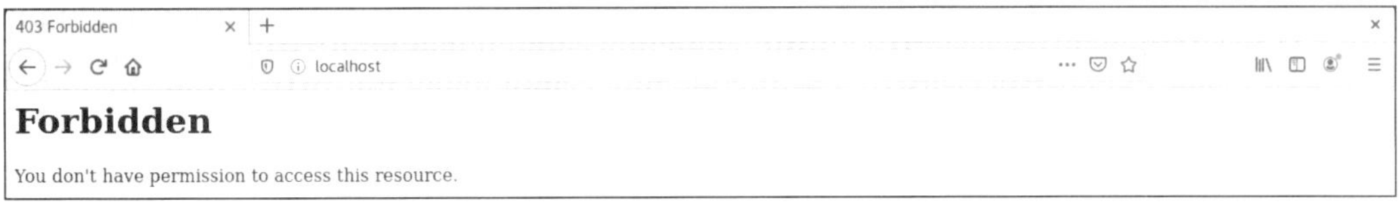

图 6.9　访问网页失败

6.2　HTTP 服务器的高阶配置

通过对 HTTP 基本服务的配置，可以发现 Apahcc 开源软件安装并重启之后就可以正常访问网页。但 HTTP 服务器的功能远不止这些，还可提供高级配置，比如基于 IP 地址的 HTTP 虚拟站点、基于端口的 HTTP 虚拟站点、增强安全性能的 HTTPS 站点、个人首页网站等。

HTTP 服务器不仅可以提供一个默认站点，也可以提供多个站点。在 Windows Server 操作系统中是通过 IIS 管理器设置多站点的，可以指定多个端口或多个 IP 地址，在 CentOS 8.4 中也可以实现该功能。接下来将通过两个案例展示如何配置基于 IP 地址的虚拟站点和基于端口的 HTTP 虚拟站点。

6.2.1　配置基于 IP 地址的 HTTP 虚拟站点

FSHC 学校信息技术部的管理员为了让计算机网络技术专业和计算机动漫与游戏制作专业有自己的站点，用以宣传本专业的项目成果并分享学生们制作的优秀作品，管理员决定为两个专业各配置一个 HTTP 虚拟站点，通过基于 IP 地址的方式进行配置。试验环境如表 6.2 所示。

表 6.2　配置基于 IP 地址的 HTTP 虚拟站点试验环境

主机名	主机 IP 地址	角色	作用
CentOS-A	192.168.10.10 192.168.10.11	服务器	提供基于 IP 地址的 HTTP 虚拟站点
Windows 10	192.168.10.100	客户端	测试效果

（1）计算机网络技术专业虚拟站点具体信息如下。

访问站点的 IP 地址：192.168.10.10。

站点默认首页文件：index.html。

访问网页内容显示：欢迎访问计算机网络技术专业作品展示页！

域名：wljs.fshc.com。

站点目录：/web/wljs。

（2）计算机动漫与游戏制作专业站点具体信息如下。

访问站点的 IP 地址：192.168.10.11。

站点默认首页文件：index.html。

访问网页内容显示：欢迎访问计算机动漫与游戏制作专业作品展示页！

域名：dmyyx.fshc.com。

站点目录：/web/dmyyx。

具体操作步骤如下。

（1）配置主机 IP 地址，通过 nmtui 命令分配两个 IP 地址，如图 6.10 所示。

（2）激活网卡，使网卡提供服务，按回车键进入"网络管理器"下的"启动连接"，按回车键启动激活网卡，如图 6.11 所示为设置完成情况。

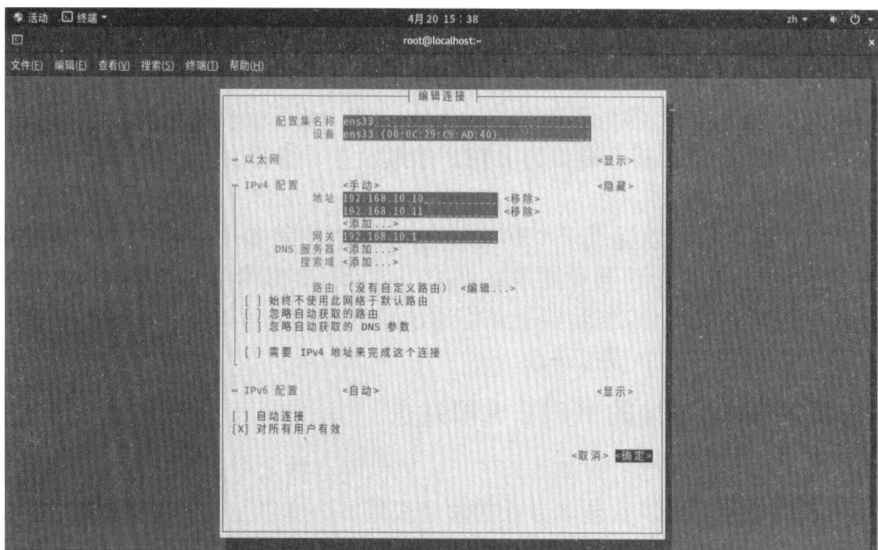

图 6.10　配置主机 IP 地址

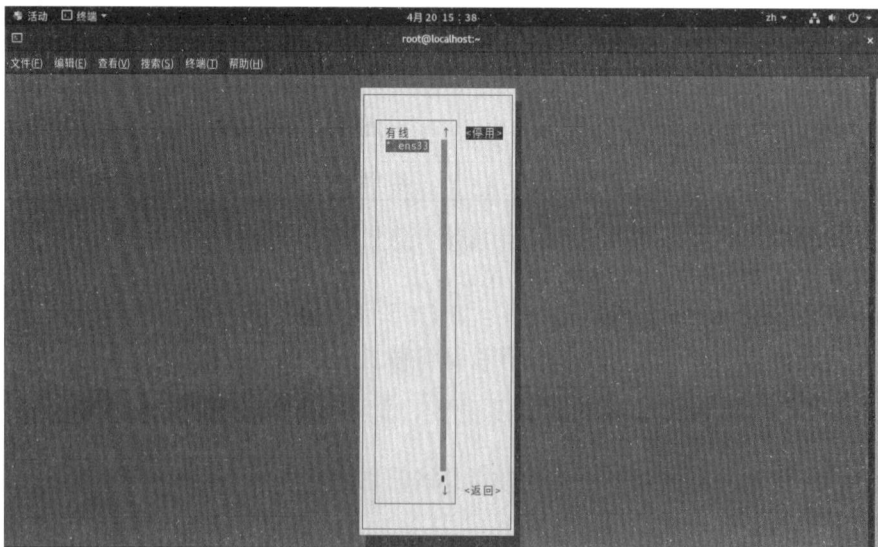

图 6.11　激活网卡

（3）通过"ip addr"命令查看本机 IP 地址，如图 6.12 所示。

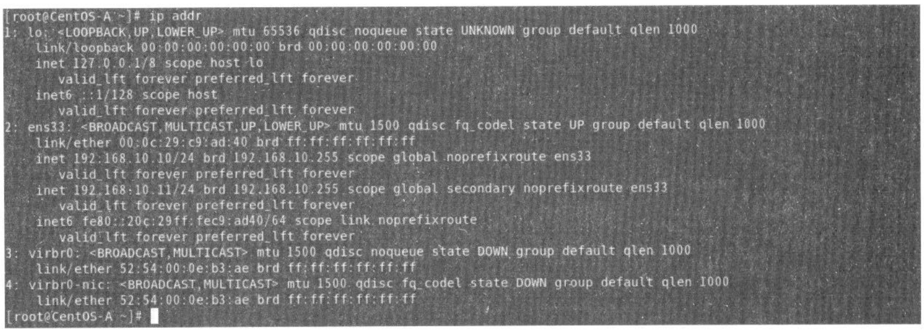

图 6.12　查看本机 IP 地址信息

（4）在 Windows 10 客户端用 ping 命令测试网络的连通性，确保环境正常，如图 6.13 所示。

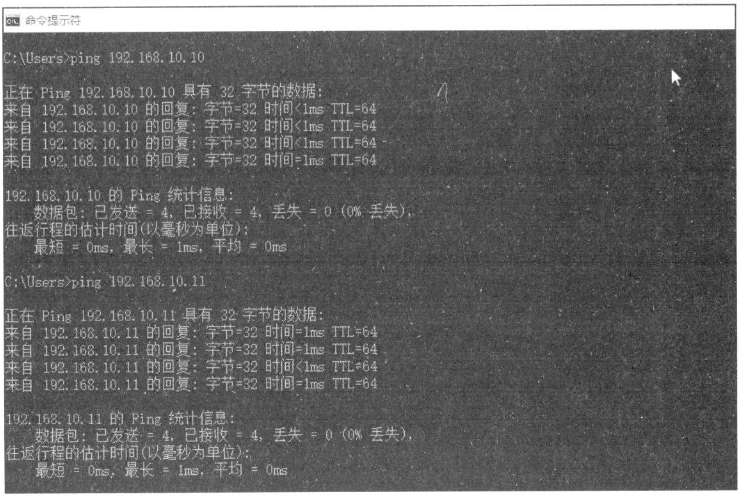

图 6.13　测试网络连通性

（5）安装 HTTP 服务器，通过 dnf 命令安装 HTTP，并重启 HTTP 服务：

```
[root@FSHC ~]# dnf -y install httpd        //安装 httpd 服务器
```

（6）创建计算机网络技术专业的站点目录与网站首页文件，如图 6.14 所示。

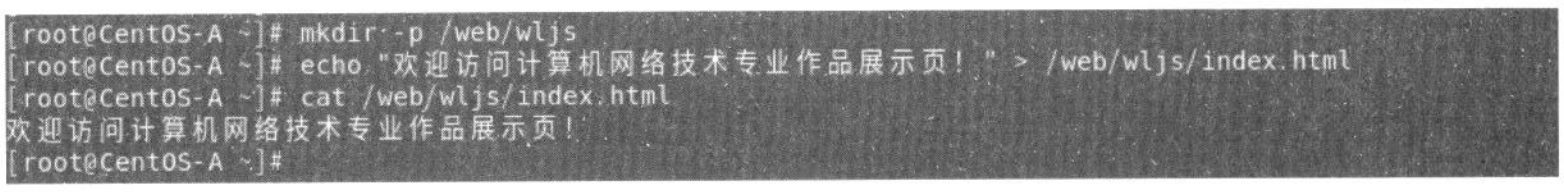

图 6.14　设置站点目录与网站首页文件

小提示

可以通过“汉语（智能拼音）”输入中文，如果只有英文模式的输入法，只能借助远程登录软件通过本地的输入法实现中文输入。在 echo 命令后面的双引号为英文格式，双引号内的内容要被传至 index.html 文件中，传送的内容不包含双引号。

（7）进入 httpd 配置文件，输入图 6.15 所示参数，实现计算机网络技术专业站点功能。

```
<VirtualHost 192.168.10.10>
        DocumentRoot /web/wljs
        ServerName wljs.fshc.com
        <Directory /web/wljs>
                AllowOverride None
                Require all granted
        </Directory>
</VirtualHost>
```

图 6.15　设置计算机网络技术专业站点功能

小提示

在输入参数时可以使用 vim 的快捷方式——关键字补全功能。如果在配置文件中存在相同的单词，可以按 Ctrl+N 组合键快速选择补全该单词，但需要先输入开头字符，如<Directory>，要先输入“<D”，再按 Ctrl+N 组合键，如图 6.16 所示。

```
Directory
DirectoryIndex
<Directory
-- 关键字补全 (^N^P) 匹配 1 / 2
```

图 6.16　关键字补全功能

（8）重启服务器，查看是否能成功访问计算机网络技术专业站点网页，如图 6.17 所示。

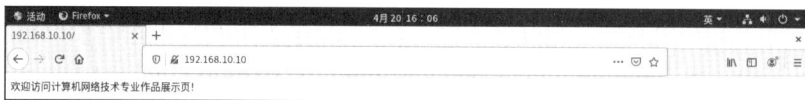

图 6.17　访问效果

小提示

如果禁止访问，可先将 SeLinux 关闭。如果通过 Windows 10 访问而出现无法访问该页面现象，则先将防火墙关闭。

（9）创建计算机动漫与游戏制作专业站点目录与网站首页文件，如图 6.18 所示。

图 6.18　设置网站目录与网站首页文件

（10）进入 httpd 配置文件，在第一个虚拟站点下输入图 6.19 所示参数，实现计算机动漫与游戏制作专业站点功能。

图 6.19　配置计算机动漫与游戏制作站点

（11）保存配置并重启服务器，查看是否能成功访问计算机动漫与游戏制作专业站点网页，如图 6.20 所示。

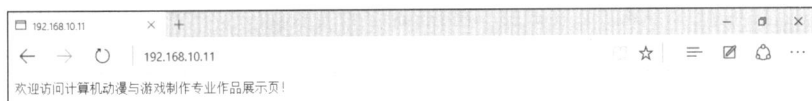

图 6.20　访问效果

（12）如果有配置 DNS 服务，可以尝试通过域名的方式进行访问，如图 6.21 所示。

图 6.21　通过域名的形式访问效果

小提示

　　如果没有 DNS 服务器，可以通过修改主机的 hosts 文件，添加解析条目的方法实现域名访问。Windows 操作系统的 host 文件在 "C:\Windows\System32\drivers\etc" 目录中，修改结果如图 6.22 所示。Linux 操作系统的 host 文件在 "/etc/hosts"目录中，修改结果如图 6.23 所示。

```
hosts - 记事本
文件(F) 编辑(E) 格式(O) 查看(V) 帮助(H)
# Copyright (c) 1993-2009 Microsoft Corp.
#
# This is a sample HOSTS file used by Microsoft TCP/IP for Windows.
#
# This file contains the mappings of IP addresses to host names. Each
# entry should be kept on an individual line. The IP address should
# be placed in the first column followed by the corresponding host name.
# The IP address and the host name should be separated by at least one
# space.
#
# Additionally, comments (such as these) may be inserted on individual
# lines or following the machine name denoted by a '#' symbol.
#
# For example:
#
#      102.54.94.97     rhino.acme.com          # source server
#       38.25.63.10     x.acme.com              # x client host

# localhost name resolution is handled within DNS itself.
#       127.0.0.1       localhost
#       ::1             localhost

192.168.10.10           wljs.fshc.com
192.168.10.11           dmyyx.fshc.com
```

图 6.22　在 Windows 下修改 hosts

```
root@localhost:~
文件(E) 编辑(E) 查看(V) 搜索(S) 终端(T) 帮助(H)
127.0.0.1   localhost localhost.localdomain localhost4 localhost4.localdomain4
::1         localhost localhost.localdomain localhost6 localhost6.localdomain6
192.168.10.10 wljs.fshc.com
192.168.10.11 dmyyx.fshc.com
```

图 6.23　在 Linux 下修改 hosts

6.2.2　配置基于端口的 HTTP 虚拟站点

在前面的案例中，通过采用基于两个 IP 地址的 HTTP 虚拟站点的方式实现了学校的网站需求。当然，也可以通过基于端口的方式来实现上述需求。基于端口的 HTTP 虚拟站点一般被广泛应用于仅有一个 IP 地址但需要实现多个站点的情况，通过多个端口的形式实现多个站点。但在后续防火墙安全、SeLinux 方面有着更复杂的配置过程。试验环境如表 6.3 所示。

表 6.3　配置基于端口的 HTTP 虚拟站点试验环境

主机名	主机 IP 地址	角色	作用
CentOS-A	192.168.10.10	服务器	提供基于 IP 地址的 HTTP 虚拟站点
Windows 10	192.168.10.100	客户端	测试效果

（1）计算机网络技术专业站点具体信息如下。

访问站点的 IP 地址：192.168.10.10。

访问站点的端口号：8080。

站点默认首页文件：index.html。

访问网页内容显示：欢迎访问计算机网络技术专业作品展示页！

域名：wljs.fshc.com。

站点目录：/web/wljs。

（2）计算机动漫与游戏制作专业站点具体信息如下。

访问站点的 IP 地址：192.168.10.10。

访问站点的端口号：8081。

站点默认首页文件：index.html。

访问网页内容显示：欢迎访问计算机动漫与游戏制作专业作品展示页！

域名：dmyyx.fshc.com。

站点目录：/web/dmyyx。

具体操作步骤如下。

（1）配置主机 IP 地址，通过 nmtui 命令分配 IP 地址，如图 6.24 所示。

```
2: ens33: <BROADCAST,MULTICAST,UP,LOWER_UP> mtu 1500 qdisc fq_codel state UP group default qlen 1000
    link/ether 00:0c:29:c9:ad:40 brd ff:ff:ff:ff:ff:ff
    inet 192.168.10.10/24 brd 192.168.10.255 scope global noprefixroute ens33
       valid_lft forever preferred_lft forever
    inet6 fe80::20c:29ff:fec9:ad40/64 scope link noprefixroute
       valid_lft forever preferred_lft forever
```

图 6.24　查看 IP 地址信息

（2）创建站点目录和网站文件，如图 6.25 所示。

```
[root@CentOS-A ~]# cat /web/wljs/index.html
欢迎访问计算机网络技术专业作品展示页!
[root@CentOS-A ~]# cat /web/dmyyx/index.html
欢迎访问计算机动漫与游戏制作专业作品展示页!
[root@CentOS-A ~]#
```

图 6.25　创建站点目录和网站文件

（3）在 httpd 配置文件后添加监听端口 8080 和端口 8081，如图 6.26 所示。

```
# Supplemental configuration
#
# Load config files in the "/etc/httpd/conf.d" directory, if any.
IncludeOptional conf.d/*.conf

Listen 8080
Listen 8081
```

图 6.26　添加监听端口

小提示

默认情况下 Web 站点的端口号为 80，在访问时不需要带上这个端口号，如果将 Web 站点的端口修改为 8080 或 8081，则需要在访问时带上端口号，格式为“IP 地址:端口号”。

（4）修改 httpd 配置文件，输入以下参数，实现基于端口的站点功能，如图 6.27 所示。

```
<VirtualHost 192.168.10.10:8080>
        DocumentRoot /web/wljs.
        ServerName wljs.fshc.com
        <Directory /web/wljs>
                AllowOverride None
                Require all granted
        </Directory>
</VirtualHost>

<VirtualHost 192.168.10.10:8081>
        DocumentRoot /web/dmyyx
        ServerName dmyyx.fshc.com
        <Directory /web/dmyyx>
                AllowOverride None
                Require all granted
        </Directory>
</VirtualHost>
```

图 6.27 实现基于端口的站点功能

小提示

设定基于端口的 HTTP 虚拟站点，仅需要在 IP 地址后面加上":端口号"即可。

（5）保存配置并重启服务器，通过输入"IP 地址：端口号"的形式访问站点，如图 6.28 所示。

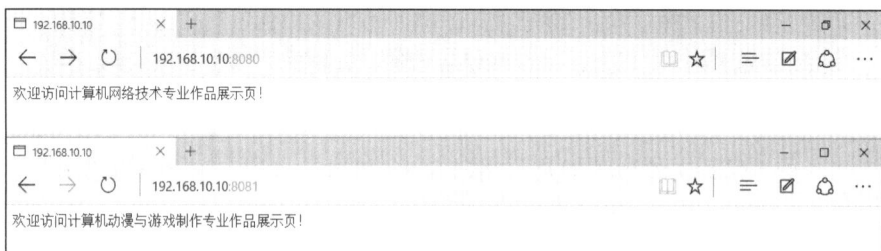

图 6.28 通过 IP 地址及端口号访问站点

（6）也可以通过输入"域名：端口号"来访问站点，如图 6.29 所示。

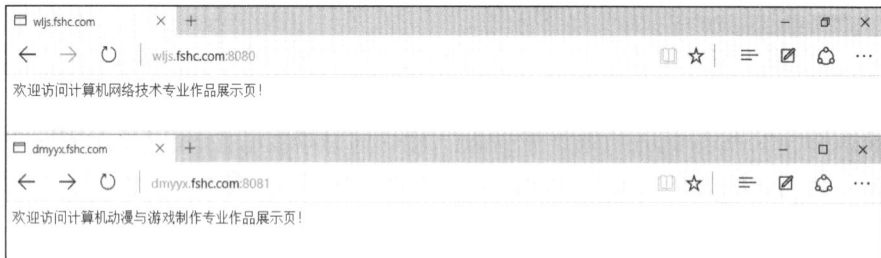

图 6.29 通过域名及端口访问效果

6.2.3 配置基于域名的 HTTP 虚拟站点

如果在配置虚拟站点的过程中，能够分配的 IP 地址仅有一个，且端口号仅支持 80

端口，能否实现多个虚拟站点呢？答案是肯定的，通过一个 IP 地址绑定不同的域名就可以实现不同的虚拟站点。在上面的案例中存在着 ServerName 参数，就是用来实现基于域名的虚拟站点的。配置基于域名的 HTTP 虚拟站点的试验环境见表 6.4。

表 6.4　配置基于域名的 HTTP 虚拟站点的试验环境

主机名	主机 IP 地址	角色	作用
CentOS-A	192.168.10.10	服务器	提供基于 IP 地址的虚拟站点
Windows 10	192.168.10.100	客户端	测试效果

（1）计算机网络技术专业站点具体信息如下。

访问站点的域名：wljs.fshc.com。

站点默认首页文件：index.html。

访问网页内容显示：欢迎访问计算机网络技术专业作品展示页！

站点目录：/web/wljs。

（2）计算机动漫与游戏制作专业站点具体信息如下。

访问站点的域名：dmyyx.fshc.com。

站点默认首页文件：index.html。

访问网页内容显示：欢迎访问计算机动漫与游戏制作专业作品展示页！

站点目录：/web/dmyyx。

具体操作步骤如下。

（1）配置主机 IP 地址，通过 nmtui 命令分配 IP 地址，如图 6.30 所示。

```
2: ens33: <BROADCAST,MULTICAST,UP,LOWER_UP> mtu 1500 qdisc fq_codel state UP group default qlen 1000
    link/ether 00:0c:29:c9:ad:40 brd ff:ff:ff:ff:ff:ff
    inet 192.168.10.10/24 brd 192.168.10.255 scope global noprefixroute ens33
       valid_lft forever preferred_lft forever
    inet6 fe80::20c:29ff:fec9:ad40/64 scope link noprefixroute
       valid_lft forever preferred_lft forever
```

图 6.30　分配 IP 地址信息

（2）创建站点目录和网站文件，如图 6.31 所示。

```
[root@CentOS-A ~]# cat /web/wljs/index.html
欢迎访问计算机网络技术专业作品展示页!
[root@CentOS-A ~]# cat /web/dmyyx/index.html
欢迎访问计算机动漫与游戏制作专业作品展示页!
[root@CentOS-A ~]#
```

图 6.31　创建站点目录和网站文件

（3）修改 httpd 配置文件，输入图 6.32 所示参数，实现基于域名的 HTTP 虚拟站点功能。

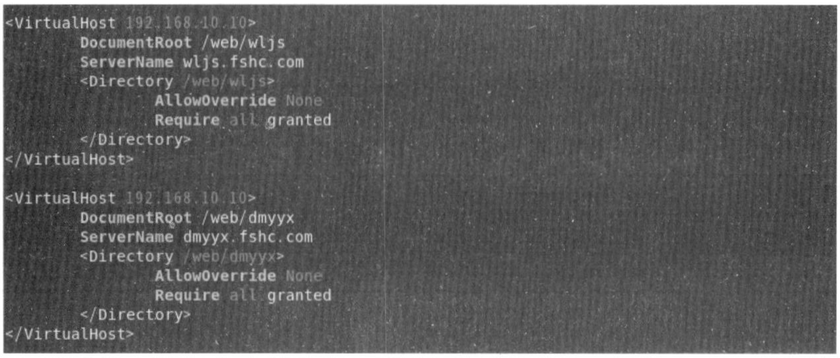

```
<VirtualHost 192.168.10.10>
        DocumentRoot /web/wljs
        ServerName wljs.fshc.com
        <Directory /web/wljs>
                AllowOverride None
                Require all granted
        </Directory>
</VirtualHost>

<VirtualHost 192.168.10.10>
        DocumentRoot /web/dmyyx
        ServerName dmyyx.fshc.com
        <Directory /web/dmyyx>
                AllowOverride None
                Require all granted
        </Directory>
</VirtualHost>
```

图 6.32　实现基于域名的 HTTP 虚拟站点功能

（4）保存配置并重启服务器，通过域名的形式访问站点，如图 6.33 所示。

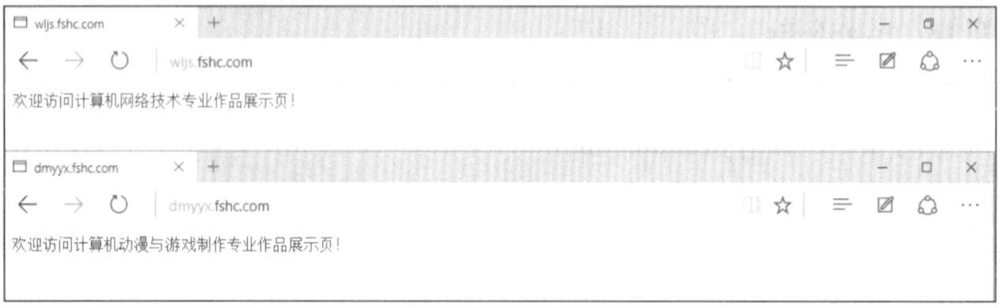

图 6.33　通过域名的形式访问站点

小提示

通过基于域名的形式创建的 HTTP 虚拟站点，是无法通过 IP 地址访问到两个站点的，只能访问默认的第一个虚拟站点，而无法识别到第二个虚拟站点。

6.2.4　配置个人主页服务

通常系统里都会有很多个用户，如果为每个用户都建立一个网站，则需要配置多个虚拟站点，操作起来比较烦琐。Apache 服务提供了个人用户主页功能，能够使用户在自己的 home 目录中管理个人网站。

在默认情况下，HTTP 服务并未开启个人主页功能，需要修改 userdir.conf 配置文件，开启个人主页功能。

（1）开启个人主页功能，配置 userdir.conf 文件，将第 17 行注释掉，开启 UserDir 功能。将第 24 行的参数去掉"#"号，表示存放网站数据的文件夹为 public_html，如图 6.34 所示。

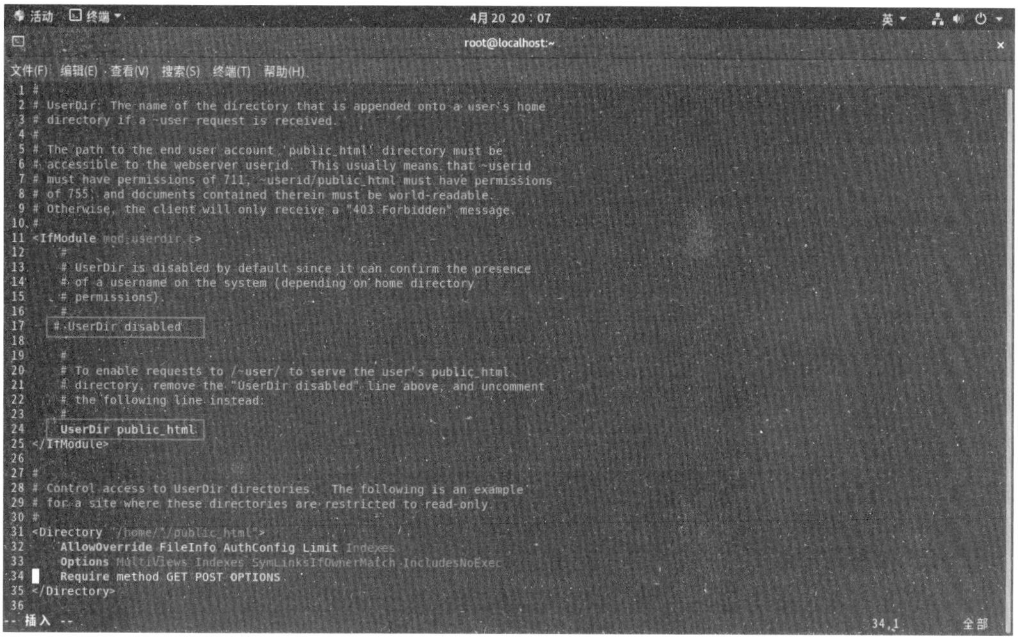

图 6.34 激活个人主页功能

（2）创建用户 fshc，并在用户 home 目录中创建 public_html 文件。同时需要将 home 目录的权限修改为 755，使其他人也有权限访问该目录，如图 6.35 所示。

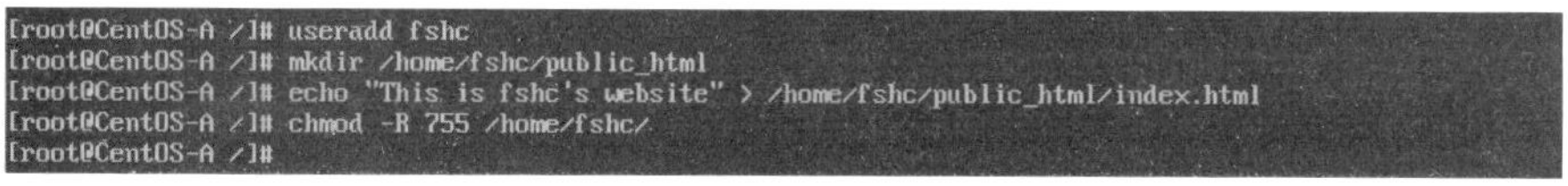

图 6.35 创建用户与 home 目录

（3）重启 HTTPD 服务，在浏览器中输入网址，格式为"IP 地址/~用户名"，如图 6.36 所示。

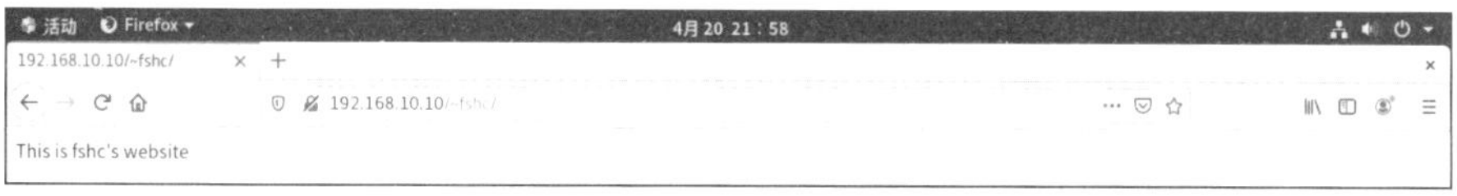

图 6.36 网址输入格式

6.2.5 配置 HTTPS 服务

在访问如图 6.36 所示的网址时，可以发现网址旁有个带斜线的锁，表示本网站为不安全连接，如图 6.37 所示。这是由于网站没有 CA 证书的原因导致的，如果我们做了安全方面的配置，该网站就会变成安全的可信的网站。

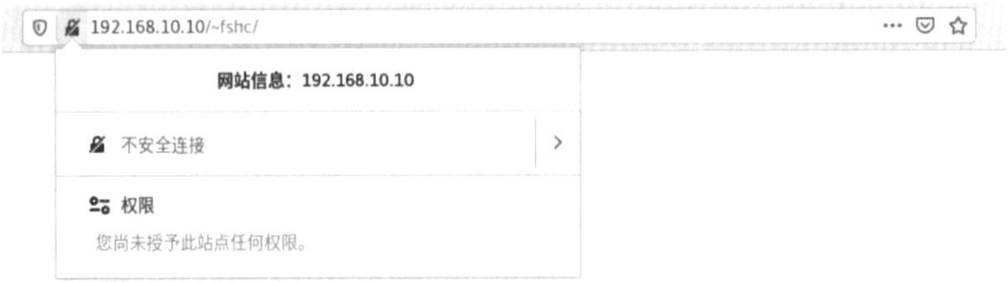

图 6.37　不安全的站点提示

在 CentOS 8.4 上实现 HTTPS，需要通过 openssl 命令自建 CA 服务器，HTTP 服务器向 CA 服务器申请 SSL 证书，然后再配置 HTTP 服务支持该 SSL 证书，就可以实现 HTTPS 功能。

> **小提示**
>
> CA 服务器的搭建步骤如下。
> （1）生成 CA 私钥（key）;
> （2）生成 CA 证书签名申请（certificate signing request，csr）;
> （3）自签名得到 CA 根证书（certificate，crt）。
> SSL 证书申请过程如下。
> （1）生成 SSL 私钥;
> （2）生成 SSL 证书签名申请;
> （3）将 SSL 证书签名申请发往 CA 服务器;
> （4）CA 服务器通过 CA 私钥、CA 根证书、SSL 证书签名请求进行签名获得 SSL 证书。

试验环境见表 6.5。

表 6.5　配置 HTTPS 服务试验环境

主机名	主机 IP 地址	角色	作用
CentOS-A	192.168.10.10	CA 服务器	提供 CA 服务
CentOS-B	192.168.10.11	Web 服务器	提供 Web 功能
Windows 10	192.168.10.100	客户端	测试效果

具体试验步骤如下。

（1）在 CentOS-A 的/etc/pki/CA 目录下通过 openssl 命令生成名为 ca.key 的私钥，如图 6.38 所示。

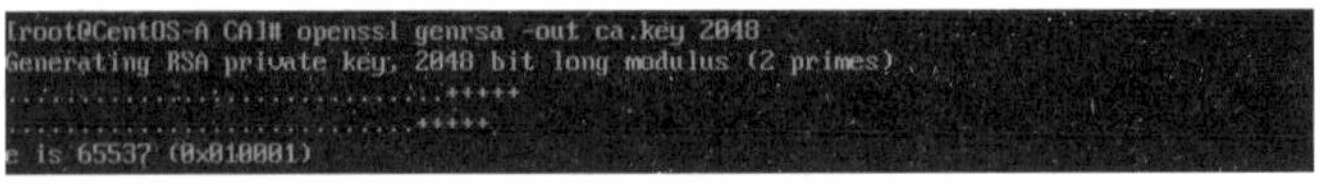

图 6.38　生成 ca.key

（2）在 CentOS-A 使用 openssl 命令生成与 ca.key 私钥关联的证书签名申请 ca.csr，如图 6.39 所示。

```
[root@CentOS-A CA]# openssl req -new -key ca.key -out ca.csr
You are about to be asked to enter information that will be incorporated
into your certificate request.
What you are about to enter is what is called a Distinguished Name or a DN.
There are quite a few fields but you can leave some blank
For some fields there will be a default value,
If you enter '.', the field will be left blank.
-----
Country Name (2 letter code) [XX]:CN
State or Province Name (full name) []:GuangDong
Locality Name (eg, city) [Default City]:FoShan
Organization Name (eg, company) [Default Company Ltd]:FSHC
Organizational Unit Name (eg, section) []:IT
Common Name (eg, your name or your server's hostname) []:web
Email Address []:mail.fshc.com

Please enter the following 'extra' attributes
to be sent with your certificate request
A challenge password []:
An optional company name []:
```

图 6.39　生成 ca.csr

小提示

在图 6.39 中要输入的内容依次如下。

输入：（国家代码）CN

输入：（所在省份）GuangDong

输入：（所在城市）FoShan

输入：（公司名称）FSHC

输入：（部门名称）JSJWL

输入：（用户名或主机名）web

输入：（邮箱地址）mail.fshc.com

输入：A challenge password　按回车键

输入：An optional company name　按回车键

根据提示输入相应信息即可。

（3）在 CentOS-A 使用 openssl 命令关联证书签名申请 ca.csr 生成 x509 证书格式的 CA 根证书 ca.crt，如图 6.40 所示。

```
[root@CentOS-A CA]# openssl x509 -req -in ca.csr -signkey ca.key -out ca.crt
Signature ok
subject=C = CN, ST = GuangDong, L = FoShan, O = FSHC, OU = IT, CN = web, emailAddress = mail.fshc.com
Getting Private key
```

图 6.40　生成 ca.crt

（4）在 CentOS-B 通过 openssl 命令生成 HTTP 服务器私钥 server.key，如图 6.41 所示。

图 6.41　生成 server.key

（5）在 CentOS-B 通过 openssl 命令关联 HTTP 服务器私钥 server.key 生成 HTTP 服务器 SSL 证书签名申请 server.csr。在 HTTP 服务器需要向 CentOS-A（CA 服务器）申请签名证书之前，先创建证书签名申请，如图 6.42 所示。

图 6.42　生成 server.csr

（6）向 CA 服务器 CentOS-A 申请证书，签名过程需要 CA 根证书、CA 服务器私钥、HTTP 服务器 SSL 证书签名申请。最终生成由 CA 签名的 HTTP 服务器 SSL 证书 server.crt。在 CA 服务器 CentOS-A 上存在 CA 根证书和 CA 服务器私钥，缺少 SSL 证书签名申请，通过 scp 命令将证书签名申请 server.csr 传送至 CA 服务器 CentOS-A，如图 6.43 所示。

图 6.43　传送相关证书

（7）在 CA 服务器上，通过 openssl 命令将 CA 根证书 ca.crt、CA 密钥 ca.key 和 SSL 证书签名申请 server.csr 文件生成证书 server.crt，如图 6.44 所示。

图 6.44　生成 server.crt

（8）通过 scp 命令，将生成的 HTTP 服务器证书 server.crt 文件传输至 Web 服务器 CentOS-B，如图 6.45 所示。

```
[root@CentOS-B CA]# scp 192.168.10.10:/CA/server.crt .
root@192.168.10.10's password:
server.crt                                        100% 1269     1.7MB/s   00:00
```

图 6.45　传送证书至 Web 服务器

（9）通过 http 访问 Web 服务器，如图 6.46 所示。

```
192.168.10.11/        × +                                                    ×
←  → C ⌂      ⓘ 🔒 192.168.10.11          190%   ⋯ ♡ ☆       ⣿ ⧉ 🖪 ≡

This is FSHC's website!
```

图 6.46　通过 http 访问 Web 服务器

（10）在 CentOS-B 上安装 SSL 模块，配置 HTTPS 所需要的参数，如图 6.47 所示。

```
[root@CentOS-B /]# dnf -y install mod_ssl
Repository 'Media' is missing name in configuration, using id.
Repository 'CentOS8-AppStream' is missing name in configuration, using id.
Last metadata expiration check: 0:05:38 ago on Thu 21 Apr 2022 07:56:19 AM CST.
Dependencies resolved.
================================================================================
 Package        Arch      Version                          Repository      Size
================================================================================
Installing:
 mod_ssl        x86_64    1:2.4.37-39.module_el8.4.0+778+c970deab  CentOS8-AppStream  134 k
Installing dependencies:
 sscg           x86_64    2.3.3-14.el8                     CentOS8-AppStream  49 k

Transaction Summary
================================================================================
Install  2 Packages

Total size: 184 k
Installed size: 364 k
Downloading Packages:
Running transaction check
Transaction check succeeded.
Running transaction test
Transaction test succeeded.
Running transaction
  Preparing   :                                                         1/1
  Installing  : sscg-2.3.3-14.el8.x86_64                                1/2
  Installing  : mod_ssl-1:2.4.37-39.module_el8.4.0+778+c970deab.x86_64  2/2
  Running scriptlet: mod_ssl-1:2.4.37-39.module_el8.4.0+778+c970deab.x86_64  2/2
  Verifying   : mod_ssl-1:2.4.37-39.module_el8.4.0+778+c970deab.x86_64  1/2
  Verifying   : sscg-2.3.3-14.el8.x86_64                                2/2

Installed:
  mod_ssl-1:2.4.37-39.module_el8.4.0+778+c970deab.x86_64     sscg-2.3.3-14.el8.x86_64

Complete!
[root@CentOS-B /]# _
```

图 6.47　安装 SSL 模块

（11）修改/etc/httpd/conf.d 目录下的 ssl.conf 配置文件，将第 85 行 SSLCertificateFile 的值修改为/CA/server.crt，指定 SSL 证书为/CA 目录下的 server.crt。将第 93 行的 SSLCertificateKeyFIle 的值修改为/CA/server.key，指定 HTTP 服务器私钥为/CA 目录下的 server.key，如图 6.48 所示。

```
82 #    Some ECC cipher suites (http://www.ietf.org/rfc/rfc4492.txt)
83 #    require an ECC certificate which can also be configured in
84 #    parallel.
85 SSLCertificateFile /CA/server.crt
86
87 #    Server Private Key:
88 #    If the key is not combined with the certificate, use this
89 #    directive to point at the key file.  Keep in mind that if
90 #    you've both a RSA and a DSA private key you can configure
91 #    both in parallel (to also allow the use of DSA ciphers, etc.)
92 #    ECC keys, when in use, can also be configured in parallel
93 SSLCertificateKeyFile /CA/server.key
94
```

图 6.48　为 HTTP 服务添加证书

（12）重启服务器，通过 https 访问该网站，如图 6.49 所示。

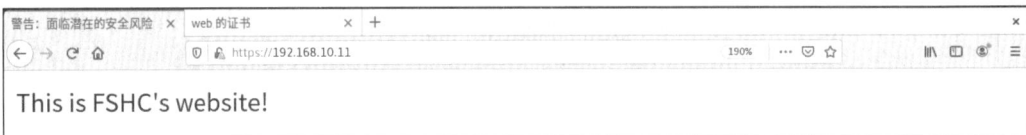

This is FSHC's website!

图 6.49　通过 https 访问效果

小提示

此时，会发现锁头上加了感叹号而不再是斜杠，这是因为申请的是 CA 自签证书，CA 根证书不受信任，需要手动将 CA 根证书添加到"受信任的根证书颁发机构中"。

6.2.6　配置 HTTP 服务的安全设置及注意事项

通过以上步骤，我们学会了如何搭建 HTTP 服务器。为了提升 HTTP 的安全性，可以将防火墙放行，并配置访问控制。

（1）设置只允许 192.168.10.12 能够访问的站点，如图 6.50 所示。

```
<Directory "/var/www/html/index">
        Order allow,deny
        Allow from 192.168.10.12
</Directory>
```

图 6.50　设置允许访问的 IP 地址

（2）在 192.168.10.12 的主机上访问该 Web 服务器，如图 6.51 所示。

图 6.51 允许访问网页效果

（3）在 192.168.10.13 的主机上访问该 Web 服务器，如图 6.52 所示。

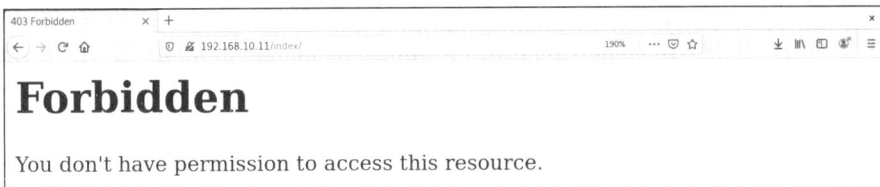

图 6.52 不允许访问网页效果

（4）设置基于用户密码的认证，以提升安全性，如图 6.53 所示。

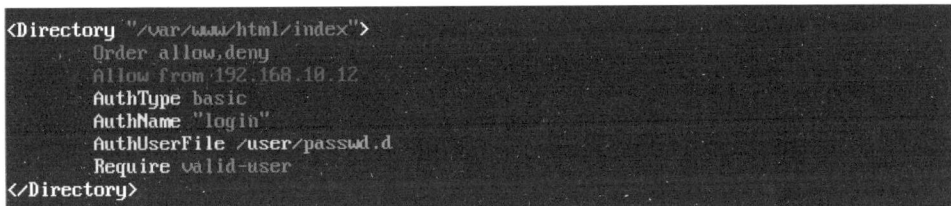

图 6.53 基于用户密码的认证设置

（5）利用 Apache 附带的程序 htpasswd，生成包含用户名和密码的文本文件，如图 6.54 所示。

图 6.54 创建允许访问 HTTP 的用户

（6）重启服务器，并访问该网站，根据提示输入用户名及密码，就可以成功访问，如图 6.55 所示。

（7）放行 HTTP 与 HTTPS 服务的防火墙，如图 6.56 所示。

图 6.55　输入用户名及密码登录框

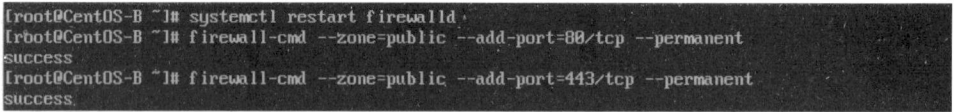

图 6.56　放行 HTTP 与 HTTPS 服务的防火墙

6.3　客户端访问 Web 服务器的方式

在完成 Web 服务器的搭建之后，可以借助 Linux 和 Windows 操作系统分别通过浏览器和命令行的方式访问 Web 服务器，体会两者的异同。

6.3.1　通过网页浏览器访问 Web 服务器

在 Windows 操作系统和 Linux 操作系统中，可以通过浏览器访问 Web 服务器。打开浏览器，在地址栏中输入需要访问的 Web 服务器的 IP 地址或域名即可，如图 6.57 所示。

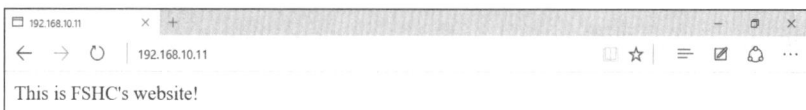

图 6.57　通过浏览器的形式访问 Web 服务器

6.3.2　在 Linux 命令行上访问 Web 服务器

在 Linux 命令行中也可以访问浏览器，需要通过 curl 命令来实现。输入 curl +IP 地址就可以访问 Web 服务器，如图 6.58 所示。

```
[root@CentOS-B /]# curl 192.168.10.11
This is FSHC's website!
[root@CentOS-B /]#
```

图 6.58　通过 curl 命令访问 Web 服务器

《 项目实战 》

项目背景：FSHC 学校购置了一台服务器，用于宣传学校风采。现将该服务器作为 Web 服务器使用，能够宣传安全教育、心理健康、班级荣誉、党史学习、技能竞赛。信息技术管理人员通过五个站点实现该功能。

（1）新建安全教育虚拟站点，设置如下。

访问站点的 IP 地址：192.168.10.10:80。

站点默认首页文件：index.html。

访问网页内容显示：欢迎访问 FSHC 安全教育宣传页！

域名：aqjy.fshc.com。

站点目录：/web/aqjy。

（2）新建心理健康虚拟站点，设置如下。

访问站点的 IP 地址：192.168.10.10:8080。

站点默认首页文件：index.html。

访问网页内容显示：欢迎访问 FSHC 心理健康宣传页！

域名：xljk.fshc.com。

站点目录：/web/xljk。

（3）新建班级荣誉虚拟站点，设置如下。

访问站点的 IP 地址：192.168.10.11:80。

站点默认首页文件：index.html。

访问网页内容显示：欢迎访问 FSHC 班级荣誉宣传页！

域名：bjry.fshc.com。

站点目录：/web/bjry。

（4）新建党史学习虚拟站点，设置如下。

访问站点的 IP 地址：192.168.10.12。

站点默认首页文件：index.html。

访问网页内容显示：欢迎访问 FSHC 党史学习宣传页！

域名：dsxx.fshc.com。

站点目录：/web/dsxx。

（5）新建技能竞赛虚拟站点，设置如下。

访问站点的 IP 地址：192.168.10.12。

站点默认首页文件：index.html。

访问网页内容显示：欢迎访问 FSHC 技能竞赛宣传页！

域名：jnjs.fshc.com。

站点目录：/web/jnjs。

练 习 题

1．Apache 设置虚拟主机服务常采用的方式有（　　）。

    A．基于名字的虚拟主机　　　　　　B．基于链接的主机

    C．基于 IP 地址的虚拟主机　　　　　D．基于服务的虚拟主机

2．下面关于 Apache 主目录的说法，错误的是（　　）。

    A．安装 Apache 之后，必须要将页面文件放在其主目录下才能正常运行

    B．安装 Apache 之后，系统会给其指定默认的主目录

    C．Apache 的主目录不能随意修改

    D．用户可以根据需要修改 Apache 主目录

3．HTTP 服务器的配置文件是（　　）。

    A．dhcpd.conf　　B．smb.conf　　　C．httpd.conf　　　D．sshd.conf

4．HTTP 的全称是（　　）。

    A．静态主机配置协议　　　　　　　B．动态主机配置协议

    C．超文本传输协议　　　　　　　　D．域名协议

5．HTTPS 的端口号是（　　）。

    A．8080　　　　　　B．8081　　　　　C．80　　　　　　D．443

DHCP 服务器的安装与配置

▶ 任务描述

在为 FSHC 学校搭建 DHCP 服务器之前，需要先了解 DHCP 的基本概念、应用场景、具体操作配置，并且根据相关配置模板与需求进行必要的配置，为搭建 DHCP 服务器做好准备。

▶ 学习目标

※知识目标

- 了解 DHCP 服务器的基本概念、作用及应用场景。
- 掌握 DHCP 服务器的搭建与配置。
- 熟悉 DHCP 服务器的运行维护管理。
- 能够根据中小型企业的需求搭建 DHCP 服务器。
- 掌握 DHCP 分配固定 IP 地址与排除特定地址的方法。
- 能够使用不同操作系统自动获取 IP 地址。

※素养目标

- 树立专业自信，掌握专业技能。

7.1 安装和配置 DHCP 服务器

在计算机中获得 IP 地址的方式有自动获取与手动配置两种。通常手动配置 IP 地址较为便捷，但也存在弊端，如当需要手动配置的 IP 地址过多时，会存在配置 IP 地址耗时过多，管理 IP 地址复杂，容易出现因检查不仔细导致网络故障的现象。而自动获取 IP 地址的方式很好地解决了以上问题。通过 DHCP 服务器能够快速、便捷地分配 IP 地址，可以将整个网段放置于局域网中，由主机向服务器请求获得相关网段的 IP 地址、DNS 服务器等参数。

7.1.1 DHCP 服务概述

DHCP（dynamic host configuration protocol，动态主机配置协议）属于局域网中的协议，采取客户端/服务器模式。当 DHCP 服务器在网络中收到来自客户端的请求时，才会将相关的 IP 地址、子网掩码、网关等参数发至客户端。

目前 DHCP 服务器被广泛应用在中小型网络中，在学校、商场、机场的无线网络也有 DHCP 服务器提供的自动 IP 地址分配服务，甚至在家庭组网的路由器中也有它的身影。

DHCP 服务器可以分配 IP 地址的数量是有限制的，通常由工程师划分的子网决定，但是可以接入获取 IP 地址的设备数量却是不固定的，因为 DHCP 服务器有自动释放与回收 IP 地址的功能。若提供的网段为 C 类网，默认情况下，可以分配使用的 IP 地址仅有 254 个，除去网关与 DNS 服务器，可以使用的数量更少。在家庭组网时，经常使用的就是 192.168.1.0/24 这个网段，若是手动配置 IP 地址，仅能有 254 个设备在这个局域网中使用；若是使用 DHCP 服务器自动获取 IP 地址，设备数量却是不固定的。因为当设备终端离开了该服务器提供服务的范围时，该设备原本的 IP 地址会被 DHCP 服务器回收，留给下一个设备获取使用。所以，DHCP 服务器起到了动态管理 IP 地址的作用。

7.1.2 安装 DHCP 服务器

DHCP 服务器在默认情况下并未安装，若需要使用 DHCP 服务器，需要通过 "dnf -y install dhcp-server" 命令安装。在 DHCP 服务中，需要用到的软件包有 dhcp-common、dhcp-libs、dhcp-server，如图 7.1 所示。安装完成后的 DHCP 服务器在 Linux/CentOS 系统中的服务名称为 DHCPD。

```
[root@CentOS-A ~]# rpm -qa | grep dhcp
dhcp-common-4.3.6-44.0.1.el8.noarch
dhcp-libs-4.3.6-44.0.1.el8.x86_64
dhcp-server-4.3.6-44.0.1.el8.x86_64
```

图 7.1 通过 rpm 命令查询与 DHCP 服务相关软件包

7.1.3 DHCP 服务相关命令

（1）安装 DHCP 服务器：

```
[root@FSHC ~]# dnf -y install dhcp-server    //安装 DHCP 服务器
```

（2）管理 DHCP 服务相关命令：

```
[root@FSHC ~]# systemctl stop dhcpd          //关闭 DHCPD 服务
[root@FSHC ~]# systemctl start dhcpd         //开启 DHCPD 服务
[root@FSHC ~]# systemctl restart dhcpd       //重启 DHCPD 服务
```

（3）设置 DHCP 开机自启动相关命令：

```
[root@FSHC ~]# systemctl enable dhcpd        //设置 DHCPD 开机自启动
[root@FSHC ~]# systemctl disable dhcpd       //设置 DHCPD 开机不自启动
[root@FSHC ~]# systemctl is-enabled dhcpd    //查看 DHCPD 是否开机自启动
```

7.1.4 DHCP 服务配置文件参数

DHCP 服务的配置文件存放在"/etc/dhcp"目录下，文件名为 dhcpd.conf。在这个配置文件中，可以设置 DHCP 服务的相关参数，如网段、掩码、地址池范围、排除地址范围、地址老化时间、最大保留时间、DNS 服务器等。

在 CentOS 8.4 版本中，默认存在两个配置文件，分别有支持 IPv4 版本的 dhcpd.conf 和支持 IPv6 版本的 dhcpd6.conf，如图 7.2 所示。在本项目中仅围绕 IPv4 版本进行展开。

```
[root@CentOS-A ~]# ll /etc/dhcp
total 8
-rw-r--r--. 1 root root 126 Jan 19  2021 dhcpd6.conf
-rw-r--r--. 1 root root 123 Jan 19  2021 dhcpd.conf
```

图 7.2　DHCP 服务的默认配置文件

默认情况下，两个配置文件都为空文件。文件内部有该配置文件的描述，包括 DHCPD 配置文件的作用、DHCPD 配置文件的存放位置和 DHCPD 配置文件的帮助手册，如图 7.3 所示。

```
#
# DHCP Server Configuration file.
#   see /usr/share/doc/dhcp-server/dhcpd.conf.example
#   see dhcpd.conf(5) man page
#
#
```

图 7.3　dhcpd.conf 配置文件描述

进入 DHCPD 配置文件中，可以看到有很多与 DHCP 服务器相关的配置，如图 7.4 所示。

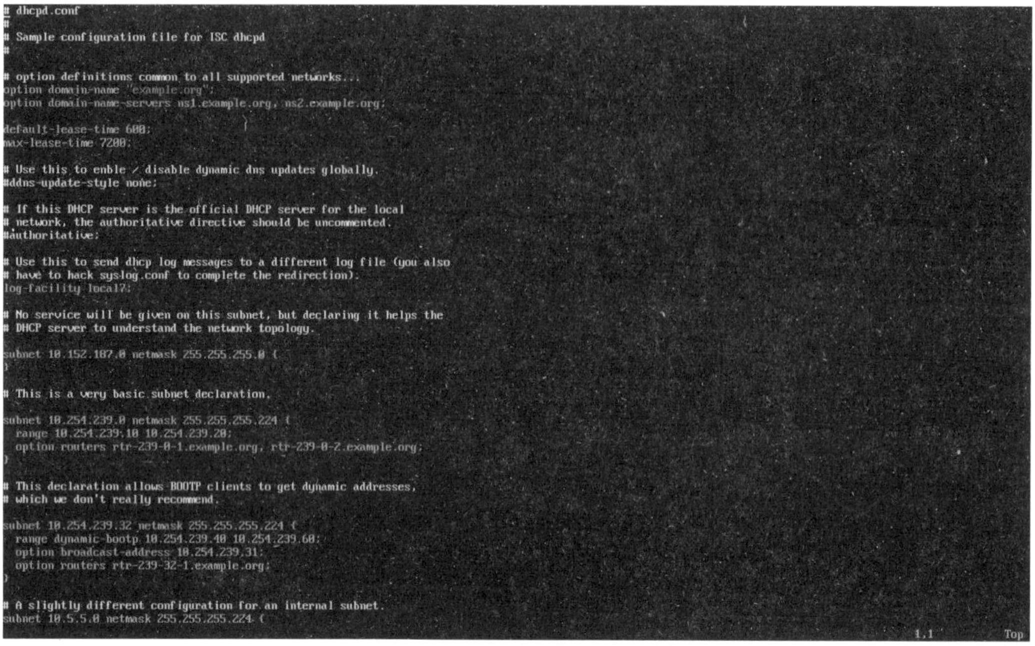

```
# dhcpd.conf
#
# Sample configuration file for ISC dhcpd
#

# option definitions common to all supported networks...
option domain-name "example.org";
option domain-name-servers ns1.example.org, ns2.example.org;

default-lease-time 600;
max-lease-time 7200;

# Use this to enble / disable dynamic dns updates globally.
#ddns-update-style none;

# If this DHCP server is the official DHCP server for the local
# network, the authoritative directive should be uncommented.
#authoritative;

# Use this to send dhcp log messages to a different log file (you also
# have to hack syslog.conf to complete the redirection).
log-facility local7;

# No service will be given on this subnet, but declaring it helps the
# DHCP server to understand the network topology.

subnet 10.152.187.0 netmask 255.255.255.0 {
}

# This is a very basic subnet declaration.

subnet 10.254.239.0 netmask 255.255.255.224 {
  range 10.254.239.10 10.254.239.20;
  option routers rtr-239-0-1.example.org, rtr-239-0-2.example.org;
}

# This declaration allows BOOTP clients to get dynamic addresses,
# which we don't really recommend.

subnet 10.254.239.32 netmask 255.255.255.224 {
  range dynamic-bootp 10.254.239.40 10.254.239.60;
  option broadcast-address 10.254.239.31;
  option routers rtr-239-32-1.example.org;
}

# A slightly different configuration for an internal subnet.
subnet 10.5.5.0 netmask 255.255.255.224 {
                                                        1,1           Top
```

图 7.4　配置文件模板

dhcpd.conf 配置文件有很多参数，大部分参数会经常用到，表 7.1 介绍了常用参数的功能。

表 7.1　dhcpd.conf 配置文件常用参数的功能

参数	功能
default-lease-time 时间	默认租约时间
max-lease-time 时间	最大租约时间
option domain-name-servers IP 地址	定义域名服务器地址（IP 地址）
option domain-name “FSHC.com”	定义域名服务器地址（域名）
range IP 地址 - IP 地址	定义可获取 IP 地址范围
option subnet-mask 子网掩码	定义子网掩码
option routers 网关	定义网关
broadcast-address 广播地址	定义广播地址
hardware MAC 地址	指定终端 MAC 地址
fixed-address IP 地址	将某个固定的 IP 地址发给指定终端

通常，在配置 DHCP 服务器时，需要通过 range 参数指定获取 IP 地址的范围。比如，需要分配 192.168.10.0/24 网段的 100～200 段时，range 参数的设置是“range 192.168.10.100 192.168.10.200”，24 位子网掩码则通过 option subnet-mask 参数实现，将其设置为“option subnet-mask 255.255.255.0”。

7.1.5 配置 DHCP 服务

FSHC学校信息技术部的管理员一直采用手动配置的方式获取IP地址，非常不方便，同时，管理员在对 IP 地址进行运维管理时感到比较复杂，无法进行统一管理。为了给教师提供更加便利的方式获取 IP 地址，并能更加高效地管理终端设备的 IP 地址，管理员决定为办公室配置一台 DHCP 服务器，实现对 IP 地址的动态管理。试验环境如表 7.2 所示。

表 7.2　配置 DHCP 服务试验环境

主机名	主机 IP 地址	角色	作用
CentOS-A	192.168.10.10	服务器	提供 DHCP 服务器功能
CentOS-B	自动获取 IP 地址	客户端	测试效果
Windows 10	自动分配指定 IP 地址	客户端	测试效果

信息技术部 IP 地址分配信息如下。

子网：192.168.10.10/24。

网关：192.168.10.1。

域名：fshc.com。

IP 地址可用范围：192.168.10.100～192.168.10.200。

管理员固定设备 IP 地址：192.168.10.188。

通过 VMware Workstation 模拟环境时，需要将网络模式修改为"仅主机模式"，并关闭本地 DHCP 服务器，如图 7.5 所示。若使用桥接模式，有可能会对所在网络产生影响。

图 7.5　关闭虚拟软件的 DHCP 服务

（1）通过 dnf 命令安装 DHCP 服务器，如图 7.6 所示。

```
[root@FSHC ~]# dnf -y install dhcp-server    //安装 DHCP 服务器
```

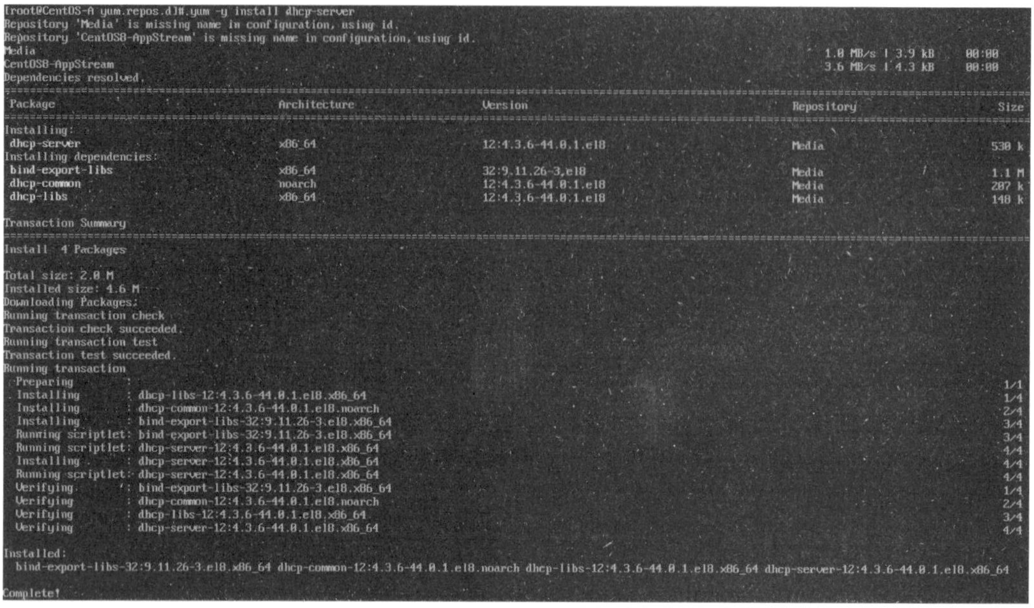

```
[root@CentOS-A yum.repos.d]#.yum -y install dhcp-server
Repository 'Media' is missing name in configuration, using id.
Repository 'CentOS8-AppStream' is missing name in configuration, using id.
Media                                                          1.0 MB/s | 3.9 kB     00:00
CentOS8-AppStream                                              3.6 MB/s | 4.3 kB     00:00
Dependencies resolved.
================================================================================================
 Package              Architecture      Version                     Repository           Size
================================================================================================
Installing:
 dhcp-server          x86_64            12:4.3.6-44.0.1.el8         Media               530 k
Installing dependencies:
 bind-export-libs     x86_64            32:9.11.26-3.el8            Media               1.1 M
 dhcp-common          noarch            12:4.3.6-44.0.1.el8         Media               207 k
 dhcp-libs            x86_64            12:4.3.6-44.0.1.el8         Media               148 k

Transaction Summary
================================================================================================
Install  4 Packages

Total size: 2.0 M
Installed size: 4.6 M
Downloading Packages:
Running transaction check
Transaction check succeeded.
Running transaction test
Transaction test succeeded.
Running transaction
  Preparing        :                                                                      1/1
  Installing       : dhcp-libs-12:4.3.6-44.0.1.el8.x86_64                                 1/4
  Installing       : dhcp-common-12:4.3.6-44.0.1.el8.noarch                               2/4
  Installing       : bind-export-libs-32:9.11.26-3.el8.x86_64                             3/4
  Running scriptlet: bind-export-libs-32:9.11.26-3.el8.x86_64                             3/4
  Running scriptlet: dhcp-server-12:4.3.6-44.0.1.el8.x86_64                               4/4
  Installing       : dhcp-server-12:4.3.6-44.0.1.el8.x86_64                               4/4
  Running scriptlet: dhcp-server-12:4.3.6-44.0.1.el8.x86_64                               4/4
  Verifying        : bind-export-libs-32:9.11.26-3.el8.x86_64                             1/4
  Verifying        : dhcp-common-12:4.3.6-44.0.1.el8.noarch                               2/4
  Verifying        : dhcp-libs-12:4.3.6-44.0.1.el8.x86_64                                 3/4
  Verifying        : dhcp-server-12:4.3.6-44.0.1.el8.x86_64                               4/4

Installed:
  bind-export-libs-32:9.11.26-3.el8.x86_64 dhcp-common-12:4.3.6-44.0.1.el8.noarch dhcp-libs-12:4.3.6-44.0.1.el8.x86_64 dhcp-server-12:4.3.6-44.0.1.el8.x86_64

Complete!
```

图 7.6　安装 DHCP 服务器

（2）修改/etc/dhcp/dhcpd.conf 配置文件，根据表 7.2 需求配置，配置结果如图 7.7 所示。

```
[root@FSHC ~]# vim /etc/dhcp/dhcpd.conf //进入 DHCPD 配置文件
```

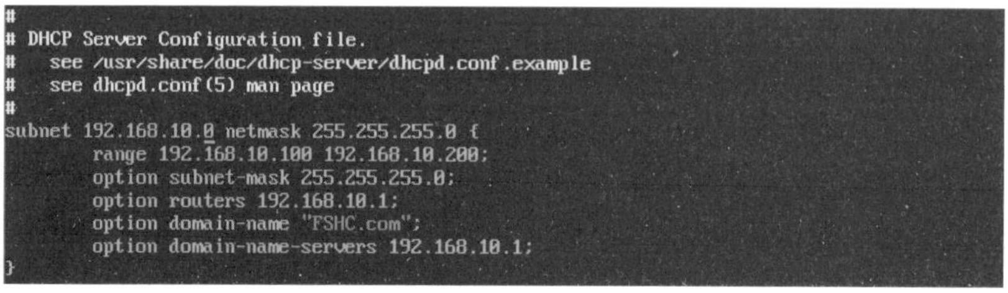

```
#
# DHCP Server Configuration file.
#   see /usr/share/doc/dhcp-server/dhcpd.conf.example
#   see dhcpd.conf(5) man page
#
subnet 192.168.10.0 netmask 255.255.255.0 {
        range 192.168.10.100 192.168.10.200;
        option subnet-mask 255.255.255.0;
        option routers 192.168.10.1;
        option domain-name "FSHC.com";
        option domain-name-servers 192.168.10.1;
}
```

图 7.7　DHCP 配置文件的参数及参数值

小提示

在配置参数的过程中，一定要注意参数后面应加上“;”否则会报错。若需要进一步了解故障原因，可以通过“journalctl -xe”命令查询，如图 7.8 所示。

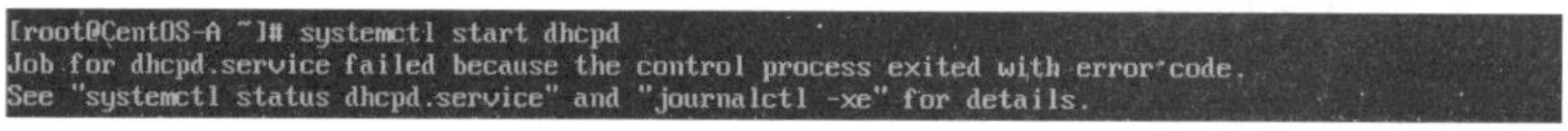

```
[root@CentOS-A ~]# systemctl start dhcpd
Job for dhcpd.service failed because the control process exited with error code.
See "systemctl status dhcpd.service" and "journalctl -xe" for details.
```

图 7.8　注意报错信息

（3）重启 DHCP 服务器，并将其设置为开机自启动，如图 7.9 所示。

```
[root@CentOS-A ~]# systemctl restart dhcpd
[root@CentOS-A ~]# systemctl enable dhcpd
Created symlink /etc/systemd/system/multi-user.target.wants/dhcpd.service → /usr/lib/systemd/system/dhcpd.service.
```

图 7.9　重启 DHCP 服务器

小提示

在重启 DHCP 服务器时，如果网卡未设置 IP 地址，或者设置的 IP 地址不是同一个网段，则无法重启 DHCP 服务器。

7.1.6　配置 DHCP 服务的安全设置及注意事项

在防火墙中放行 DHCP 服务，使外部主机可以获得 IP 地址。如果未放行，则外部主机无法获取 IP 地址，如图 7.10 所示。

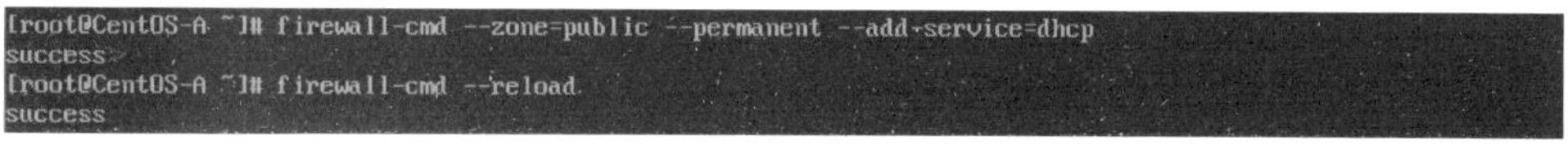

```
[root@CentOS-A ~]# firewall-cmd --zone=public --permanent --add-service=dhcp
success
[root@CentOS-A ~]# firewall-cmd --reload
success
```

图 7.10　防火墙放行 DHCP 服务

在配置 DHCP 服务器的过程中，一定要注意当前局域网中是否有别的 DHCP 服务器。若存在，则需要注意区分，或者设置好网络类型模式为"仅主机模式"；否则有可能影响当前正常运行的网络，导致正常的设备自动获取错误的 IP 地址而无法上网。

7.1.7　配置 DHCP 服务分配固定 IP 地址

DHCP 服务器可以自动分配 IP 地址给客户端，也可以分配固定的 IP 地址给客户端。在一些特殊情况下有些设备需要固定的 IP 地址，使它在网络中能够稳定地为其他终端设备提供服务。例如，学校有一台 FTP 服务器，专门为学生提供疫情资料（行程码、健康码）提交服务，但是该 FTP 服务器是通过 DHCP 方式获取 IP 地址的，这时如果 IP 地址经常变动，对于学生而言，每次提交资料都需要特意去了解该服务器 IP 地址。如果 DHCP 服务器为 FTP 服务器分配固定 IP 地址，学生只需要记住该服务器的 IP 地址即可。又如，DNS 服务器也需要稳定的 IP 地址才能提供稳定的域名解析服务。

通常情况下，除了 FTP 服务器外，还需要为 DNS 服务器、HTTP 服务器、SAMBA 服务器等主机设备分配固定的 IP 地址，才能够为用户提供稳定的服务。

为管理员的设备分配固定 IP 地址 192.168.10.188，具体步骤如下。

（1）首先查看网卡的 MAC 地址，如图 7.11 所示。

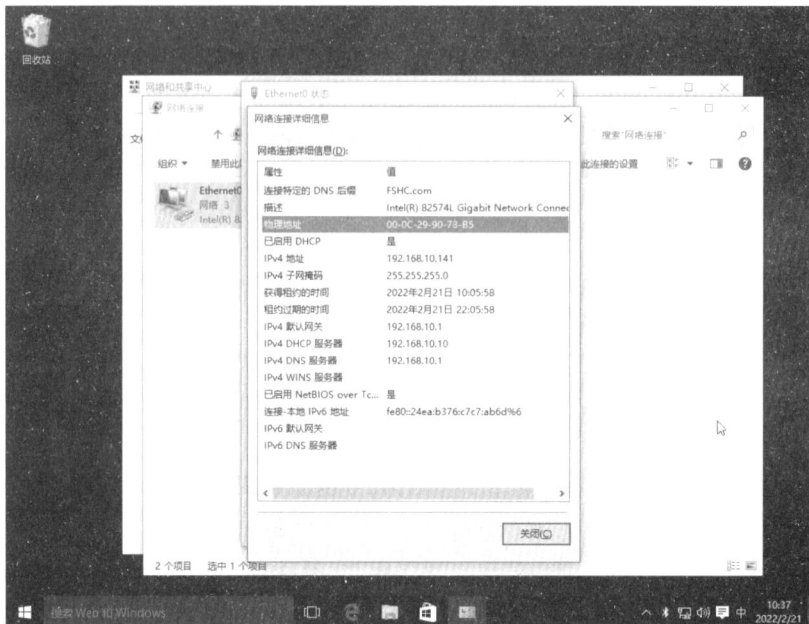

图 7.11　在 Windows 10 中查看网卡的 MAC 地址

（2）在 DHCP 配置文件中输入图 7.12 所示的参数。

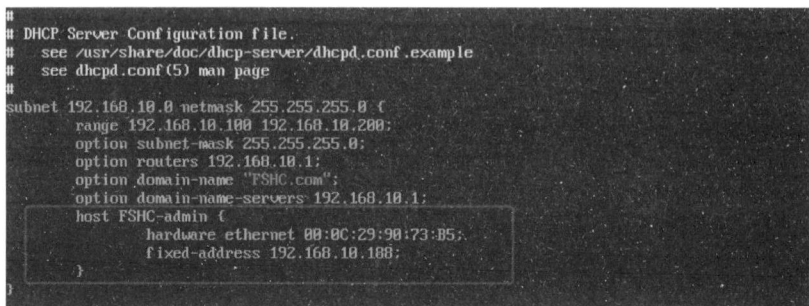

图 7.12　设置 dhcpd.conf 配置文件

小提示

通过"host 主机名称 { hardware ethernet 物理地址; fixed-address IP 地址;}"就可以分配固定 IP 地址。特别要注意，物理地址中间的分隔符号使用冒号，而不是使用"-"。

（3）保存配置文件，并重启 DHCP 服务器。

（4）在 Windows 10 操作系统中，对 Ethernet0 网卡进行"禁用"后再"启用"，以重新获取 IP 地址，如图 7.13 所示。

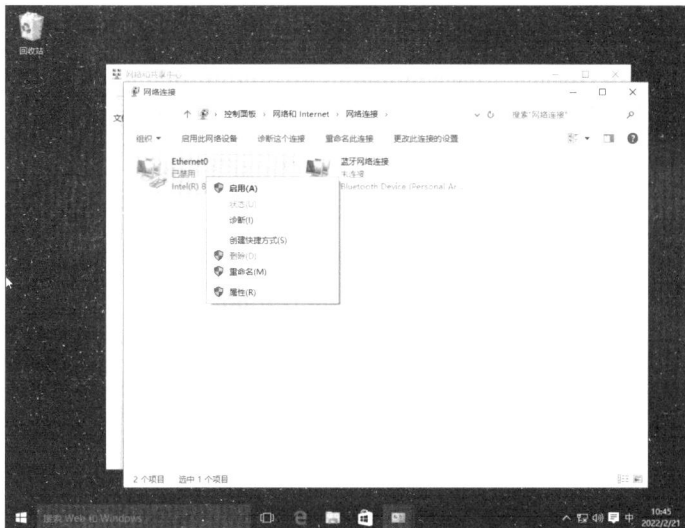

图 7.13　重新获取 IP 地址

小提示

　　若不重新为网卡获取 IP 地址，则会继续保持原有自动获取的 IP 地址，等到 IP 地址租约时间到期后才会更新 IP 地址。也可以通过 cmd 命令 "ipconfig /release" 释放 IP 地址，之后再使用 "ipconfig/renew" 命令重新获取 IP 地址。

　　（5）查看固定分配 IP 地址结果，如图 7.14 所示。

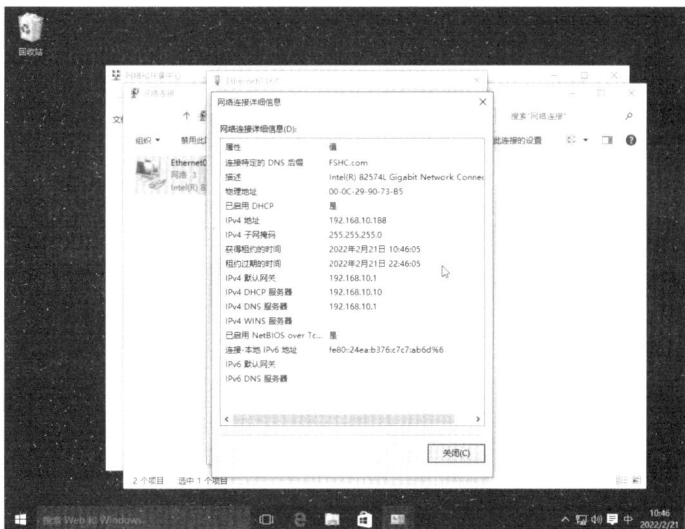

图 7.14　查看固定分配 IP 地址结果

7.1.8　配置 DHCP 服务排除特定地址范围

在一些情况下，存在特定的 IP 地址范围是有具体用途的，不能将其自动分配出去，只需要将另一部分范围的 IP 地址通过 DHCP 进行自动分配。比如，在前面的案例中，仅有 192.168.10.100～192.168.10.200 地址的范围内的 IP 地址能够被自动获取。若 192.168.10.110～192.168.10.120 范围内的 IP 地址已被临时借用于其他服务器，这时需要逐个为其分配固定 IP 地址吗？其实并不需要，可以通过以下 range 格式排除特定 IP 地址范围，如图 7.15 所示。

图 7.15　排除特定地址范围

7.2　客户端自动获取 IP 地址

客户端自动获取 IP 地址的方式主要有命令行与图形化两种操作。若要测试 DHCP 服务器搭建是否成功，可以通过以下三种方式去测试 DHCP 功能是否正常。

7.2.1　在 Windows 操作系统上自动获取 IP 地址

（1）打开网络和共享中心，在如图 7.16 所示界面单击"更改适配器设置"进入"网络连接"界面。

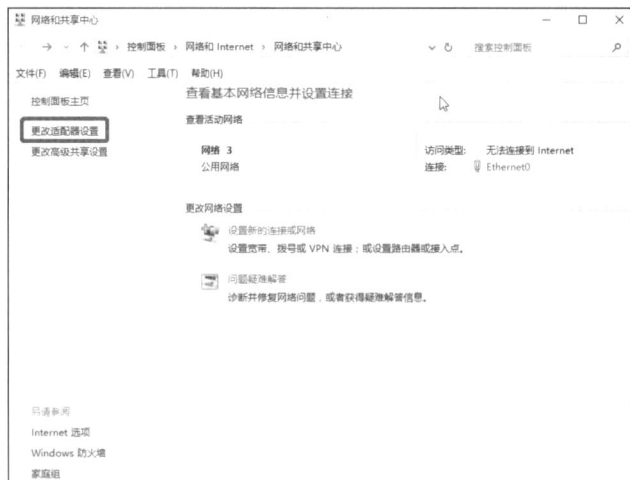

图 7.16　单击"更改适配器设置"

（2）在"网络连接"界面右击"Ethernet0"网卡，在弹出的右键菜单中选择"属性"命令，如图 7.17 所示。

图 7.17 单击"属性"命令

（3）双击"Internet 协议版本 4"选项，在"属性"对话框中选中"自动获得 IP 地址"与"自动获得 DNS 服务器地址"选项，如图 7.18 所示。

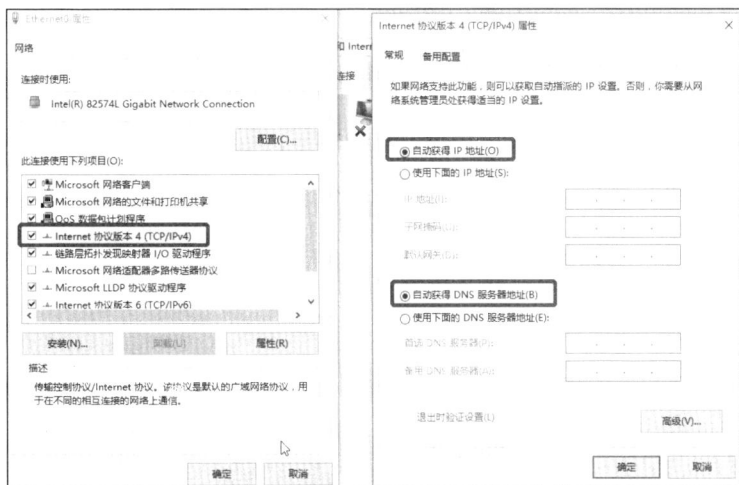

图 7.18 配置 IP 地址为自动获取

（4）单击"确定"按钮后，查看当前自动获取的 IP 地址，如图 7.19 所示。

图 7.19　查看自动获取是否成功

7.2.2　在 Linux 的命令行视图下自动获取 IP 地址

（1）先关闭连接，然后设置 ens33 网卡获取方式为 auto，如图 7.20 所示。

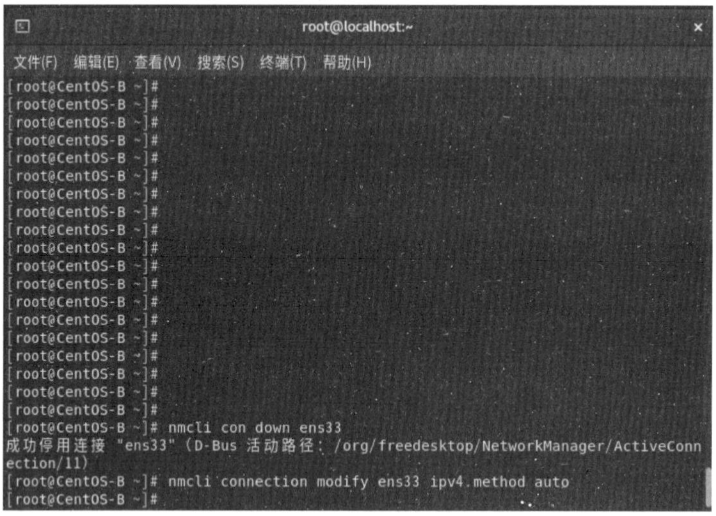

图 7.20　设置获取方式为自动获取

（2）重新启用网卡，查看当前 IP 地址，如图 7.21 所示。

图 7.21 查看自动获取是否成功

7.2.3 在 Linux 的图形化视图下自动获取 IP 地址

（1）通过图形化方式动态获取 IP 地址。单击开关按钮旁边的倒三角形按钮，在弹出的菜单栏中选择"有线已关闭"下的"有线设置"，如图 7.22 所示。

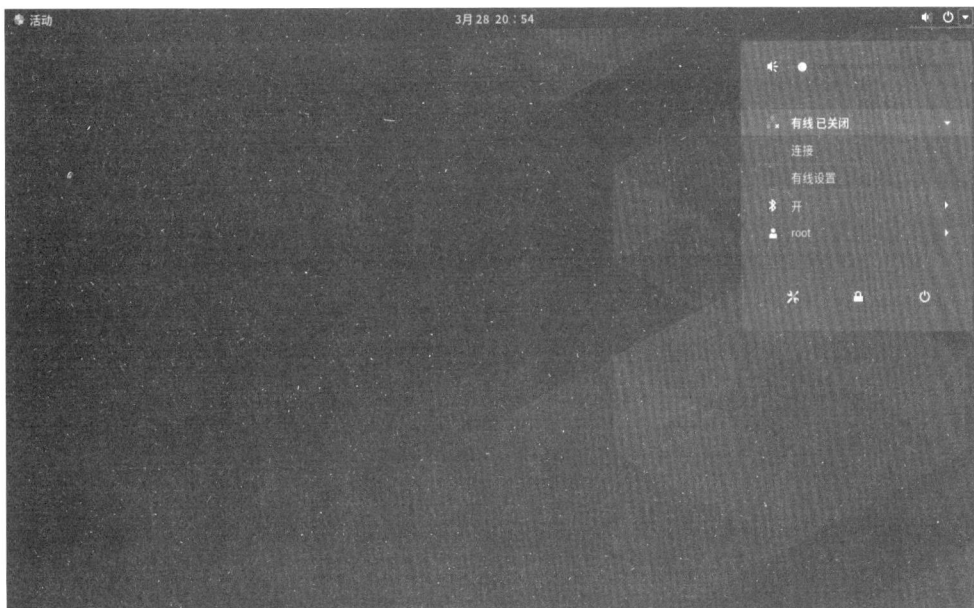

图 7.22 选择"有线设置"

（2）在"网络"设置窗口中单击"有线"设置栏右侧的"设置"图标，如图 7.23 所示。

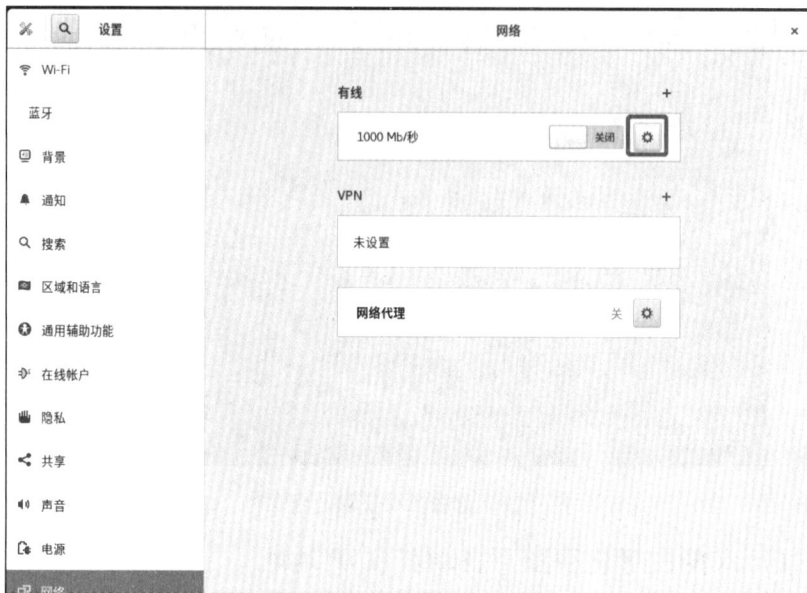

图 7.23　单击"设置"图标

（3）在弹出的对话框中选择"IPv4"选项卡，并选中"自动（DHCP）"选项，最后单击"应用"按钮，如图 7.24 所示。

图 7.24　选择"自动（DHCP）"选项

（4）将"有线"获取的开关打开，就可以自动获取相关 IP 地址了，如图 7.25 所示。

图 7.25 开启有线获取 IP 地址

（5）已成功获取相关 IP 地址，如图 7.26 所示。

图 7.26 查看是否成功获取 IP 地址

◀ **项目实战** ▶

项目背景：FSHC 学校购置了一台服务器，用于为计算机网络技术专业师生的教室提供自动分配 IP 地址服务。该教室最多容纳 70 台主机，并且自带一台 DNS 服务器 fshc.com，FSHC 学校信息管理教师提出以下需求。

新建一个作用域，设置如下。

作用域名称为：192.168.X.0（X 代表学号）。

地址池为：192.168.X.10～192.168.X.80。

排除地址为：192.168.X.21～192.168.X.30。

保留地址为：192.168.X.88，将该地址保留给 MAC 地址为 00-0F-29-B2-F2-22 的计算机，设置地址租约为 10 天（保留的 MAC 地址可以换成虚拟机中 Windows 10 的 MAC 地址）。

1. 配置服务器基本设置

（1）管理员将 FSHC 学校购置的新服务器 IP 地址设置为 192.168.X.2/24，DNS 服务器 IP 地址为 192.168.10.80，域名为 fshc.com。为了方便辨识服务器，将其主机名设置为 dns-server。

（2）安装 DHCP 服务器。

2. 配置 DHCP 服务的基本设置

（1）创建作用域。

（2）配置相关地址池。

（3）排除相关地址范围。

（4）设置租约信息。

（5）配置 DNS 服务器 IP 地址及主机名。

（6）设置固定分配 IP 地址。

3. 配置 DHCP 服务器的安全设置

为了提升 DHCP 服务器的安全性，管理员为其配置了防火墙。

4. 测试 DHCP 服务器效果

（1）通过 Windows 测试自动获取 IP 地址，验证其效果。

（2）通过 Linux 测试自动获取 IP 地址，验证其效果。

（3）测试是否能够成功实现排除地址范围。

（4）测试是否能够成功实现固定分配 IP 地址。

练 习 题

1. DHCP 服务器的主要功能是（　　）。

    A．动态分配 IP 地址　　　　　　　　B．为网络提供地址解析服务

    C．为网络提供文件交换服务　　　　　D．静态分配 IP 地址

2. 使用 DHCP 服务器功能的好处是（　　）。

    A．降低 TCP/IP 网络的配置工作量　　B．对 IP 地址进行统一管理

    C．能够实现自动分配 IP 地址　　　　D．以上都是

3. DHCP 服务器的配置文件是（　　）。

    A．dhcpd.conf　　B．smb.conf　　　C．httpd.conf　　　D．sshd.conf

4. DHCP 的全称是（　　）。

    A．静态主机配置协议　　　　　　　　B．动态主机配置协议

    C．主机配置协议　　　　　　　　　　D．域名协议

5. DHCP 服务器的默认租约时间是（　　）秒。

    A．21600　　　　　B．43200　　　　C．300　　　　　D．9600

SAMBA 服务器的安装与配置

▶ **任务描述**

为了方便教师们共享文件，FSHC 学校管理员打算为办公室搭建一台 SAMBA 服务器。在搭建 SAMBA 服务器之前，需要学习并熟知该服务器的基本概念与基本配置相关内容。

▶ **学习目标**

※**知识目标**

- 掌握 SAMBA 服务的基本概念。
- 了解 SAMBA 配置文件的相关参数。
- 掌握 SAMBA 服务器的搭建与配置方法。
- 掌握不同操作系统下的 SAMBA 服务映射与挂载。

※**素养目标**

- 培养学生的网络安全意识，辨别文件是否安全。

8.1　安装和配置 SAMBA 服务器

我们可以通过云盘、U 盘去获取相关文件，但 U 盘需要传递交接，云盘有可能受限。通过在局域网中搭建文件共享服务器，就能够很好地为企业或学校提供文件共享服务，用户仅需访问相关 IP 地址，即可获取所需资料。SAMBA 服务器即可实现这样的功能。

8.1.1　SAMBA 服务概述

SAMBA（可缩写为 SMB：server messages block，服务器消息块）服务类似于 Windows 系统中的文件共享服务，它具有良好的跨平台功能，可以在 Windows 系统、Linux 系统上互相访问。目前常用于局域网的文件共享管理和打印机共享管理。SAMBA 服务基于 SMB 协议，SMB 协议属于客户机/服务器协议，是应用层协议，端口号为 139 与 445。

SMB 协议最早由微软公司和英特尔公司共同制定，该协议主要是为了使局域网的文件资源与打印机能够共享。目前，微软将 SMB 协议修改为 CIFS（common internet file system，通用网络文件系统）协议。

SAMBA 服务由服务端和客户端组成，服务端提供文件共享与打印机管理的功能，客户端能够去访问与使用该服务。

在 SAMBA 服务中有两个服务：一个是 SMB 服务；另一个是 NMB（network message block，网络消息块）服务。SMB 服务是 SAMBA 服务的核心，主要用于建立 SAMBA 服务器与客户端之间的连接与对话、验证用户身份、提供文件共享与打印机共享，只有 SMB 服务启动，这些功能才会生效。而 NMB 服务比较特殊，功能较少，主要提供解析功能，该服务可以将共享的工作组名称与 IP 地址关联起来，实现使用工作组名称访问共享，若未开启 NMB 服务，则只能通过 IP 地址访问共享，与 DNS 服务的功能较为类似。

8.1.2　安装 SAMBA 服务器

默认情况下系统未安装 SAMBA 服务器，其安装过程与其他服务类似。本案例将基于 VMware Workstation 的虚拟机进行演示，并通过 Windows 来测试该服务。

可通过 rpm 或 dnf 命令安装 SAMBA 服务器。安装 SAMBA 服务器需要用到 SAMBA 安装包，而客户端的安装包则为 samba-client。相关软件包如图 8.1 所示。

图 8.1　通过 rpm 命令查询 SAMBA 相关软件包

8.1.3　SAMBA 服务相关命令

（1）安装 SAMBA 服务器：

```
[root@FSHC ~]# dnf -y install samba          //安装 SAMBA 服务器
```

（2）管理 SAMBA 服务相关命令：

```
[root@FSHC ~]# systemctl stop smbd            //关闭 SMB 服务
[root@FSHC ~]# systemctl start smbd           //开启 SMB 服务
[root@FSHC ~]# systemctl restart smbd         //重启 SMB 服务
```

（3）设置 SAMBA 开机自启动相关命令：

```
[root@FSHC ~]# systemctl enable smbd          //设置 SMB 开机自启动
[root@FSHC ~]# systemctl disable smbd         //设置 SMB 开机不自启动
[root@FSHC ~]# systemctl is-enabled smbd      //查看 SMB 是否开机自启动
```

若需要使用工作组名称来访问共享，不要忘记重启 NMB 服务，并记得将其加入开机自启动。

（4）设置 SAMBA 用户管理信息（CentOS 8.4 使用 pdbedit 命令管理 SAMBA 用户）：

```
[root@FSHC ~]# pdbedit [参数] 账户名           //管理 SAMBA 用户信息数据库
[root@FSHC ~]# pdbedit -a -u 用户名            //建立 SAMBA 用户
[root@FSHC ~]# pdbedit -x 用户名               //删除 SAMBA 用户
[root@FSHC ~]# pdbedit -L                      //列出 SAMBA 用户列表
[root@FSHC ~]# pdbedit -Lv                     //列出详细的 SAMBA 用户列表
```

8.1.4　SAMBA 服务配置文件参数

SAMBA 服务的配置文件为/etc/samba 目录下的 smb.conf 文件，如图 8.2 所示。

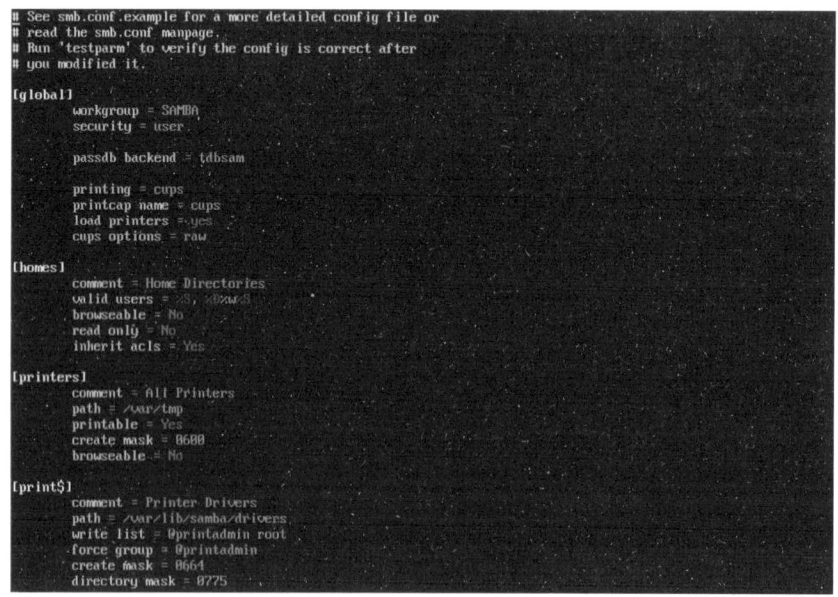

图 8.2　smb.conf 配置文件

在 smb.conf 配置文件中存在很多参数，有些参数较为重要，下面通过表 8.1 讲解常用参数的功能。

表 8.1　smb.conf 配置文件中常用参数的功能

参数	功能
workgroup	所属工作组名称
security	SAMBA 服务安全验证级别
passdb backend	共享账户的类型
cups options	打印机的选项
comment	备注，详细描述信息
valid users	可用于共享或打印机的用户
browseable	该共享是否可以发现
read only	是否只读
inherit acls	是否继承 acl 访问控制列表
path	共享目录的存放路径
guest ok	等同于 public，是否允许所有人访问
printable	是否可打印
writeable	是否可写
create/directory mask	文件/目录权限掩码
force group	用户组列表
write list	可写入权限的用户列表

在图 8.2 中可以看到有 四 个带[ ]的参数。这四个参数默认情况下就存放在 SAMBA 的配置文件中。[global]是全局配置参数，即对整个配置文件生效的参数。[homes]是 home 目录共享参数，在完成应用后建议将其删除，以保证服务器的安全。[printers]是打印机的共享配置参数，能够为局域网提供共享打印机服务。[print$]也是打印机共享的配置参数，与[printers]参数的唯一区别就是名称上的差异。

[global]全局模块中，有些参数有重要的功能。在 SAMBA 服务中有四个安全级别，参数为 security。安全级别从低到高，第一个级别为 share，代表主机无须验证，相当于匿名模式，显而易见，安全性较低；第二个级别为 domain，代表需要通过域控制器进行身份验证，类似 Windows 加入域后的域用户，通过域来管理；第三个级别为 server，代表通过独立主机（可以是 Windows 系统也可以是 Linux 系统）来验证用户名和密码；第四个级别，也是最高级别，为 user，代表登录 SAMBA 服务需要使用账号与密码，通过数据库数据比对后才能进入共享。user 为参数 security 的默认值。

那么，如何添加 user 级别的用户呢？账号与用户名又是如何识别的？这与 SAMBA 服务的一个命令有关。在 CentOS 8 版本中，user 级别使用的是 tdbsam 数据库来匹配账户与密码，这个数据库保存着 SAMBA 用户密码，并通过 pdbedit 命令添加、删除用户。

8.1.5　配置 SAMBA 服务

FSHC 学校信息技术部的管理员发现大家传递文件时都通过 U 盘，非常不方便。为了给教师提供更加便利的方式去交换文件或共享文件，管理员决定为办公室配置一台 SAMBA 服务器，同时为教师配备账号，提供一定的用户权限。试验环境如表 8.2 所示。

表 8.2　配置 SAMBA 服务试验环境

主机名	主机 IP 地址	角色	作用
CentOS-A	192.168.10.10	服务器	提供共享文件夹功能
CentOS-B	192.168.10.20	客户端	测试效果

信息技术部共享文件夹的需求见表 8.3。

表 8.3　信息技术部共享文件夹的需求

共享名	备注	路径
Download	存储重要共享文件	/Download
ExChange	公用共享文件夹	/ExChange

信息技术部中有三位教师，分别为 teacher1、teacher2、teacher3，密码默认为用户名。该部门需要两个共享文件夹：文件夹 ExChange 用于部门的教师共享文件夹，方便教师进行互传教学资料，所有教师都有读、写权限，但只能删除自己上传的文件；文件夹 Download 用于下载部门重要资料，文件由主任负责，教师只有下载的权限。

（1）安装 SAMBA 服务器，通过 dnf 命令安装 SAMBA，如图 8.3 所示。

```
[root@FSHC ~]# dnf -y install samba //安装 SAMBA 服务器
```

图 8.3　SAMBA 服务器安装成功

（2）修改/etc/samba/smb.conf 配置文件，创建第一个共享文件夹 ExChange，根据需求对其进行配置，如图 8.4 所示。

图 8.4　创建第一个共享文件夹 ExChange

（3）创建该文件夹的存放位置为"/ExChange"，如图 8.5 所示。

图 8.5　创建 ExChange 文件夹存放位置

（4）修改该文件夹的权限为 1777，代表所有人都有权限，但只有创建者才能删除文件，如图 8.6 所示。

图 8.6　为文件夹配置权限

小提示

文件夹权限有读、写、执行，可以将文件夹权限给予用户、用户组、其他人。但还存在几种特殊的与用户身份无关的权限，即 SUID（Set ID，设置用户 ID）、SGID（Set GID，设置组 ID）、Sticky（粘滞位，防删除位）。SUID 表示引发进程的所有者是程序文件的所有者；SGID 表示引发进程的所有者是程序文件的所属组；Sticky 表示用户可以在此目录中创建新文件、修改文件内容，但只有文件所有者才能对自己的文件进行删除或改名。使用 Sticky 权限时只需要在默认的数值前加个 1，如原本权限为 777（可读、可写、可执行）转换为 1777。

（5）修改配置文件，创建第二个共享文件夹 Download，根据需求对其进行配置，如图 8.7 所示。

图 8.7　创建第二个共享文件夹 Download

（6）创建该文件夹的存放位置为"/Download"，并赋予权限 777，如图 8.8 所示。

```
[root@CentOS-A ~]# mkdir /Download
[root@CentOS-A ~]# chmod 777 /Download/
```

图 8.8　创建 Download 文件夹

（7）创建相应的用户，并为其配置相应的密码，如图 8.9 所示。

```
[root@CentOS-A ~]# useradd teacher1
[root@CentOS-A ~]# useradd teacher2
[root@CentOS-A ~]# useradd teacher3
```

图 8.9　创建用户

小提示

使用 SAMBA 服务时是需要已存在系统用户的，如果直接通过 pdbedit 添加用户则会报错，会告知不存在系统用户。

（8）查看当前创建的用户是否创建成功，如图 8.10 所示。

```
[root@CentOS-A ~]# tail -n 3 /etc/passwd
teacher1:x:1004:1006::/home/teacher1:/bin/bash
teacher2:x:1005:1007::/home/teacher2:/bin/bash
teacher3:x:1006:1008::/home/teacher3:/bin/bash
```

图 8.10　查看创建用户是否成功

（9）通过 pdbedit 命令添加 SAMBA 用户，图 8.11 仅创建了一个用户。

```
[root@CentOS-A ~]# pdbedit -a -u teacher3
new password:
retype new password:
Unix username:        teacher3
NT username:
Account Flags:        [U        ]
User SID:             S-1-5-21-1303740790-661536673-3712134629-1002
Primary Group SID:    S-1-5-21-1303740790-661536673-3712134629-513
Full Name:
Home Directory:       \\CENTOS-A\teacher3
HomeDir Drive:
Logon Script:
Profile Path:         \\CENTOS-A\teacher3\profile
Domain:               CENTOS-A
Account desc:
Workstations:
Munged dial:
Logon time:           0
Logoff time:          Wed, 06 Feb 2036 23:06:39 CST
Kickoff time:         Wed, 06 Feb 2036 23:06:39 CST
Password last set:    Mon, 21 Feb 2022 02:40:43 CST
Password can change:  Mon, 21 Feb 2022 02:40:43 CST
Password must change: never
Last bad password   : 0
Bad password count  : 0
Logon hours         : FFFFFFFFFFFFFFFFFFFFFFFFFFFFFFFFFFFFFFFFFF
```

图 8.11　创建 SAMBA 用户

（10）查看已添加的 SAMBA 用户，如图 8.12 所示。

```
[root@CentOS-A ~]# pdbedit -L
teacher1:1004:
teacher2:1005:
teacher3:1006:
```

图 8.12　查看 SAMBA 用户

8.1.6　配置 SAMBA 服务的安全及其他

通过以上步骤，实现了 SAMBA 服务的基本功能，为了提升 SAMBA 服务器的安全性，可以令防火墙放行 SAMBA 服务并配置 SELinux 的安全上下文。

小提示

若不需要 SELinux，可以通过 setenforce=0 将其关闭，再使用 getenforce 查看，但以上方法仅为临时作用。若需要重启后还保持开启或关闭 SELinux 的状态，则需要设置/etc/selinux/config 文件，将 SELinux 修改为 enforcing 或 disabled，将其永久开启或永久关闭。

（1）设置 SELinux 的安全上下文，如图 8.13 所示。

```
[root@CentOS-A ~]# setenforce 1
[root@CentOS-A ~]# setsebool -P samba_enable_home_dirs on
[root@CentOS-A ~]# chcon -R -t samba_share_t /Download
[root@CentOS-A ~]# chcon -R -t samba_share_t /ExChange
```

图 8.13　设置 SAMBA 的 SELinux 上下文

（2）防火墙在默认情况下是关闭状态，但未放行 SAMBA 服务。如果 SAMBA 服务器开启防火墙提升系统安全性但又未放行 SAMBA 服务，则用户无法访问该服务。因此，需要在防火墙上放行 SAMBA 服务，如图 8.14 所示。

```
[root@CentOS-A ~]#
[root@CentOS-A ~]# firewall-cmd --zone=public --permanent --add-service=samba
success
[root@CentOS-A ~]# firewall-cmd --reload
success
```

图 8.14　放行防火墙

（3）设置 SAMBA 服务为开机自启动，如图 8.15 所示。

```
[root@CentOS-A ~]# systemctl enable smb
Created symlink /etc/systemd/system/multi-user.target.wants/smb.service → /usr/lib/systemd/system/smb.service.
[root@CentOS-A ~]# systemctl enable nmb
Created symlink /etc/systemd/system/multi-user.target.wants/nmb.service → /usr/lib/systemd/system/nmb.service.
[root@CentOS-A ~]# systemctl is-enabled smb
enabled
[root@CentOS-A ~]# systemctl is-enabled nmb
enabled
```

图 8.15　设置 SAMBA 服务为开机自启动

（4）重启 SAMBA 服务，如图 8.16 所示。

```
[root@CentOS-A ~]# systemctl restart smb
[root@CentOS-A ~]# systemctl restart nmb
```

图 8.16　重启 SAMBA 服务

8.2 映射和挂载 SAMBA 服务

在 Windows 和 Linux 操作系统中都可以通过 CIFS 协议去访问 SAMBA 服务。访问由 SAMBA 服务所搭建的文件共享服务器的方式有图形化和命令行两种。

8.2.1 在 Windows 上挂载共享

在成功搭建 SAMBA 服务器后就可以进行效果测试。首先通过 Windows 操作系统挂载文件夹，打开文件资源管理器，在地址栏上输入"\\IP 地址"就可以成功访问共享文件夹了。如果设置了共享用户，还需要登录验证密码。

在输入用户名和密码时，密码是通过 pdbedit 命令来添加的。

（1）在地址栏输入"\\192.168.10.10"访问共享，并填写相应的用户账户，如图 8.17所示。

小提示

在 Windows 操作系统中访问共享有可能因存在缓存而导致无法访问成功或者无法重新登录账户的问题。有两个方法可以解决：一是注销系统重新登录，注销后缓存就会消失；二是通过执行"net use"命令可以查看当前使用的共享信息，再通过执行"net use * /del"命令将所有共享缓存删除。

图 8.17　访问 SAMBA 共享

（2）测试 ExChange 文件夹的共享效果，测试用户是否能够上传文件，且只能删除自己上传的文件。

① 通过 teacher1 用户上传 teacher1 文件，显示可以上传，如图 8.18 所示。

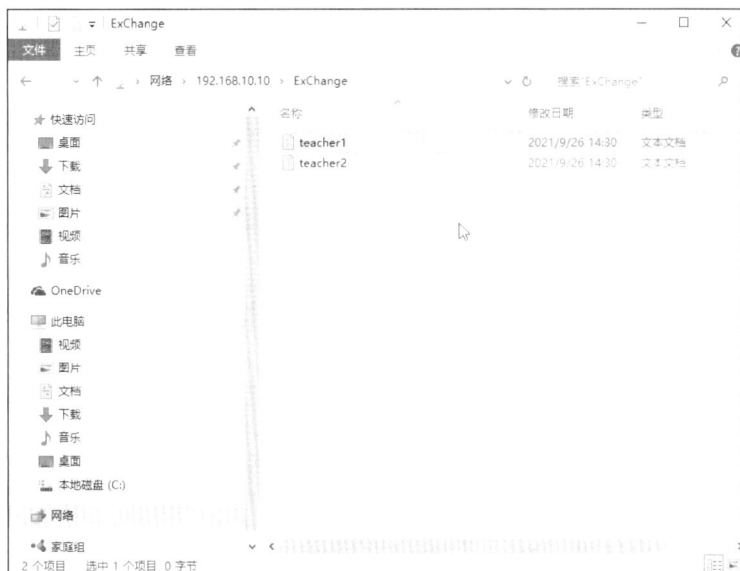

图 8.18　上传成功

② 通过 teacher1 用户删除 teacher2 文件，显示无法删除，如图 8.19 所示。

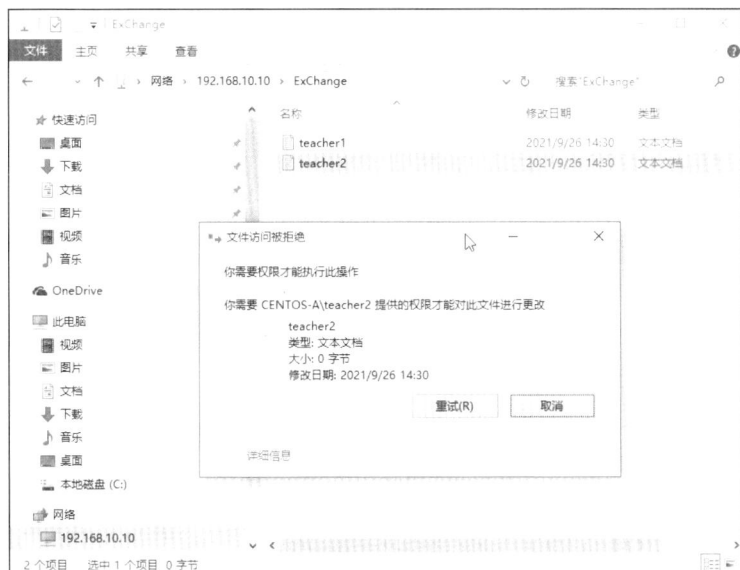

图 8.19　删除失败

③ 通过 teacher1 用户删除 teacher1 文件，显示可以删除，如图 8.20 所示。

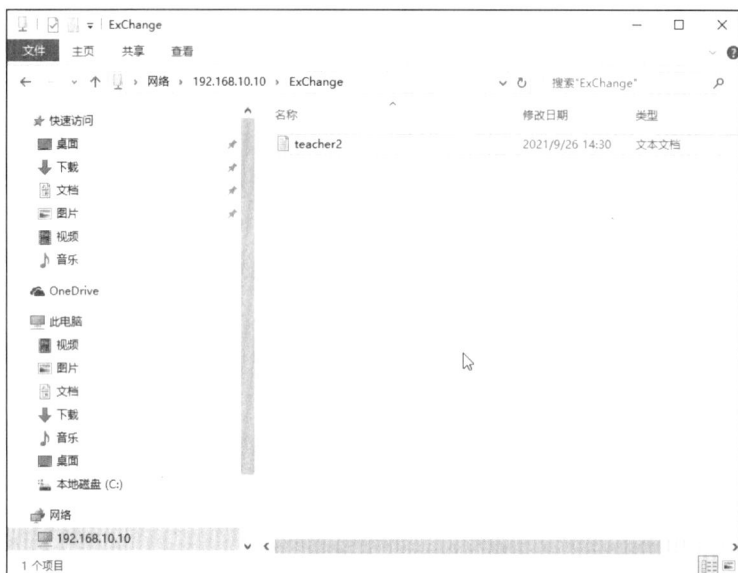

图 8.20　删除成功

（3）测试 Download 共享的效果，是否能够上传文件与下载文件。

① 通过 teacher1 用户上传测试文件，显示无法上传，如图 8.21 所示。

图 8.21　上传失败

② 通过 teacher1 用户下载 Download-File，显示可以下载，如图 8.22 所示。

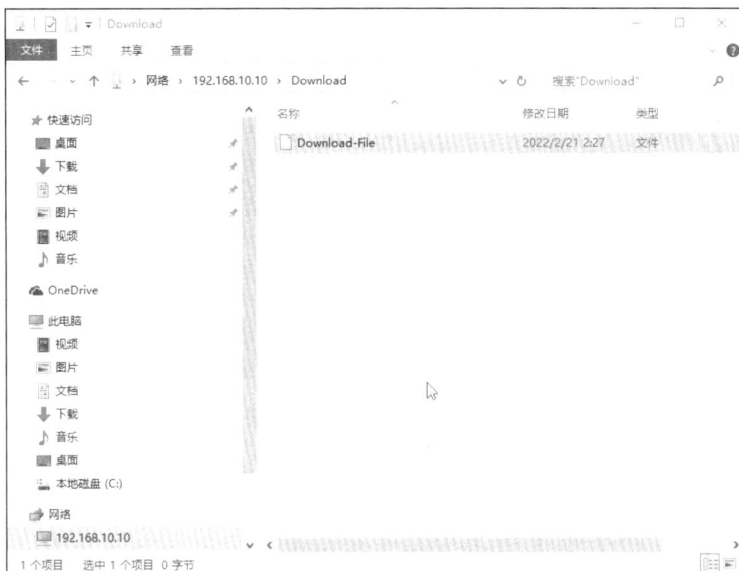

图 8.22　下载成功

8.2.2　在 Linux 命令行视图下挂载共享

在 Linux 中可以通过 smbclient 命令去查看服务器是否启用了 SAMBA 服务，并进一步查看有哪些可以使用的共享目录。如果需要挂载共享目录，则需要通过 cifs-utils 扩展包的支持，再通过挂载命令 mount，将共享目录挂载至 Linux 系统的目录当中。

（1）通过 smbclient 命令查看共享信息，如图 8.23 所示。

```
[root@FSHC ~]# smbclient -U 用户名 -L IP 地址  //访问共享
Enter SAMBA\username's password         //输入密码
```

图 8.23　通过命令行查看共享信息

（2）安装 cifs-utils 扩展包，如图 8.24 所示。

```
[root@FSHC ~]# yum/dnf -y install cifs-utils //安装 cifs-utils 扩展包
```

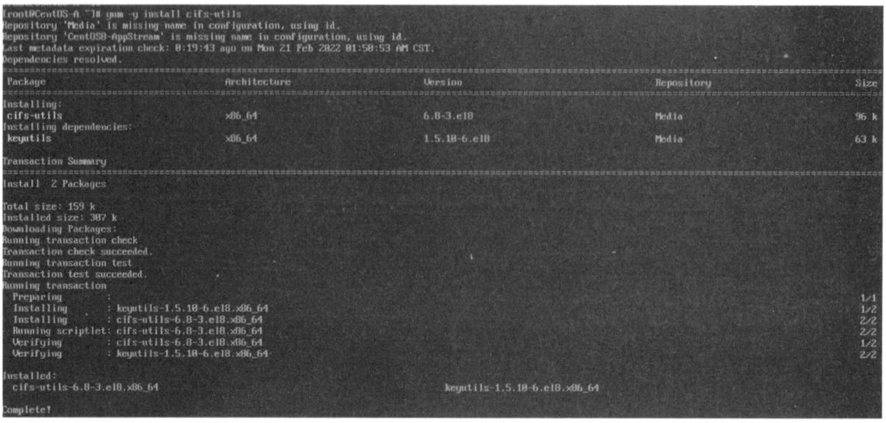

图 8.24　安装 cifs-utils 扩展包

（3）通过 mount 命令挂载共享。以 teacher1 的身份将 ExChange 共享目录挂载至根目录下的 MyExChange 目录，如图 8.25 所示。

图 8.25　通过 mount 命令挂载共享

（4）通过 mount -l 或者 df -h 命令查看是否挂载成功，如图 8.26 所示。

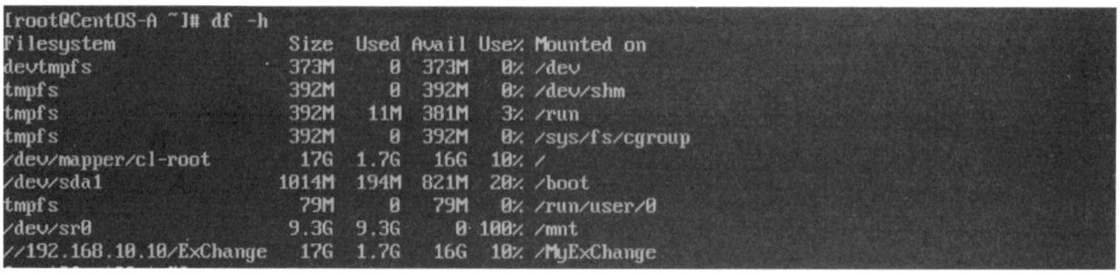

图 8.26　通过 df -h 命令查看是否挂载成功

小提示

通过 mount 命令查看的结果比较详细，而通过 df 命令查看的结果较为简单。

8.2.3　在 Linux 图形化视图下挂载共享

在 Linux 图形化视图下挂载共享与在 Windows 上挂载类似，是通过文件资源管理器完成的。具体步骤如下。

（1）单击"活动"，在弹出的界面中单击"文件"，进入文件资源管理器，如图 8.27 所示。

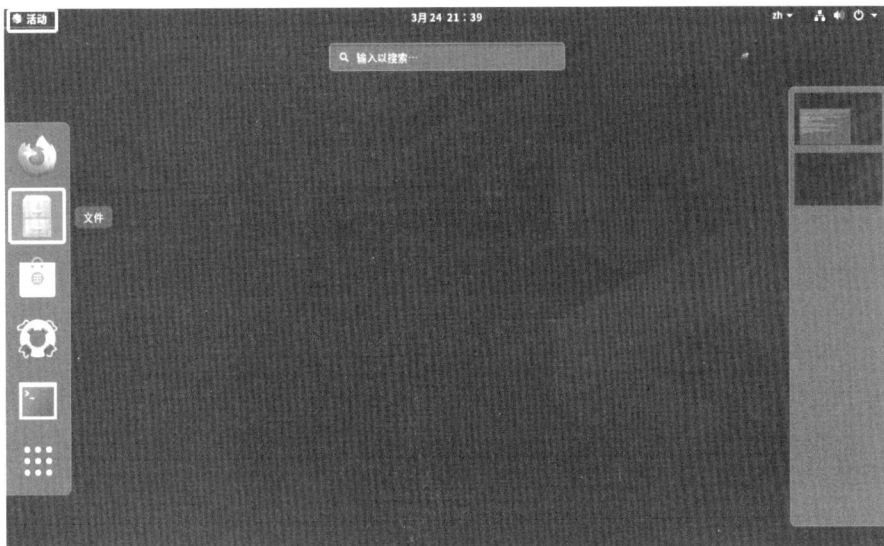

图 8.27 打开"文件"

（2）在文件资源管理器中单击"其他位置"，在下方"连接到服务器"文本框中输入 smb://服务器 IP 地址，输入完成后单击"连接"按钮，如图 8.28 所示。

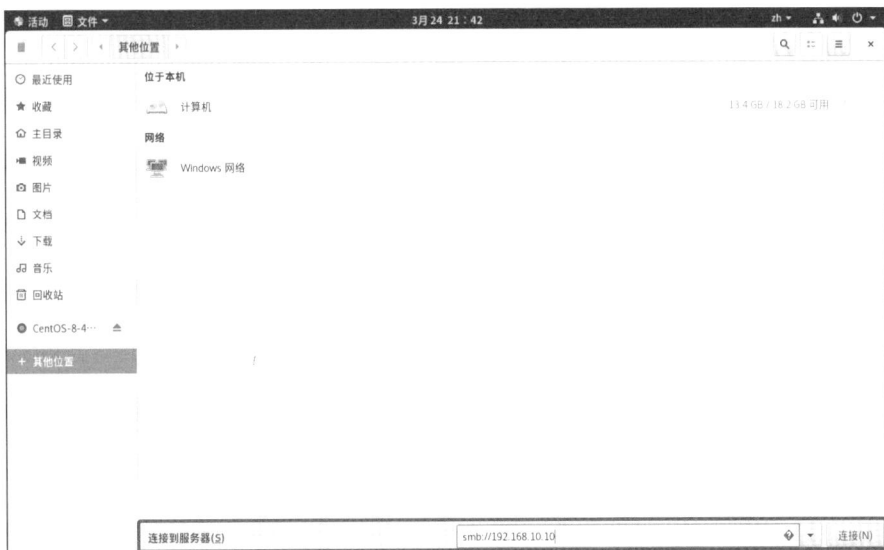

图 8.28 输入服务器 IP 地址

（3）进入 SAMBA 服务器的共享文件夹后，就可以访问共享文件了，如图 8.29 所示。

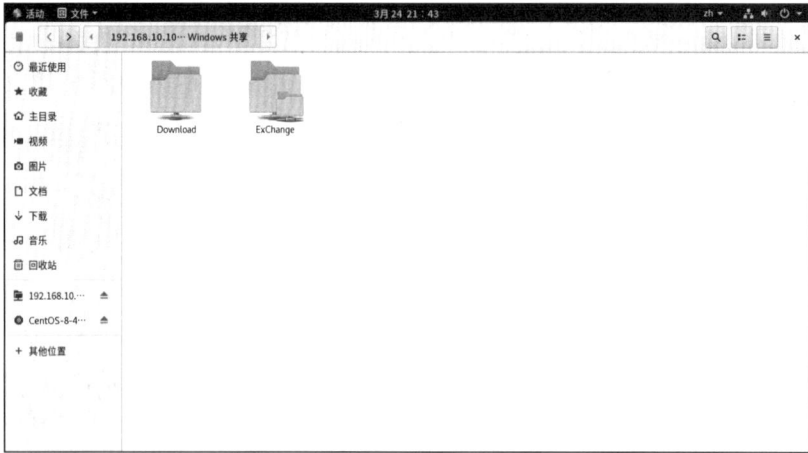

图 8.29　进入共享文件夹

8.2.4　创建 Windows 下关于 SAMBA 的映射

通过以上方法去实现访问共享，只是临时性的策略，当下一次访问共享时，还需要重新登录用户与验证密码。如果是常用到的共享，可以通过建立映射去访问。在 Windows 中的映射有点类似于磁盘，但是它的数据是存放在共享文件夹中的。

（1）右键单击"网络"，在弹出的快捷菜单中选择"映射网络驱动器"命令，如图 8.30 所示。

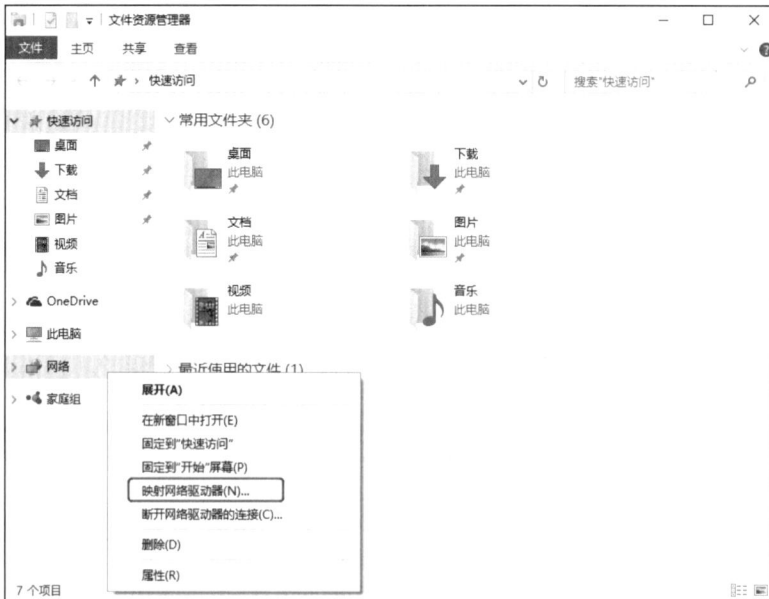

图 8.30　创建映射网络驱动器

（2）以 ExChange 共享文件夹为例，输入文件夹路径，选中"驱动器"盘符为"Z"，如图 8.31 所示。

图 8.31　输入共享文件夹

（3）在弹出的对话框中输入用户名和密码，如图 8.32 所示。

图 8.32　输入 SAMBA 的用户名和密码

（4）创建成功后，ExChange 文件夹会在"此电脑"界面以"网络位置"磁盘显示，如图 8.33 所示。

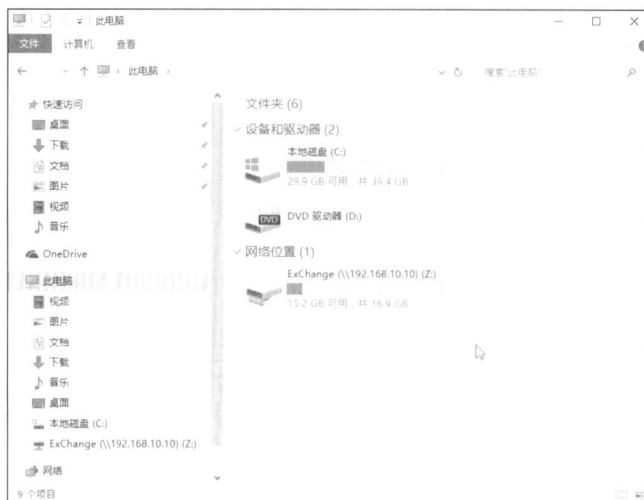

图 8.33　创建映射网络驱动器成功

8.2.5　创建 Linux 下关于 SAMBA 的映射

Linux 的映射与挂载的步骤类似，但是需要将其写入 fstab 文件中，使其能够开机自动挂载。

（1）在/etc/fstab 文件中输入共享文件夹的路径、存放位置、协议、用户名和密码，如图 8.34 所示。

图 8.34　在 fstab 文件中输入 SAMBA 挂载信息

（2）通过 mount -a 命令将挂载生效，也可以通过重启系统使其生效，如图 8.35 所示。

图 8.35　通过 mount 命令挂载

◢ 项目实战 ◣

项目背景：FSHC 学校购置了一台服务器，用于共享存放文件。学校有信息专业部、汽车专业部、艺术专业部等部门。为了方便各部门使用共享，FSHC 学校信息管理教师提出以下需求。

（1）SAMBA 服务的验证方式使用用户密码验证。

（2）共享目录下提供"ExChange""Public""Download"三个子目录。

（3）各部门教师都能使用该共享，不管在机房还是在办公室，都可以访问共享。

（4）ExChange 文件夹，只有教师才能访问，并且教师具有读、写权限，教师仅能删除自己上传的文件。

（5）Public 文件夹，所有人（包括学生）都可以访问，所有人都具有读、写权限。

（6）Download 文件夹，所有人（包括学生）都可以下载，但是无法上传文件。

（7）教师账户密码为教职工号，学生账户密码为学号，密码均默认为 123456。

具体操作过程如下。

1. 配置服务器基本设置

（1）管理员将 FSHC 学校购置的新服务器 IP 地址设置为 192.168.10.10/24，DNS 服务器 IP 地址为 192.168.10.1，域名为 fshc.com，为了方便辨识服务器，将其主机名设置为 samba-server。

（2）安装 SAMBA 服务器。

2. 配置 SAMBA 服务的基本设置

（1）创建各个组，有汽车专业部的组、信息专业部的组等。

（2）创建各个用户，并加入属于该部门的组。

（3）创建共享路径，并赋予相应的权限。

（4）配置 SAMBA 文件，设置验证方式。

（5）配置 SAMBA 文件，设置几个共享文件夹。

（6）创建 SAMBA 用户，并设置密码。

3. 配置 SAMBA 服务器的安全性

为了提升 SAMBA 服务器的安全性，管理员为其配置了防火墙与 SELinux。

4. 测试 SAMBA 服务器效果

（1）通过 Windows 访问共享，验证其效果，并映射该共享。

（2）通过 Linux 访问共享，验证其效果，并映射该共享。

练习题

1. SAMBA 服务器的默认安全级别是（　　）。

    A．user　　　　　B．share　　　　　C．server　　　　　D．domain

2. SAMBA 服务器的主要功能是（　　）。

    A．Windows 主机间的资源能够共享

    B．将资源进行统一管理

    C．Linux 主机之间的资源能够共享

    D．使 Windows 用户以及 Linux 用户能够共享并获取文件

3. SAMBA 服务器的配置文件是（　　）。

    A．nmb.conf　　　B．smb.conf　　　C．httpd.conf　　　D．sshd.conf

4. 关于 SAMBA 服务最重要的协议是（　　）。

    A．smb　　　　　B．nmb　　　　　C．samba　　　　　D．nfs

5. SAMBA 服务的重启命令是（　　）。

    A．systemctl restart nfs　　　　　　　B．systemctl restart nmb

    C．systemctl restart smb　　　　　　　D．systemctl restart network

远程登录的安装与配置

▶ 任务描述

　　本项目任务讲述远程登录协议的概念、功能和工作原理。主要学习 SSH 和 Telnet 两个远程登录服务器的安装与配置，掌握基本远程登录操作过程。

▶ 学习目标

※知识目标

- 了解远程登录相关协议的基本概念与功能。
- 掌握远程登录相关协议的配置与应用方法。
- 掌握两种不同的远程登录协议的区别。

※素养目标

- 通过远程登录原理，促进学生对网络安全的理解，提高安全防范意识。

9.1 安装和配置 SSH 服务器

SSH 协议被广泛应用在网络运维管理中，通过该协议远程操控服务器。在异地的网络工程师可以使用移动终端设备（笔记本电脑）通过 SSH 服务远程登录到本地服务器上。

9.1.1 SSH 服务的概述

SSH（secure shell，安全外壳）协议是专为远程登录会话和其他网络服务提供安全性的协议。SSH 是可靠的协议，是建立在应用层基础上的安全协议，端口号是 22。

SSH 服务主要有两个功能：一个是提供远程登录功能，类似于 Telnet 服务；另一个是提供远程安全复制功能，通过 SSH 协议来安全传输数据。

SSH 服务有两种安全验证的方法：一是基于密码的验证，使用用户账户与密码来验证登录；二是基于密钥的验证，通过在本地生成密钥对，然后将密钥上传至远程服务器，并与远程服务器的公钥进行比较，通过该方式能够保障安全性。

9.1.2 安装 SSH 服务器

在 CentOS 上如何安装并配置 SSH 服务器？本案例将基于 VMware Workstation 的虚拟机进行演示，并通过真机进行 SSH 远程登录测试。

默认情况下 CentOS 8.4 已经安装了 SSH 服务器。若未安装，则需要通过 rpm 或 dnf 命令安装 SSH 服务器。安装 SSH 服务器需要用到 openssh 如下相关软件包，如图 9.1 所示。

```
[root@CentOS-A ~]# rpm -qa | grep openssh
openssh-clients-8.0p1-5.el8.x86_64
openssh-8.0p1-5.el8.x86_64
openssh-server-8.0p1-5.el8.x86_64
```

图 9.1　SSH 相关软件包

9.1.3 SSH 服务相关命令

（1）安装 SSH 服务器（默认情况下已经安装 SSH 服务器）：

```
[root@FSHC ~]# dnf -y install openssh-*        //安装 SSH 客户端及服务端
[root@FSHC ~]# dnf -y install openssh-server  //安装 SSH 服务端
[root@FSHC ~]# dnf -y install openssh-clients //安装 SSH 客户端
```

（2）管理 SSH 服务相关命令：

```
[root@FSHC ~]# systemctl stop sshd.service        //关闭 SSH 服务
[root@FSHC ~]# systemctl start sshd.service       //开启 SSH 服务
[root@FSHC ~]# systemctl restart sshd.service     //重启 SSH 服务
```

（3）设置 SSH 开机自启动相关命令：

```
[root@FSHC ~]# systemctl enable sshd.service    //设置 SSH 开机自启动
[root@FSHC ~]# systemctl disable sshd.service   //设置 SSH 开机不自启动
[root@FSHC ~]# systemctl is-enabled sshd        //查看 SSH 是否开机自启动
```

9.1.4　SSHD 配置文件的相关参数

在 SSH 服务的主配置文件/etc/ssh/sshd_config 中存在很多参数，部分常用参数功能如表 9.1 所示。

表 9.1　常用参数功能

参数	功能
Port	SSH 服务的默认端口为 22
Protocol	在 SSH 中存在版本 1 和 2，默认为 2
HostKey	SSH 协议的私钥存放位置
PermitRootLogin	是否允许 Root 用户登录
StrictModes	当远程用户的私钥改变直接拒绝连接
MaxAuthTries	最大密码尝试次数
MaxSession	最大终端（连接）数
PasswordAuthentication	是否允许密码验证
PermitEmptyPassword	是否允许空密码登录

9.1.5　配置 SSH 服务

FSHC 学校购置了一台新的服务器 CentOS-A，为了方便师生远程使用该服务器，管理员在该服务器上配置 SSH 远程登录服务。试验环境如表 9.2 所示。

表 9.2　SSH 服务试验环境

主机名	主机 IP 地址	端口号	角色	密码
CentOS-A	192.168.10.10	22	服务器	123456
CentOS-B	192.168.10.20		客户端	

小提示

使用 SSH 远程登录时，可以通过主机名也可以通过主机 IP 地址进行远程控制。

在 CentOS-B 上通过 SSH 远程登录 CentOS-A，操作步骤如下。

（1）通过 ssh 命令，输入 CentOS-A 的 IP 地址或者主机名，如图 9.2 所示。

小提示

ssh 命令格式：ssh [参数] [-p PORT] [USER@]hostname [COMMAND]

```
[root@CentOS-B ~]#ssh root@CentOS-B  //通过 root 远程登录到 CentOS-A
[root@CentOS-A ~]#                    //主机名变成 CentOS-A
```

```
[root@CentOS-B ~]# ssh 192.168.10.1
The authenticity of host '192.168.10.1 (192.168.10.1)' can't be established.
ECDSA key fingerprint is SHA256:ZaIivnIhHP+gSyyFCeIocBVqADBC5Aap5gGfzCM+qH0.
Are you sure you want to continue connecting (yes/no/[fingerprint])? yes
Warning: Permanently added '192.168.10.1' (ECDSA) to the list of known hosts.
root@192.168.10.1's password:
Last login: Fri Dec 24 17:57:52 2021
[root@CentOS-A ~]#
```

图 9.2　通过 ssh 命令远程登录至 CentOS-A

（2）通过禁止以 Root 身份远程登录服务器，可以有效地提高服务器的安全性，能够极大地降低被黑客破坏系统的可能性。通过编辑 SSH 服务的主配置文件 /etc/ssh/sshd_config，将位于第 43 行的 PermitRootLogin 修改为 no（在 CentOS 8.4 版本中，PermitRootLogin 默认为 yes），修改后实现不允许 Root 用户远程登录服务器，如图 9.3 所示。

```
41
42 #LoginGraceTime 2m
43 PermitRootLogin no
44 #StrictModes yes
45 #MaxAuthTries 6
46 #MaxSessions 10
47
```

图 9.3　不允许 Root 用户远程登录

小提示

当修改配置文件后，一般的服务并不会自动获得参数，如果希望修改的配置生效，则需要重启相应的服务，使修改后的配置生效。

（3）再次尝试在 CentOS-B 使用 Root 用户通过 ssh 命令登录 CentOS-A，会发现无法通过 Root 用户登录到 CentOS-A，会弹出"Permission denied，please try again"（权限拒绝，请再次重试），如图 9.4 所示。

```
[root@CentOS-B ~]# ssh 192.168.10.1
root@192.168.10.1's password:
Permission denied, please try again.
```

图 9.4　登录权限被拒绝

（4）通过 Windows 系统访问，可以使用 XShell、Putty、SecureCRT 等软件进行远程连接，以 SecureCRT 软件为例完成远程连接，如图 9.5 所示。

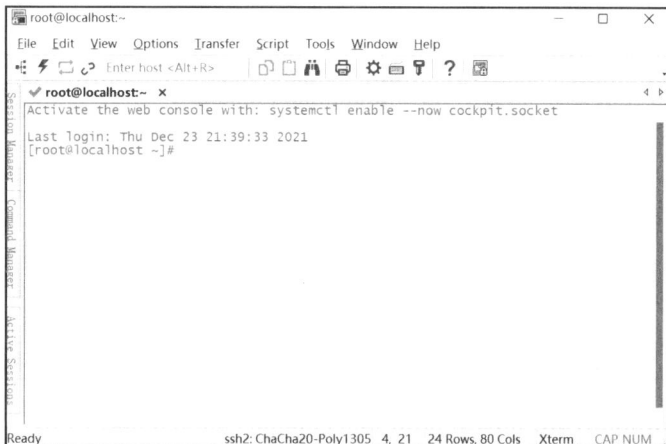

图 9.5　通过 SecureCRT 远程访问

9.1.6　配置 SSH 服务的安全密钥验证

在上面的试验中，我们提升了 SSH 服务的安全性，关闭了 Root 用户远程登录的权限。但安全性还不够，若想要进一步提升 SSH 服务的安全性，则需要对数据进行加密。通过加密技术能够有效防止别人监听，同时，加密技术会生成密钥，密钥中存在两把钥匙，一把为公钥，另一把为密钥。在传输之前通过公钥将数据等内容加密；在传输的过程中，没有密钥就无法给数据解密，只有拥有密钥的人才能解密获取的数据。黑客将其截取或监听后，没有密钥也无法将加密数据破译为明文，大大提升了 SSH 服务的安全性。

接下来，仍然使用上面的场景配置 SSH 服务的安全密钥，试验步骤如下。

（1）在客户端上，使用 ssh-keygen 命令生成密钥，如图 9.6 所示。

图 9.6　密钥认证命令

小提示

（1）Enter file in which to save the key（/root/.ssh/id_rsa）：设置密钥的存储位置，按回车键即采用默认存放位置（/root/.ssh）。

（2）Enter passphrase：输入密钥密码。

（3）Enter same passphrase again：请输入与前面一样的密钥密码。

在这个过程中，密钥保存的文件名为 id_rsa 文件，默认存放在~/root/.ssh/目录中，"."是隐藏文件夹，而公钥的文件则是与之对应自动生成的 id_rsa.pub 文件，也存放在同一个目录中。

（2）将客户端生成的公钥文件通过 ssh-copy-id 命令传输至服务器，如图 9.7 所示。

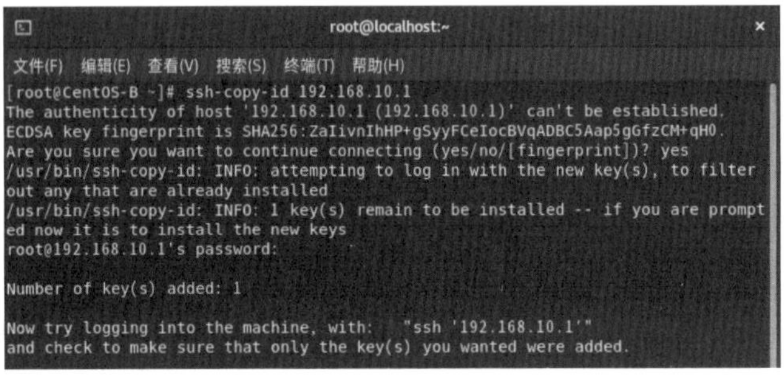

图 9.7　通过 ssh-copy-id 命令复制公钥到远程主机

小提示

在 ssh-copy-id 命令执行的过程中，需要输入服务器的 root 用户密码。

（3）配置服务器，设置只允许使用密钥认证，拒绝默认的密码验证方式。修改 /etc/ssh/sshd_config 配置文件，将位于第 70 行的 "PasswordAuthentication yes" 修改为 "PasswordAuthentication no"，保存退出，并重启服务器，如图 9.8 所示。

图 9.8　关闭默认的密码验证方式

小提示

若未通过 ssh-copy-id 命令复制公钥到远程主机时就将 sshd_config 配置文件中的 "PasswordAuthentication yes" 修改为 "PasswordAuthentication no"，则会出现以下报错。原因是无法通过密码进行认证，导致权限被拒绝，如图 9.9 所示。

```
[root@CentOS-B ~]# ssh-copy-id 192.168.10.1
/usr/bin/ssh-copy-id: INFO: attempting to log in with the new key(s), to filter
out any that are already installed
/usr/bin/ssh-copy-id: INFO: 1 key(s) remain to be installed -- if you are prompt
ed now it is to install the new keys
root@192.168.10.1: Permission denied (publickey,gssapi-keyex,gssapi-with-mic).
```

图 9.9　在复制公钥之前将密码认证关闭所出现的报错

（4）通过客户端远程登录到 SSH 服务器上（这时不用输入密码也可以登录），如图 9.10 所示。

```
[root@CentOS-B ~]# ssh root@192.168.10.1
Last login: Mon Jan 17 21:36:55 2022 from 192.168.10.1
[root@CentOS-A ~]#
```

图 9.10　无须密码进行 SSH 登录

（5）若客户端没有密钥，有密码的情况下也无法登录到服务器上，如图 9.11 所示。

```
[root@CentOS-A ~]# ssh 192.168.10.1
root@192.168.10.1: Permission denied (publickey,gssapi-keyex,gssapi-with-mic).
[root@CentOS-A ~]#
[root@CentOS-A ~]#
[root@CentOS-A ~]#
```

图 9.11　客户端没有密钥则无法登录

9.2 安装和配置 Telnet 服务器

相比 SSH 服务，Telnet 服务的安全性会低一些。Telnet 是明码传输，传输的口令与数据为明文形式，容易被非法分子抓取。但 Telnet 由于不需要加密解密，传输效率会比 SSH 高一些。Telnet 在网络运维管理中也经常用到，通常也被用于远程操控运营商或企业机房服务器。

9.2.1 Telnet 服务概述

Telnet（远程终端协议）是互联网远程登录服务的标准协议和主要方式，通过 Telnet 协议可以在互联网上远程登录服务器。在本地终端设备上使用 Telnet 协议通过 Telnet 协议建立的会话，可以实现像本地一样远程控制服务器。Telnet 协议工作在应用层上，端口号是 23。

9.2.2 安装 Telnet 服务器

首先查看虚拟机上是否已经安装 Telnet 服务器，默认情况下 CentOS 8.4 未安装 Telnet 服务器。需要通过 rpm 或 dnf 命令安装 Telnet 服务器，由于 Telnet 服务器需要使用 xinetd（extended internet daemon）守护进程，所以在安装 Telnet 相关软件之后，还需要安装 xinetd 的相关组件。安装 Telnet 服务器之前需要用到的相关软件包有 telnet、telnet-server、xinetd。

小提示

通过 rpm -qa | grep -E "telnet*|xinetd"（包含 telnet 客户端、telnet-server 服务端、xinetd 进程）查询是否安装，未返回数值则代表未安装；若返回相关数值则表示已安装。

9.2.3　Telnet 服务相关命令

（1）安装 Telnet 服务器（默认情况下未安装 Telnet 相关服务）：

```
[root@FSHC ~]# dnf -y install telnet*          //安装 Telnet 客户端及服务端
[root@FSHC ~]# dnf -y install telnet-server //安装 Telnet 服务端
[root@FSHC ~]# dnf -y install telnet          //安装 Telnet 客户端
```

（2）安装 xinetd 服务：

```
[root@FSHC ~]# dnf -y install xinetd          //安装 xinetd 服务
```

（3）管理 xinetd 服务相关命令（对 Telnet 服务的管理需要依赖于 xinetd 服务）：

```
[root@FSHC ~]# systemctl enable xinetd.service  //重启 Telnet 服务
```

（4）设置 Telnet 开机自启动相关命令：

```
[root@FSHC ~]# systemctl enable telnet.socket //设置 Telnet 开机自启动
[root@FSHC ~]# systemctl enable xinetd.service//设置 xinetd 开机不自启动
[root@FSHC ~]# systemctl is-enabled telnet    //查看 Telnet 是否开机自启动
```

9.2.4　配置 Telnet 服务

FSHC 学校购置了一台新的服务器，为了方便师生远程使用该服务器，管理员在该服务器上配置远程登录服务，试验环境如表 9.3 所示。

表 9.3　Telnet 服务试验环境

主机名	主机 IP 地址	端口号	角色	密码
CentOS-A	192.168.10.10	23	服务器	123456
CentOS-B	192.168.10.20		客户端	

在 CentOS-B 上通过 Telnet 命令远程登录 CentOS-A，需要进行以下操作。

（1）在 CentOS-A 上安装 Telnet 相关软件，如图 9.12 所示。

（2）在 CentOS-A 上检查 Telnet 相关软件是否已安装，当出现图 9.13 所示界面，说明已安装成功。

图 9.12 Telnet 相关软件安装成功

图 9.13 查看是否已安装 Telnet 与 xinetd 软件

（3）在 CentOS-A 上开启 Telnet 服务，默认情况下未启动。由于 Telnet 服务的启动与其他服务不同，需要依赖于 xinetd 守护进程。所以，当需要启动 Telnet 服务时，需要前往修改/etc/xinetd.d 目录下的 Telnet 配置文件，将"disable=yes"修改为"disable=no"，如图 9.14 所示。若该目录下未存在 Telnet 配置文件，则需要手动创建该文件，并输入图 9.15 所示参数及数值。

图 9.14 Telnet 配置文件的相关参数及数值

图 9.15 xinetd.d 目录下的文件

（4）重启 Telnet 服务，验证配置是否成功，重启 Telnet 服务需要重启 xinetd 守护进程，如图 9.16 所示。

图 9.16 Telnet 服务重启成功

小提示

由于 Telnet 协议的端口号是 23，所以可以通过查询该端口是否正在监听来判断 Telnet 协议是否正在运行，如图 9.17 所示。

```
[root@CentOS-A ~]# netstat -tnl | grep 23
tcp6       0      0 :::23               :::*          LISTEN
```

图 9.17　查看 23 端口是否正在运行

（5）验证 Telnet 服务是否正常，通过 CentOS-B Telnet 远程登录到 CentOS-A。CentOS-B 未安装 Telnet 客户端，需要安装客户端之后再进行测试操作，安装客户端后通过 telnet 命令登录，并输入用户名和密码。若 Windows 操作系统有安装相关 Telnet 软件，也可以通过 Windows 操作系统进行远程登录，如图 9.18 所示。

```
[root@CentOS-B ~]# telnet 192.168.10.10
Trying 192.168.10.10...
Connected to 192.168.10.10.
Escape character is '^]'.

Kernel 4.18.0-305.3.1.el8.x86_64 on an x86_64
CentOS-A login: root
Password:
Last login: Thu Dec 23 08:33:25 on tty1
[root@CentOS-A ~]#
[root@CentOS-A ~]#
```

图 9.18　远程登录 CentOS-A

小提示

连接主机时提示"Escape character is '^]'."表示按 Ctrl +]组合键会进入 telnet 命令行。

（6）退出 Telnet 远程登录，如图 9.19 所示。

```
[root@CentOS-A ~]# exit
logout
Connection closed by foreign host.
```

图 9.19　退出远程登录

9.2.5　配置 Telnet 服务的安全及其他设置

Telnet 远程终端协议比 SSH 协议缺少了一定的安全性，但它也有相关措施可以提高自身协议的安全性。比如，默认情况下端口号为 23，容易被黑客利用，可以通过修改端口号的方式提升安全性；也可以通过限定运行登录远程服务器的范围来增强安全性。

FSHC 学校为了增强 Telnet 协议的安全性，做出以下配置。

（1）修改默认端口号 23 为 2323。

① 修改/etc/services 配置文件，将 Telnet 的默认端口号 23 修改为 2323，如图 9.20 所示。

图 9.20　修改端口号为 2323

② 验证是否能够远程登录，此时在远程登录时需要加上端口号，如图 9.21 所示。

图 9.21　验证是否能够远程登录

（2）开启防火墙，放行 Telnet 协议有关的端口号。

① 放行 Telnet 服务，并设置为永久，设置完成后重启防火墙，使新配置生效（如果修改了端口号，注意还要放行特定的端口号），如图 9.22 所示。

图 9.22　设置防火墙放行 Telnet 协议

② 验证是否能够远程登录，如图 9.23 所示。

图 9.23　验证是否能够远程登录

（3）设定允许登录范围，只允许 192.168.10.0/24 网段的设备远程登录。

① 在 Telnet 配置文件中加上 "only_from" 就可以实现限制网段功能。若为了允许 192.168.10.0/24 被访问，则在 "only_from=" 后面加上该网段即可，没有在这个网段里的 IP 地址都无法访问，若是限定单个 IP 地址则输入单个 IP 地址（如 192.168.10.10）；若是一段范围则输入 IP 地址范围（如 192.168.10.0～192.168.20.0）；若是禁止某个网段登录则使用 no-access 参数，如图 9.24 所示。

② 允许网段之外的 IP 地址，或者明确禁止登录的 IP 地址，在远程登录时会出现的报错信息，如图 9.25 所示。

图 9.24　允许某个网段进行远程访问

图 9.25　不能远程登录的报错信息

9.2.6　Telnet 服务的相关参数

在 Telnet 协议中，不仅可以设置网段的访问范围，还有一些其他参数，通过本小节将拓展与 Telnet 协议有关的其他参数。

（1）设置 Telnet 远程连接的连接数，当超过允许的连接数就无法再连接了。

在 Telnet 的配置文件中，加上 instances 参数，若将该参数设置为 1，则只允许一个 Telnet 远程连接，无法进行第二个连接，如图 9.26 所示。

图 9.26　修改连接数

（2）设置允许连接的时间，只有该时间段可以登录，通常设置为上班时间。

在 Telnet 的配置文件中，加上 access_times 参数，就可以设定允许登录的时间范围，如该参数的值为 08:00～12:00、14:00～17:00，表示目前允许连接的时间段为 8 点～12 点、14 点～17 点，其余时间无法登录，如图 9.27 所示。

图 9.27　修改允许远程登录的时间

通过测试，处于 16:45 时间的主机无法远程登录，如图 9.28 所示。

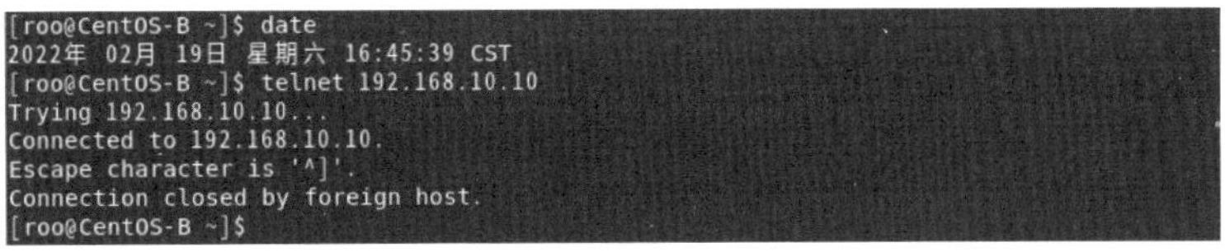

图 9.28　不在登录时间内的登录结果

◈ **项目实战** ◈

1. SSH 服务小项目

项目背景：FSHC 学校购置了一台新的服务器，该服务器将被用于更换学校旧的服务器。由于疫情的影响，为了后期方便管理员运维该服务器，能够在互联网上远程登录服务器进行相关配置，学校管理员为其配置了 SSH 协议，便于师生远程使用。为了保证服务器的安全，管理员进一步设置了 SSH 有关安全的相关属性。

（1）配置服务器基本设置。

① 管理员将 FSHC 学校购置的新服务器 IP 地址设置为 192.168.10.10/24，DNS 为 192.168.10.1，域名为 fshc.com，为了方便辨识服务器，将其主机名设置为 ssh-server。

② 安装 SSH 相关服务。

（2）配置 SSH 服务的安全设置。

① 管理员为了保障服务器的安全，防止黑客的攻击，限制了 Root 用户的登录。

② 为了进一步提升 SSH 服务器的安全性，管理员为其设置了安全密钥验证，并且为测试机设置了免登录 SSH。

（3）测试 SSH 服务器登录效果。

2. Telnet 服务小项目

项目背景：FSHC 学校的计算机网络专业的同学为了尝试新学的远程登录控制服务，配置了 Telnet 服务器。

（1）配置 Telnet 服务器基本设置。

① 该同学把自己的服务器 IP 地址设置为 192.168.学号.10/24，DNS 为 192.168.学号.1，域名为 fshc.com，为了方便辨识服务器，将其主机名设置为自己的"学号-姓名"缩写（如 01-FSHC）。

② 安装 Telnet 相关服务。

（2）配置 Telnet 服务器的设置

① 只有自己网段的主机能够访问服务器。

② 为了确保安全，修改端口号为学号+1024（如 1025）。

（3）放行 Telnet 服务器的防火墙。

（4）测试 Telnet 服务器登录效果。

练 习 题

1. TCP/IP 中，SSH 协议与 Telnet 协议属于（　　　）。

　　A．网络层　　　　　B．应用层　　　　　C．传输层　　　　　D．网络接口层

2. SSH 协议的端口号是（　　　）。

　　A．23　　　　　　　B．80　　　　　　　C．22　　　　　　　D．53

3. Telnet 协议通过（　　）服务才能重启。

　　A．Telnet　　　　　B．sshd　　　　　　C．network　　　　　D．xinetd

4. SSH 命令中（　　）与端口号有关。

　　A．-p　　　　　　　B．-r　　　　　　　C．-a　　　　　　　D．-f

5. 以下（　　）协议支持 scp 远程复制命令。

　　A．Telnet　　　　　B．FTP　　　　　　C．SSH　　　　　　D．SNMP

MySQL 服务器的安装与使用

任务描述

　　本项目讲解 MySQL 数据库的功能与特点，重点学习 MySQL 服务器的安装与配置过程，学习内容有连接、创建、更新、查询、删除等数据库基本操作知识。

学习目标

※知识目标

- 了解 MySQL 数据库渊源。
- 了解 MySQL 数据库的特点。
- 掌握 MySQL 服务器的安装和配置方法。
- 掌握 MySQL 服务的基本操作。

※素养目标

- 了解国产数据库的发展情况。
- 增强数据安全意识。

10.1 认识 MySQL 服务

数据库（database）是按照数据结构来组织、存储和管理数据的仓库。为在文件中读写数据速度加快，我们现在使用关系型数据库管理系统（relational database management system，RDBMS）来存储和管理大数据量。所谓的关系型数据库，是建立在关系模型基础上的数据库，借助于集合代数等数学概念和方法来处理数据库中的数据。MySQL 是最流行的关系型数据库管理系统，在 Web 应用方面，MySQL 是最好的应用软件之一。

10.1.1 MySQL 服务的渊源

MySQL 原本是一个开放源代码的关系型数据库管理系统，原开发者为瑞典的 MySQL AB 公司，该公司于 2009 年被甲骨文公司（Oracle）收购，MySQL 成为 Oracle 旗下产品。

MySQL 由于性能高、成本低、可靠性好，已经成为最流行的开源数据库，因此被广泛应用在 Internet 上的中小型网站中。随着 MySQL 的不断成熟，它也逐渐用于更多大规模网站和应用。

与其他大型数据库如 Oracle、IBM DB2、MS SQL 等相比，MySQL 也有其不足之处，如规模小、功能有限等，但是这丝毫未减它受欢迎的程度。对于一般的个人用户和中小型企业来说，MySQL 提供的功能已经绰绰有余，而且由于 MySQL 是开放源代码软件，因此可以大幅降低总体拥有成本。

10.1.2 MySQL 特点

1. 功能强大

MySQL 提供了多种数据库存储引擎，各引擎各有所长，适用于不同的应用场合，用户可以选择最合适的引擎以得到最高性能，可以处理每天访问量超过数亿的高强度搜索 Web 站点。MySQL 5 支持事务、视图、存储过程、触发器等。

2. 支持跨平台

MySQL 支持至少 20 种以上的开发平台，包括 Linux、Windows、FreeBSD、IBMAIX、AIX、FreeBSD 等。这使得在任何平台下编写的程序都可以无障碍移植，而不需要对程序做任何修改。

3. 运行速度快

高速是 MySQL 的显著特性。在 MySQL 中使用了极快的 B 树磁盘表（MyISAM）

和索引压缩；通过使用优化的单扫描多连接，能够极快地实现连接；SQL 函数使用高度优化的类库实现，运行速度极快。

4. 安全性高

灵活和安全的权限与密码系统，允许基本主机的验证。连接到服务器时，所有密码传输均采用加密形式，从而保证了密码的安全。

5. 成本低

MySQL 数据库是一种完全免费的产品，用户可以直接通过网络下载。

6. 支持各种开发语言

MySQL 为各种流行的程序设计语言，如 PHP、ASP.NET、Java、Eiffel、Python、Ruby、Tcl、C、C++、Perl 语言等提供支持，为它们提供了很多的 API 函数。

7. 数据库存储容量大

MySQL 数据库的最大有效表尺寸通常是由操作系统对文件大小的限制来决定的，而不是由 MySQL 内部限制决定的。InnoDB 存储引擎将 InnoDB 表保存在表空间内，该表空间可由数个文件创建，表空间的最大容量为 64TB，可以轻松处理拥有上千万条记录的大型数据库。

8. 支持强大的内置函数

MySQL 提供了大量内置函数，如数据库连接、文件上传等功能函数，几乎涵盖了Web 应用开发中的所有功能。MySQL 支持大量的扩展库，如 MySQLi 等，可以为快速开发 Web 应用提供便利。

10.2　MySQL 服务器的安装和操作

MySQL 是一款开源的数据库，它被广泛应用于中小型网站中。MySQL 通常与 PHP一起使用，利用 PHP 调用 MySQL 获取相关数据。作为网络管理员，我们需要掌握如何安装 MySQL 及 MySQL 的基本操作（增、删、查、补）。

10.2.1　MySQL 服务器的安装

MySQL 分为服务端和客户端，客户端和服务端可以分别安装不同的操作系统，通过本地客户端控制远程服务是常见的一种应用方式，通过本地客户端控制本地服务也能体现 MySQL 本身的工作原理。

MySQL：MySQL 服务器。该选项是基本设置，除非你只想连接运行在另一台机器上的 MySQL 服务器。

MySQL-client：MySQL 客户端程序，用于连接并操作 MySQL 服务器。

MySQL-devel：库和包含文件，如果想要编译其他 MySQL 客户端，如 Perl 模块，则需要安装该 RPM 包。

MySQL-shared：该软件包包含某些语言和应用程序需要动态装载的共享库（libmysqlclient.so*）。

安装前，可以检测系统是否自带安装 MySQL，检测步骤如下。

（1）执行命令“dnf list installed l grep mysql”，如果没有返回结果，说明本系统没有安装 MySQL 服务，如图 10.1 所示。

```
[root@CentOS-A /]# dnf list installed | grep mysql
[root@CentOS-A /]#
```

图 10.1　查询是否安装 MySQL 服务

（2）执行“dnf install -y mysql-server”命令可以安装 MySQL 服务端和客户端，参数“-y”可以使程序在安装过程中执行“Y”确认，不需要手动确认，具体安装过程如图 10.2 所示。安装完成后再次使用查询命令“dnf list installed l grep mysql”，可以发现 MySQL 已经安装成功，如图 10.3 所示。

```
  perl-IO-Socket-SSL-2.066-4.module_el8.3.0+410+ff426aa3.noarch
  perl-MIME-Base64-3.15-396.el8.x86_64
  perl-Mozilla-CA-20160104-7.module_el8.3.0+416+dee7bcef.noarch
  perl-Net-SSLeay-1.88-1.module_el8.3.0+410+ff426aa3.x86_64
  perl-PathTools-3.74-1.el8.x86_64
  perl-Pod-Escapes-1:1.07-395.el8.noarch
  perl-Pod-Perldoc-3.28-396.el8.noarch
  perl-Pod-Simple-1:3.35-395.el8.noarch
  perl-Pod-Usage-4:1.69-395.el8.noarch
  perl-Scalar-List-Utils-3:1.49-2.el8.x86_64
  perl-Socket-4:2.027-3.el8.x86_64
  perl-Storable-1:3.11-3.el8.x86_64
  perl-Term-ANSIColor-4.06-396.el8.noarch
  perl-Term-Cap-1.17-395.el8.noarch
  perl-Text-ParseWords-3.30-395.el8.noarch
  perl-Text-Tabs+Wrap-2013.0523-395.el8.noarch
  perl-Time-Local-1:1.280-1.el8.noarch
  perl-URI-1.73-3.el8.noarch
  perl-Unicode-Normalize-1.25-396.el8.x86_64
  perl-constant-1.33-396.el8.noarch
  perl-interpreter-4:5.26.3-419.el8.x86_64
  perl-libnet-3.11-3.el8.noarch
  perl-libs-4:5.26.3-419.el8.x86_64
  perl-macros-4:5.26.3-419.el8.x86_64
  perl-parent-1:0.237-1.el8.noarch
  perl-podlators-4.11-1.el8.noarch
  perl-threads-1:2.21-2.el8.x86_64
  perl-threads-shared-1.58-2.el8.x86_64
  policycoreutils-python-utils-2.9-14.el8.noarch
  protobuf-lite-3.5.0-13.el8.x86_64
  python3-audit-3.0-0.17.20191104git1c2f876.el8.x86_64
  python3-libsemanage-2.9-6.el8.x86_64
  python3-policycoreutils-2.9-14.el8.noarch
  python3-setools-4.3.0-2.el8.x86_64

Complete!
[root@CentOS-A /]#
```

图 10.2　安装 MySQL

```
[root@CentOS-A /]# dnf list installed | grep mysql
mysql.x86_64                    8.0.21-1.module_el8.2.0+493+63b41e36   @CentOS8-AppStream
mysql-common.x86_64             8.0.21-1.module_el8.2.0+493+63b41e36   @CentOS8-AppStream
mysql-errmsg.x86_64             8.0.21-1.module_el8.2.0+493+63b41e36   @CentOS8-AppStream
mysql-server.x86_64             8.0.21-1.module_el8.2.0+493+63b41e36   @CentOS8-AppStream
```

图 10.3　查看安装结果

（3）执行命令“systemctl strat mysqld”启动 MySQL 服务，启动成功并没有返回结果。命令“systemctl status mysqld”可以查看 MySQL 服务状态，如果看到“active(running)”则表示启动成功，如图 10.4 所示。

```
[root@CentOS-A /]# systemctl status mysqld
● mysqld.service - MySQL 8.0 database server
   Loaded: loaded (/usr/lib/systemd/system/mysqld.service; disabled; vendor preset: disabled)
   Active: active (running) since Mon 2022-05-02 11:36:05 CST; 8s ago
  Process: 21587 ExecStartPost=/usr/libexec/mysql-check-upgrade (code=exited, status=0/SUCCESS)
  Process: 21460 ExecStartPre=/usr/libexec/mysql-prepare-db-dir mysqld.service (code=exited, status>
  Process: 21436 ExecStartPre=/usr/libexec/mysql-check-socket (code=exited, status=0/SUCCESS)
 Main PID: 21542 (mysqld)
   Status: "Server is operational"
    Tasks: 39 (limit: 4767)
   Memory: 418.9M
   CGroup: /system.slice/mysqld.service
           └─21542 /usr/libexec/mysqld --basedir=/usr

May 02 11:35:59 CentOS-A systemd[1]: Starting MySQL 8.0 database server...
May 02 11:36:00 CentOS-A mysql-prepare-db-dir[21460]: Initializing MySQL database
May 02 11:36:05 CentOS-A systemd[1]: Started MySQL 8.0 database server.
```

图 10.4　查看 MySQL 服务状态

（4）命令“netstat -at”可以查看 MySQL 服务进程，如果可以看到进程则说明服务启动成功，如图 10.5 所示。

```
[root@CentOS-A /]# netstat -at | grep mysql
tcp6       0      0 [::]:mysqlx             [::]:*                  LISTEN
tcp6       0      0 [::]:mysql              [::]:*                  LISTEN
```

图 10.5　查看 MySQL 服务进程

10.2.2　MySQL 数据库的基本操作

1. 连接 MySQL 服务器

MySQL 服务默认情况下是不允许远程登录的，需要先在本地进行设置才可以远程登录。在默认情况下本地登录可以执行“mysql”命令直接连接数据库，出现“mysql>”命令提示符，表示登录成功，并且当前登录状态是最高权限，可以执行任何 SQL 语句，如图 10.6 所示。

```
[root@CentOS-A /]# mysql
Welcome to the MySQL monitor.  Commands end with ; or \g.
Your MySQL connection id is 8
Server version: 8.0.21 Source distribution

Copyright (c) 2000, 2020, Oracle and/or its affiliates. All rights reserved.

Oracle is a registered trademark of Oracle Corporation and/or its
affiliates. Other names may be trademarks of their respective
owners.

Type 'help;' or '\h' for help. Type '\c' to clear the current input statement.

mysql>
```

图 10.6　连接 MySQL 数据库成功

在常见的网络服务器中，使用 PHP 连接 MySQL 服务器是常用的方式。PHP 提供了一个函数 mysqli_connect()来连接数据库，参数描述如表 10.1 所示。

```
mysqli_connect(host, username, password, dbname,port, socket);
```

表 10.1　参数描述

参数	描述
host	可选。规定主机名或 IP 地址
username	可选。规定 MySQL 用户名
password	可选。规定 MySQL 密码
dbname	可选。规定默认使用的数据库
port	可选。规定尝试连接到 MySQL 服务器的端口号

通过下面的代码保存为 PHP 文件可以连接 MySQL 服务实现，实现 Web+PHP+MySQL 的一键式服务搭建：

```php
<?php
$dbhost = 'localhost';          // MySQL 服务器主机地址
$dbuser = 'root';               // MySQL 用户名
$dbpass = 'root';               // MySQL 用户名密码
$conn = mysqli_connect($dbhost, $dbuser, $dbpass);
if(! $conn )
{
    die('Could not connect: ' . mysqli_error());
}
echo '数据库连接成功！';
mysqli_close($conn);
?>
```

2. 创建 MySQL 数据库（create database）

在 MySQL 服务器中，有默认的几个数据库存放着数据系统重要数据，如 "mysql" 数据库中 "user" 表中存放着数据库的密码，还有其他数据库中和表中存放着权限等其他信息，一般不轻易修改这些数据库，若修改也要尤为慎重。新建数据库前应先查看系统中有哪些默认数据库。

（1）"show databases;"：命令查看数据库名称，如图 10.7 所示。

图 10.7　查看数据库名称

（2）"create database fshc;"：命令创建一个名为 fshc 的数据库，如图 10.8 所示。

图 10.8　创建数据库 fshc

3. 创建数据表（create tables）

数据表是数据库中的基本存储单位，数据库中不能直接存储数据，数据要存储在数据表中。例如，在 Excel 数据库中，一个"sheet"就相当于数据库中的一个表。在 MySQL 数据库中每个数据表都需要包含表名、表字段、定义每个字段的类型。

通过下面的方法新建一个如表 10.2 所示格式的数据表，表名为 students。

表 10.2　数据表格式

id	name	age	address

（1）通过"create tables"命令创建一个数据表 students，如图 10.9 所示。

图 10.9　创建数据表

（2）通过"show tables"命令，查看数据表是否存在，如图 10.10 所示。

图 10.10　查看数据表

（3）通过"desc students"命令，查看数据表结构，如图 10.11 所示。

```
mysql> desc students;
+---------+--------------+------+-----+---------+-------+
| Field   | Type         | Null | Key | Default | Extra |
+---------+--------------+------+-----+---------+-------+
| id      | int          | YES  |     | NULL    |       |
| name    | varchar(100) | YES  |     | NULL    |       |
| age     | varchar(100) | YES  |     | NULL    |       |
| address | varchar(100) | YES  |     | NULL    |       |
+---------+--------------+------+-----+---------+-------+
4 rows in set (0.01 sec)
```

图 10.11　查看数据表结构

（4）通过“drop tables students”命令删除数据表，如图 10.12 所示。

```
mysql> drop tables students;
Query OK, 0 rows affected (0.00 sec)
```

图 10.12　删除数据表

4. 插入数据表（insert）

在数据表数据操作中插入数据是一个非常重要的操作。插入数据是向表中插入新的记录，通过这种方式可以为表中增加新的数据。在 MySQL 中，通过 insert 语句来插入新的数据。使用 insert 语句可以同时为表的所有字段插入数据，也可以为表的指定字段插入数据。insert 语句可以同时插入多条记录，还可以将一个表中查询出来的数据插入到另一个表中。

通常情况下，插入的新记录要包含表的所有字段。insert 语句有两种方式可以同时为表的所有字段插入数据。

（1）不指定具体的字段名，但这种方法必须要求插入所有字段，不能有空白的字段插入。

通过“insert into students values (1,'zhangsan',18,'guangdong');”，插入数据至 students 表中，如图 10.13 所示。

```
mysql> insert into students values(1,'zhangsan',18,'guangdong');
Query OK, 1 row affected (0.01 sec)
```

图 10.13　不指定具体字段名插入数据

（2）列出表的特有字段，不必插入所有字段。

通过“insert into students (id,name,age) values (2,'lisi',20); ”，插入数据至 students 表中，如图 10.14 所示。

```
mysql> insert into students (id,name,age) values (2,'lisi',20);
Query OK, 1 row affected (0.00 sec)
```

图 10.14　列出表的特有字段插入数据

5. 查询数据表（select）

查询数据表中的内容用 select 语句，与前面提到的查看表结构 show 语句是不同的。

通过"select * from students;"命令可查询数据表内容，如图 10.15 所示。

图 10.15　查询数据表内容

当数据表中的数据非常多时，查询整个数据表将会查出大量的结果。如果只要查询特定记录的话，则需要用到条件查询语句 where，通过条件语句的限定可以查询需要的数据，而不是将整个数据表查出。

通过"select * from students where name='lisi';"命令查询数据表，可查出名字为 lisi 的数据记录，如图 10.16 所示。

图 10.16　条件查询

6．更新数据表（update）

如果需要修改或更新 MySQL 中的数据，可以使用 update 命令。

通过"update students set address='foshan' where name='lisi';"命令更新数据表，设置名字为 lisi 记录的 address 字段的值为 foshan，查出名字为 lisi 的数据记录。更新结果和查询结果如图 10.17 所示。

图 10.17　更新数据表中的数据

7．删除数据表（delete 和 drop）

在数据库中 delete 命令和 drop 命令都有删除的作用，delete 命令是删除数据表中的内容，drop 命令是删除整个数据表。

通过"delete from students where id=2;"命令删除数据表"students"中"id"为 2
的记录，如图 10.18 所示。

图 10.18　删除记录

通过"drop table students;"命令删除整个数据表，如图 10.19 所示。

图 10.19　删除数据表

8. 结果排序查询

如果需要对读取的数据进行排序，就可以使用 MySQL 的 order by 子句来设定想按
哪个字段哪种方式进行排序，再返回搜索结果。

通过"select * from students order by name;"命令查询数据表通过"name"列的结果
进行排序，查询结果如图 10.20 所示。

图 10.20　结果排序查询

9. 联合查询（union）

MySQL 的 union 操作符用于连接两个以上的 select 语句的结果组合到一个结果集合
中。多个 select 语句会删除重复的数据。先查看数据表 students 和 students2 中的内容，
如果 10.21 和图 10.22 所示。

图 10.21　数据表 students

```
mysql> select * from students2;
+------+--------+------+---------+
| id   | name   | age  | address |
+------+--------+------+---------+
|    2 | lisi   | 20   | NULL    |
|    3 | wangwu | 21   | gd      |
+------+--------+------+---------+
2 rows in set (0.00 sec)
```

图 10.22　数据表 students2

通过“select * from students union select * from students2;”命令联合查询将数据表 students 和 students2 的结果合并，查询结果如图 10.23 所示。

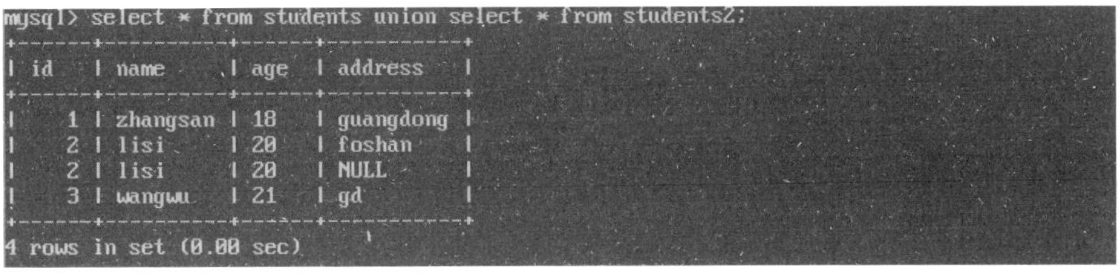

```
mysql> select * from students union select * from students2;
+------+----------+------+-----------+
| id   | name     | age  | address   |
+------+----------+------+-----------+
|    1 | zhangsan | 18   | guangdong |
|    2 | lisi     | 20   | foshan    |
|    2 | lisi     | 20   | NULL      |
|    3 | wangwu   | 21   | gd        |
+------+----------+------+-----------+
4 rows in set (0.00 sec)
```

图 10.23　联合查询结果

MySQL 支持常量查询，如 select 1,2,3 这类语句可以实现算术运算和比较运算等运算方式。不过常量查询在黑客攻击中用来进行 SQL 注入也是很常见的。由于我们知道数据表 students 有 4 列，联合查询要求两个 select 的列数必须是相同的。

通过“select 1,2,3,4;”命令进行常量查询，如图 10.24 所示。

```
mysql> select 1,2,3,4;
+---+---+---+---+
| 1 | 2 | 3 | 4 |
+---+---+---+---+
| 1 | 2 | 3 | 4 |
+---+---+---+---+
1 row in set (0.00 sec)
```

图 10.24　常量查询

通过“select * from students union select 1,2,3,4;”命令进行常量联合查询，如图 10.25 所示。

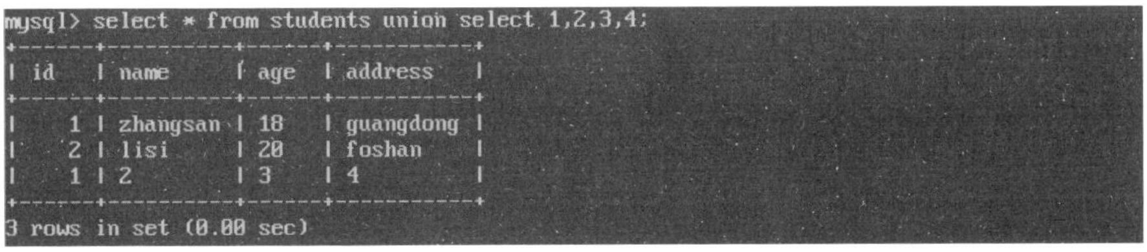

```
mysql> select * from students union select 1,2,3,4;
+------+----------+------+-----------+
| id   | name     | age  | address   |
+------+----------+------+-----------+
|    1 | zhangsan | 18   | guangdong |
|    2 | lisi     | 20   | foshan    |
|    1 | 2        | 3    | 4         |
+------+----------+------+-----------+
3 rows in set (0.00 sec)
```

图 10.25　常量联合查询

通过“select 1+2;”命令进行常量运算查询，如图 10.26 所示。

```
mysql> select 1+2;
+------+
| 1+2 |
+------+
|    3 |
+------+
1 row in set (0.00 sec)
```

图 10.26　常量运算查询

通过“select 2=2;”命令进行逻辑运算查询，如图 10.27 所示。

```
mysql> select 2=2;
+-----+
| 2=2 |
+-----+
|   1 |
+-----+
1 row in set (0.00 sec)
```

图 10.27　逻辑运算查询（1）

通过“select 2=3;”命令进行逻辑运算查询，如图 10.28 所示。

```
mysql> select 2=3;
+-----+
| 2=3 |
+-----+
|   0 |
+-----+
1 row in set (0.00 sec)
```

图 10.28　逻辑运算查询（2）

10. 增加字段（alter add）

在数据库创建环节可能由于考虑不周，出现数据库结构不能满足后期使用的需求，需要在数据表中添加字段。当需要修改数据表名或者修改数据表字段时，就需要用到 alter 命令。

例如，在图 10.29 所示的原始表中只有 4 列，即 id、name、age、address，若要添加一列 sex（性别），可通过“alter table students add sex varchar(25);”命令添加，添加完成后再次查询表，如图 10.30 所示。

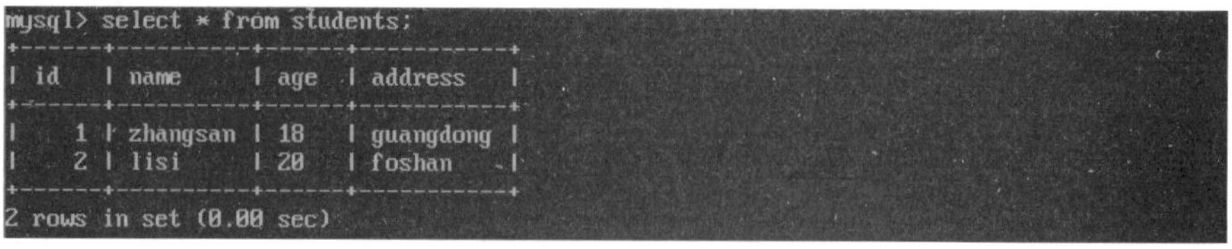

```
mysql> select * from students;
+------+----------+------+-----------+
| id   | name     | age  | address   |
+------+----------+------+-----------+
|    1 | zhangsan | 18   | guangdong |
|    2 | lisi     | 20   | foshan    |
+------+----------+------+-----------+
2 rows in set (0.00 sec)
```

图 10.29　原始表

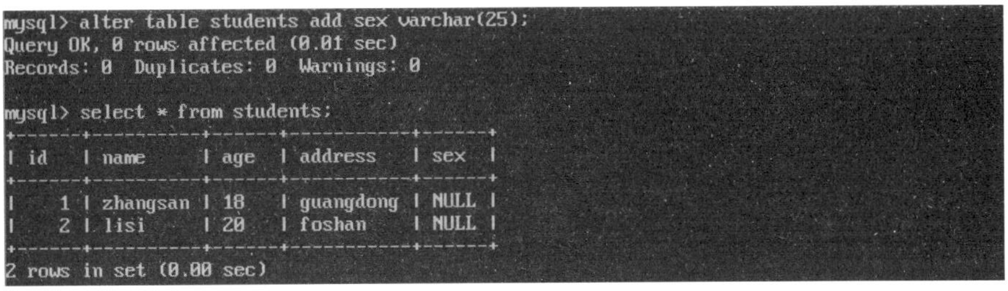

图 10.30　添加 sex 列

项目实战

项目背景：FSHC 学校购置了一台新的服务器，该服务器将被用于搭建 MySQL 服务器，用以存放教师信息。具体需求信息如下。

（1）在 CentOS 系统中安装好 MySQL 服务器。

（2）在 MySQL 服务中创建一个数据库 fshc。

（3）在数据库 fshc 中创建一个表 teacher，要求 teacher 包含序号、姓名、年龄、性别、电话、住址信息。

（4）在 teacher 表中合理添加三条记录。

（5）在 CentOS 搭建一个网站网页，网页可以通过 PHP 连接数据库以实现增、删、改、查功能。

练 习 题

1．下面的数据库产品中，（　　　）是开源数据库。

　　A．Oracle　　　　　B．DB2　　　　　　C．MySQL　　　　　D．SQL Server

2．删除用户账号的命令是（　　　）。

　　A．DROP USER　　　　　　　　　　　B．DROP TABLE USER

　　C．DELETE USER　　　　　　　　　　D．DELETE FROM USER

3．组合多条 SQL 查询语句形成组合查询的操作符是（　　　）。

　　A．SELECT　　　　　B．ALL　　　　　　C．LINK　　　　　D．UNION

4．以下删除表正确的是（　　　）。

　　A．delete * from emp　　　　　　　　　B．drop database emp

　　C．drop * from emp　　　　　　　　　　D．delete database emp

5．在 MySQL 中，通常使用（　　　）语句来指定一个已有数据库作为当前工作数据库。

　　A．using　　　　　B．used　　　　　　C．usesd　　　　　D．use

邮件服务器的安装与配置

▶ **任务描述**

　　电子邮件是应用较广泛的服务，是单位实现无纸化办公的重要工具之一。本项目利用 Linux centos 系统自带的 Postfix 和 Dovecot 邮件服务器进行邮件服务的安装与设置的学习，并利用 Windows 系统自带的 Outlook Express 软件进行邮件客户端的设置和测试。

▶ **学习目标**

※知识目标

- 了解邮件的基本概念、收发过程。
- 了解 Postfix、Dovecot 的特点。
- 掌握邮件服务的基本命令。
- 掌握 Postfix+Dovecot 搭建邮件服务器的方法。
- 掌握 Outlook 的使用。

※素养目标

- 增强学生网络安全意识、法律意识。
- 树立辨别钓鱼等不良邮件的思维。

11.1　安装和配置邮件服务器

电子邮件（E-mail）是生活中常用的一个服务。作为网络、运维管理人员，常常需要进行邮件服务的部署与管理。

11.1.1　邮件服务概述

电子邮件是互联网上应用广泛的服务之一。在 CentOS 中可以通过 Postfix 与 Dovecot 来实现电子邮件服务。Postfix 是一个免费的开源电子邮件服务软件，兼容性高，能将 Sendmail 的用户迁移到 Postfix 服务器中。Dovecot 是一个提供邮件接收服务的开源实用软件，它安全容易配置，占用服务器资源少。在 CentOS 中 Postfix 提供发送邮件的功能，Dovecot 提供接收邮件的功能，部署 Postfix 与 Dovecot 服务软件后，可以使用 Outlook 等邮箱软件来实现电子邮件的收发服务。在日常生活中寄邮件是通过姓名、电话、地址实现的邮件投递，在互联网中与之类似，是通过邮箱地址（用户名@域名）来实现电子邮件的投递。

实现电子邮件需要通过以下邮件服务协议。

（1）简单邮件传输协议（simple mail transfer protocol，SMTP），用于发送或中转发出的电子邮件，端口号为 25。

（2）邮局协议 v3（post office protocol-version 3，POP3），用于将服务器上把邮件存储到本地主机，端口号为 110。

（3）互联网信息访问协议 v4（Internet message access protocol 4，IMAP4），用于在本地主机上访问邮件，端口号为 143。

要建立企业电子邮件系统，需考虑以下几点。

（1）反垃圾邮件和反病毒模块：防止垃圾邮件或病毒邮件干扰企业邮箱。

（2）电子邮件加密：确保电子邮件内容未被嗅探或篡改。

（3）邮件监控与审核：监控全体员工邮件中是否有敏感词，是否泄露企业信息等。

（4）稳定性：具有良好的抗 DDoS（distributed denial of service，分布式拒绝服务）攻击能力，保证系统上线率。

11.1.2　Postfix 服务特点

Postfix 是一种免费开源的电子邮件服务软件，在 Postfix 开发之前，大部分情况下是通过 Sendmail 实现邮件服务，但 Sendmail 存在以下缺陷。

（1）Sendmail 结构不适合大的负载。由于早期互联网用户数量和邮件数量较少，在 Sendmail 开发设计时并未考虑大的负载，当处理邮件的数量超过 Sendmail 所能支持的极限时，处理邮件的速度会大幅降低。

（2）Sendmail 安全性较差。Sendmail 开发者在开发该软件时，互联网用户较少，安全性并未被重视。由于邮件系统需要处理的是来自外部用户发来的各种邮件，甚至包含一些恶意邮件。Sendmail 服务在大多数系统中是以 Root 用户身份运行，一旦被恶意攻击，就会对系统安全造成影响。

随着互联网的发展，Sendmail 的缺陷开始影响到用户的使用体验，Postfix 应运而生，它解决了 Sendmail 的相关缺陷，具有以下特点。

（1）Postfix 是免费的。Postfix 希望能接触到广泛的互联网用户，并试图影响互联网上的大多数电子邮件系统，提供免费服务。

（2）Postfix 运行速度更快。Postfix 在性能上大约比 Sendmail 快 3 倍，一台运行 Postfix 服务的邮件服务器每天可以收发上百万封邮件。

（3）Postfix 具有高兼容性。Postfix 能够兼容 Sendmail，能够很好地支持 Sendmail 用户相关数据迁移到 Postfix 邮件服务器上。

（4）Postfix 结构适合大的负载。Postfix 在重负荷超负载的情况下仍然可以正常工作。当系统运行超出了可用的内存或磁盘空间时，Postfix 会自动减少相关进程的数目。

（5）Postfix 安全性高。Postfix 具有多层防御结构，能够有效地抵御黑客入侵。与 Sendmail 服务相比，Postfix 服务大部分情况下都以较低的用户身份运行，能够大幅提高 Postfix 服务器的安全性。

Postfix 也支持反垃圾邮件，能够有效拦截恶意邮件、垃圾邮件。

11.1.3 邮件接收过程

电子邮件与普通邮件的发件与收件有类似的地方，发信者标注收件人的邮箱地址，通过 Postfix 服务器把邮件发送到 Dovecot 服务器，Dovecot 服务器再将邮件发送到收件人的电子邮箱中。邮件接收过程示意图如图 11.1 所示。

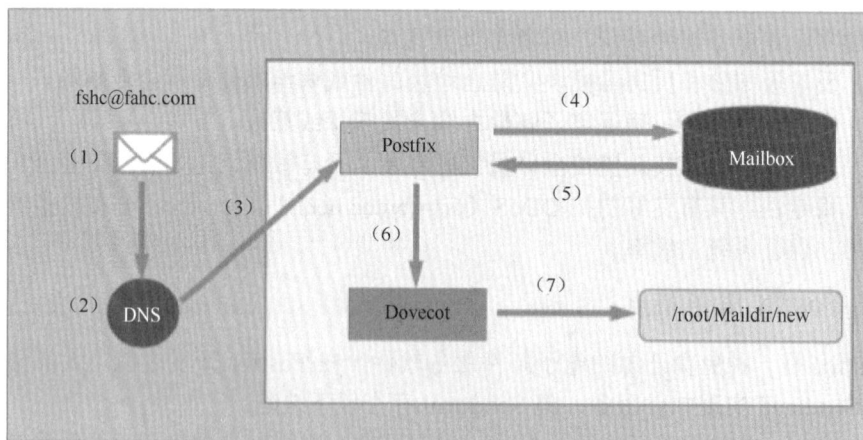

图 11.1　服务器接收邮件示意图

邮件接收具体过程如下。

（1）用户 fshc（邮件地址：fshc@fshc.com）通过电子邮件软件编辑电子邮件发送邮

件到 root 用户（邮件地址：root@fshc.com）。

（2）用户 fshc 的终端设备会通过 DNS 服务器找到拥有 fshc 域的 Postfix 服务器的 IP 地址。

（3）用户 fshc 终端设备上的电子邮件软件会将邮件转发到拥有 fshc 域的 Postfix 服务器。

（4）Postfix 服务器会将邮件转发给 Mailbox，验证相关用户信息。

（5）Mailbox 验证用户信息正确后，返回确认信息给 Postfix 服务器。

（6）Postfix 服务器把收到的邮件转发给 Dovecot 服务器。

（7）Dovecot 服务器把邮件内容存储到 root 用户的电子邮箱，即存储到 root 用户的电子邮箱文件夹中。

11.1.4　安装 Postfix 与 Dovecot 服务器

在 CentOS 8.4 上，默认情况并未安装 Postfix 发送邮件服务器与 Dovecot 接收邮件服务器，需要通过 rpm 或 dnf 命令安装。命令“dnf -y install postfix dovecot”可以同时安装 Postfix 发送邮件服务器与 Dovecot 接收邮件服务器。安装邮件服务器需要用到“postfix-3.5.8-1”和“dovecot-2.3.8.9”两个软件包，如图 11.2 所示。

```
[root@CentOS-B ~]# rpm -qa | grep postfix
postfix-3.5.8-1.el8.x86_64
[root@CentOS-B ~]# rpm -qa | grep dovecot
dovecot-2.3.8-9.el8.x86_64
```

图 11.2　通过 rpm 命令查询与邮件服务相关软件包

11.1.5　邮件相关命令

（1）管理 Postfix 的相关命令：

```
[root@fshc ~]# systemctl stop postfix        \\关闭 Postfix 发件服务
[root@fshc ~]# systemctl start postfix       \\开启 Postfix 发件服务
[root@fshc ~]# systemctl restart postfix     \\重启 Postfix 发件服务
[root@fshc ~]# systemctl enable postfix      \\自启动 Potfix 收件服务
```

（2）管理 Dovecot 的相关命令：

```
[root@fshc ~]# systemctl stop dovecot        \\关闭 Postfix 发件服务
[root@fshc ~]# systemctl start dovecot       \\开启 Dovecot 收件服务
[root@fshc ~]# systemctl restart dovecot     \\重启 Dovecot 收件服务
[root@fshc ~]# systemctl enable dovecot      \\自启动 Dovecot 收件服务
```

11.2　配置邮件服务

FSHC 网络管理员在学校内部架设了一个邮件服务器，使用 Postfix+Dovecot 搭建邮件服务的功能，实现校园内部全员的收发功能，并保证校内邮件数据的安全性和可靠性。

邮件服务器的域名为 mail.fshc.com。DNS 服务器架设在 CentOS-B 服务器上。

搭建 Postfix 服务器以实现发送邮件的服务。fshc 用户给 root 用户发送一封邮件，邮件名为 hello，邮件内容为“this is mail!!”。

搭建 Dovecot 服务器以接收邮件，让 fshc 用户发送的邮件存放在 root 用户的邮件服务器中。用户发送邮件时需要通过 DNS 解析到对应的邮件服务器，Postfix 服务器发送邮件，验证用户存在服务器的 Mailbox 中，收到的邮件将存储到 Dovecot 服务器中，试验环境如表 11.1 所示。

表 11.1　配置邮件服务试验环境

主机名	主机 IP 地址	作用
CentOS-A	192.168.10.10	提供邮件服务
CentOS-B	192.168.10.100	提供 DNS 服务
Windows 10	192.168.10.20	接收邮件的服务，实现中继转发

11.2.1　配置 DNS 服务的邮件域名解析

（1）在 CentOS-A 虚拟机中配置 Postfix 服务，必须配备 DNS 服务。在 CentOS-B 上使用命令“yum -y install bind”安装 DNS 服务器，如图 11.3 所示。

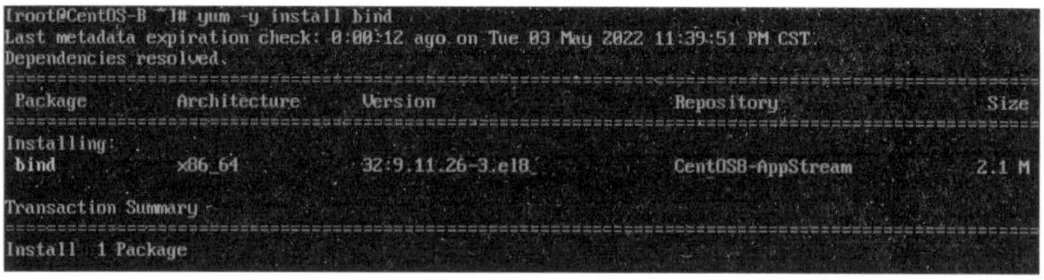

```
[root@CentOS-B ~]# yum -y install bind
Last metadata expiration check: 0:00:12 ago on Tue 03 May 2022 11:39:51 PM CST.
Dependencies resolved.
================================================================================
 Package        Architecture     Version                  Repository          Size
================================================================================
Installing:
 bind           x86_64           32:9.11.26-3.el8         CentOS8-AppStream   2.1 M

Transaction Summary
================================================================================
Install  1 Package
```

图 11.3　安装 DNS 服务器

（2）在 CentOS-B 中用命令“vim /etc/named.conf”修改 named.conf 文件，修改第 11 行为“any”的目的是监听所有的 53 端口；修改第 19 行为“any”的目的是允许查询所有客户端的地址，如图 11.4 所示。

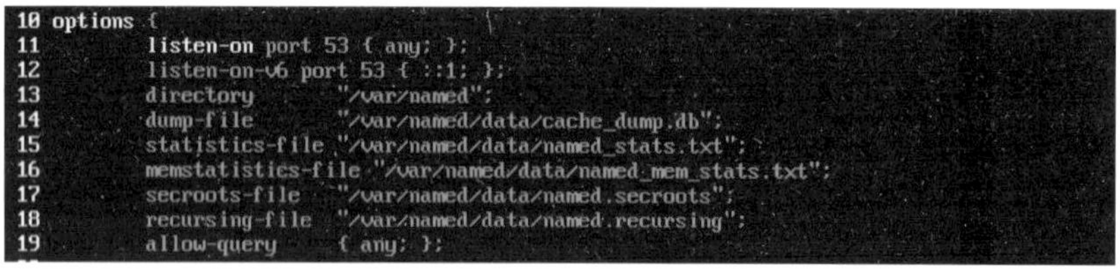

```
10 options {
11         listen-on port 53 { any; };
12         listen-on-v6 port 53 { ::1; };
13         directory       "/var/named";
14         dump-file       "/var/named/data/cache_dump.db";
15         statistics-file "/var/named/data/named_stats.txt";
16         memstatistics-file "/var/named/data/named_mem_stats.txt";
17         secroots-file   "/var/named/data/named.secroots";
18         recursing-file  "/var/named/data/named.recursing";
19         allow-query     { any; };
```

图 11.4　修改 named.conf 配置文件

（3）在 CentOS-B 中编辑 vim /etc/named.rfc1912.zones 文件，在第 47～57 行添加相关配置，如图 11.5 所示。

```
zone "fshc.com" IN {
        type master;
        file "fshc.com";
        allow-update { none; };
};

zone "10.168.192.in-addr.arpa" IN {
        type master;
        file "192.168.10.arpa";
        allow-update { none; };
};
```

图 11.5　添加正向解析与反向解析

（4）通过复制 named.localhost 模板与 named.loopback 模板创建域名解析文件，如图 11.6 所示。

```
[root@CentOS-B ~]# cp /var/named/named.localhost /var/named/fshc.com
[root@CentOS-B ~]# cp /var/named/named.loopback /var/named/192.168.10.arpa
```

图 11.6　复制正向解析与反向解析文件

（5）通过“vim /var/named/fshc.com”命令对文件进行修改，添加第 11 行和第 12 行，添加 A 记录与 MX 记录，如图 11.7 所示。

```
$TTL 1D
@       IN SOA  @ rname.invalid. (
                                        0       ; serial
                                        1D      ; refresh
                                        1H      ; retry
                                        1W      ; expire
                                        3H )    ; minimum
        NS      @
        A       127.0.0.1
        AAAA    ::1
mail    A       192.168.10.10
@       MX 10   192.168.10.10
```

图 11.7　在正向解析文件中增加 A 记录

（6）通过“vim /var/named/192.168.10.arpa”命令对文件进行修改，添加第 10 行，添加 PTR 记录，如图 11.8 所示。

```
$TTL 1D
@       IN SOA  @ rname.invalid. (
                                        0       ; serial
                                        1D      ; refresh
                                        1H      ; retry
                                        1W      ; expire
                                        3H )    ; minimum
        NS      @
        A       127.0.0.1
        AAAA    ::1
        PTR     localhost.
10      PTR     mail.fshc.com.
```

图 11.8　在反向解析文件中增加 PTR 记录

（7）完成基本配置后，使用命令“systemctl start named”开启 DNS 服务，如图 11.9 所示。

```
[root@CentOS-B named]# systemctl restart named
[root@CentOS-B named]# nslookup mail.fshc.com.
Server:         127.0.0.1
Address:        127.0.0.1#53

Name:   mail.fshc.com
Address: 192.168.10.10

[root@CentOS-B named]# nslookup 192.168.10.10
10.10.168.192.in-addr.arpa      name = mail.fshc.com.
```

图 11.9　开启 DNS 服务器

11.2.2　Postfix 发送邮件的安装与配置

（1）用命令“yum install postfix”安装 Postfix 服务器，如图 11.10 所示。

```
[root@CentOS-A ~]# yum -y install postfix
Last metadata expiration check: 1:08:56 ago on Wed 04 May 2022 05:36:11 AM CST.
Dependencies resolved.
================================================================================
 Package          Architecture        Version              Repository      Size
================================================================================
Installing:
 postfix          x86_64              2:3.5.8-1.el8        Media          1.5 M
Installing dependencies:
 libicu           x86_64              60.3-2.el8_1         Media          8.8 M

Transaction Summary
================================================================================
Install  2 Packages
```

图 11.10　安装 Postfix 服务器

（2）通过“vim /etc/postfix/main.cf”命令修改 Postfix 服务的 main.cf 主配置文件。找到第 95 行，将主机名改为自定义名 mail.fshc.com；找到第 102 行，将域名改为自定义域名 fshc.com，作用是保存服务器的主机名称和保存邮件域的名称，如图 11.11 所示。

```
 94 #myhostname = host.domain.tld
 95 myhostname = mail.fshc.com
 96
 97 # The mydomain parameter specifies the local internet domain name.
 98 # The default is to use $myhostname minus the first component.
 99 # $mydomain is used as a default value for many other configuration
100 # parameters.
101 #
102 mydomain = fshc.com
103
```

图 11.11　指定主机名与域名

（3）通过“vim /etc/postfix/main.cf”命令修改 Postfix 服务的 main.cf 主配置文件。设置指定发件人所在的域名为$mydomain，修改 Postfix 服务的 main.cf 主配置文件第 118 行“#myorigin=$mydomain”，去掉注释，调用变量$mydomain，这样做的好处是避免重复写入信息，如图 11.12 所示。

```
116 #
117 #myorigin = $myhostname
118 myorigin = $mydomain
119
```

图 11.12　指定发件人所在的域为$mydomain

小提示

这里使用 "$" 来引用 mydomain 的值。

（4）通过 "vim /etc/postfix/main.cf" 命令修改 Postfix 服务的 main.cf 主配置文件。设置监听所有网络媒介的端口，找到第 135 行 "inet_interfaces=localhost"，将其改为 "inet_interfaces=all"，如图 11.13 所示。

```
132 #inet_interfaces = all
133 #inet_interfaces = $myhostname
134 #inet_interfaces = $myhostname, localhost
135 inet_interfaces = all
136
137 # Enable IPv4, and IPv6 if supported
138 inet_protocols = all
```

图 11.13　监听所有网络媒介的端口

（5）通过 "vim /etc/postfix/main.cf" 命令修改 Postfix 服务的 main.cf 主配置文件。设置可接收邮件的主机名或域名列表，找到第 183 行 "mydestination=$myhostname, localhost.$mydomain, localhost"，末尾添加 "$mydomain"。作用是定义可接收邮件的主机名或域名列表，如图 11.14 所示。

```
183 mydestination = $myhostname, localhost.$mydomain, localhost,$mydomain
184 #mydestination = $myhostname, localhost.$mydomain, localhost, $mydomain
185 #mydestination = $myhostname, localhost.$mydomain, localhost, $mydomain,
186 #       mail.$mydomain, www.$mydomain, ftp.$mydomain
```

图 11.14　设置可接收邮件的主机名或域名列表

（6）通过 "vim /etc/postfix/main.cf" 命令修改 Postfix 服务的 main.cf 主配置文件。更改可发送的网段，指定所在的网段（网络地址）。方法是修改 Postfix 服务的 main.cf 主配置文件，找到第 283 行 mynetworks=192.168.10.0/24，127.0.0.0/8，去掉注释，改为 "192.168.10.0/24，127.0.0.0/8"，如图 11.15 所示。

```
283 mynetworks = 168.100.10.0/24, 127.0.0.0/8
284 #mynetworks = $config_directory/mynetworks
285 #mynetworks = hash:/etc/postfix/network_table
```

图 11.15　更改可发送的网段

（7）通过 "vim /etc/postfix/main.cf" 命令修改 Postfix 服务的 main.cf 主配置文件。设置接收邮箱的目录，找到第 438 行 "home_mailbox=Maildir/"，去掉注释，如图 11.16 所示。

```
437 #home_mailbox = Mailbox
438 home_mailbox = Maildir/
```

图 11.16　设置接收邮箱的目录

（8）用命令 "systemctl restart postfix.service" 重启服务，让配置生效，如图 11.17 所示。

小提示

重启服务后系统会自动帮你创建 Maildir 目录，不需要人为创建。

```
[root@CentOS-A ~]# systemctl restart postfix
[root@CentOS-A ~]#
```

图 11.17　重启 Postfix 服务

（9）用命令“useradd fshc”创建名为 fshc 的测试用户。用命令“passwd fshc”为用户 fshc 创建数字为 123 的密码，如图 11.18 所示。

```
[root@CentOS-A ~]# useradd fshc
[root@CentOS-A ~]# echo 123 | passwd --stdin fshc
Changing password for user fshc.
passwd: all authentication tokens updated successfully.
```

图 11.18　创建测试用户

（10）Telnet 软件系统不会自带插件，需要自行下载。用命令“yum -y install telnet”安装 Telnet 插件，如图 11.19 所示。

```
[root@CentOS-A ~]# yum -y install telnet
Last metadata expiration check: 1:22:51 ago on Wed 04 May 2022 05:36:11 AM CST.
Dependencies resolved.
================================================================================
 Package          Architecture      Version              Repository        Size
================================================================================
Installing:
 telnet           x86_64            1:0.17-76.el8        CentOS8-AppStream   72 k

Transaction Summary
================================================================================
Install  1 Package
```

图 11.19　安装 Telnet 软件

（11）用命令“telnet mail.fshc.com 25”在虚拟机里进行域内发送。“mail from:<root>”是发送人，“rcpt to:<fshc>”是接收人，“data”是写邮件的开头，“This is postfix！”是邮件的内容，“.”点是邮件的结尾，“quit”是退出编写的指令，如图 11.20 所示。

```
[root@CentOS-A ~]# telnet mail.fshc.com 25
Trying 192.168.10.10...
Connected to mail.fshc.com.
Escape character is '^]'.
220 mail.fshc.com ESMTP Postfix
mail from:<root>
250 2.1.0 Ok
rcpt to:<fshc>
250 2.1.5 Ok
data
354 End data with <CR><LF>.<CR><LF>
This is postfix!

250 2.0.0 Ok: queued as 10EAA10007BE
quit
221 2.0.0 Bye
Connection closed by foreign host.
```

图 11.20　域内发送测试

小提示

telnet 命令用来远程连接测试，25 端口是发送邮件 Postfix 服务的端口，上述将用 telnet 命令来测试发送邮件服务。

11.2.3　Dovecot 接收邮件的安装与配置

（1）用命令“yum -y install dovecot”安装 Dovecot 服务器，如图 11.21 所示。

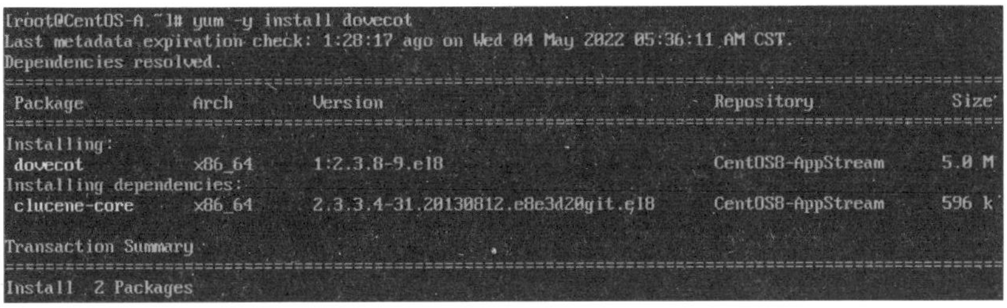

```
[root@CentOS-A ~]# yum -y install dovecot
Last metadata expiration check: 1:28:17 ago on Wed 04 May 2022 05:36:11 AM CST.
Dependencies resolved.
================================================================================
 Package        Arch      Version                                Repository          Size
================================================================================
Installing:
 dovecot        x86_64    1:2.3.8-9.el8                          CentOS8-AppStream   5.0 M
Installing dependencies:
 clucene-core   x86_64    2.3.3.4-31.20130812.e8e3d20git.el8     CentOS8-AppStream   596 k

Transaction Summary
================================================================================
Install  2 Packages
```

图 11.21　安装 Dovecot 服务器

（2）配置 Dovecot 服务时要遵守 imap（internet message access protocol，因特网消息访问协议）、pop3、lmtp（local mail transfer protocol，本地邮件传输协议）、submission（提交）协议，通过“vim /etc/dovecot/ dovecot.conf”命令修改 Dovecot 服务配置文件的 dovecot.conf，将位于第 24 行的 protocols= imap pop3 lmtp submission 去掉注释，作用是让 Dovecot 服务程序支持这些电子邮件协议，如图 11.22 所示。

```
23 # Protocols we want to be serving.
24 protocols = imap pop3 lmtp submission
```

图 11.22　设置 Dovecot 服务遵守的协议

（3）设置允许登录的网段地址，通过“vim /etc/dovecot/dovecot.conf”命令修改 Dovecot 服务配置文件的 dovecot.conf，将位于第 48 行的“login_trusted_networks = ”注释去掉，添加值“192.168.10.0/24”，如图 11.23 所示。

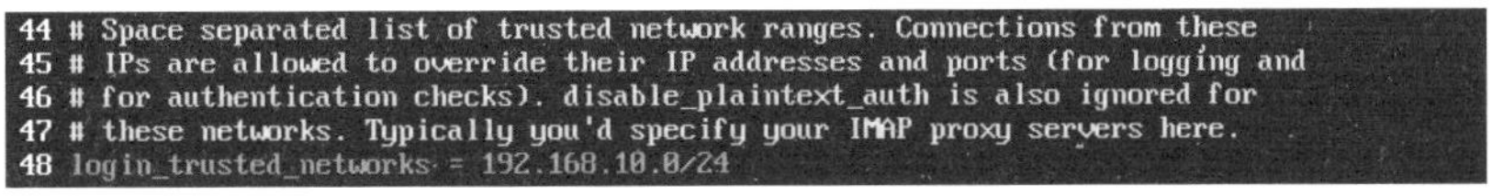

```
44 # Space separated list of trusted network ranges. Connections from these
45 # IPs are allowed to override their IP addresses and ports (for logging and
46 # for authentication checks). disable_plaintext_auth is also ignored for
47 # these networks. Typically you'd specify your IMAP proxy servers here.
48 login_trusted_networks = 192.168.10.0/24
```

图 11.23　设置允许访问网段

（4）设置禁止明文验证，通过“vim /etc/dovecot/conf.d/10-auth.conf”命令修改 Dovecot 服务配置文件的 10-auth.conf。将位于第 10 行的“disable_plaintext_auth = yes”去掉注释，将 yes 改为 no，允许用户用明文登录，如图 11.24 所示。

```
 5 # Disable LOGIN command and all other plaintext authentications unless
 6 # SSL/TLS is used (LOGINDISABLED capability). Note that if the remote IP
 7 # matches the local IP (ie. you're connecting from the same computer), the
 8 # connection is considered secure and plaintext authentication is allowed.
 9 # See also ssl=required setting.
10 disable_plaintext_auth = no
```

图 11.24　设置禁止明文验证

（5）关闭 SSL 服务，通过“vim /etc/dovecot/con.f/10-ssl.conf”命令修改配置文件 10-ssl.conf，将位于第 8 行的“ssl = required”改为“ssl = no”，如图 11.25 所示。

```
5 # SSL/TLS support: yes, no, required. <doc/wiki/SSL.txt>
6 # disable plain pop3 and imap, allowed are only pop3+TLS, pop3s, imap+TLS and imaps
7 # plain imap and pop3 are still allowed for local connections
8 ssl = no
```

图 11.25　关闭 SSL 服务

（6）设置指定邮箱的路径，通过“vim /etc/dovecot/conf.d/10-mail.conf”命令修改 Dovecot 服务配置文件的 10-mail.conf。将位于第 25 行的“mail_location=mbox:/var/mail:INBOX= /var/mail/%u”去掉注释”。作用是指定将收到的邮件存放到本地服务器的位置，如图 11.26 所示。

```
24 #   mail_location = maildir:~/Maildir
25     mail_location = mbox:~/mail:INBOX=/var/mail/%u
26 #   mail_location = mbox:/var/mail/%d/%1n/%n:INDEX=/var/indexes/%d/%1n/%n
```

图 11.26　设置指定邮箱的路径

（7）切换到 fshc 用户，通过“mkdir -p mail/.imap/INBOX”命令创建邮箱目录，作用是接收邮件，如图 11.27 所示。

```
[root@CentOS-A ~]# su - fshc
[fshc@CentOS-A ~]$ mkdir -p mail/.imap/INBOX
[fshc@CentOS-A ~]$ exit
logout
```

图 11.27　创建邮箱目录

（8）用命令“systemctl restart dovecot”重启服务，让配置生效，如图 11.28 所示。

```
[root@CentOS-A ~]# systemctl restart dovecot
[root@CentOS-A ~]#
```

图 11.28　重启 Dovecot 服务

（9）“telnet mail.fshc.com 110”命令的作用是测试接收邮件是否成功，“user fshc”是检测可以接收的用户，“pass 123”是这个用户的密码。如果能运行，可以从服务器得到响应，也就是“+OK”，如图 11.29 所示。

```
[root@CentOS-A ~]# telnet mail.fshc.com 110
Trying 192.168.10.10...
Connected to mail.fshc.com.
Escape character is '^]'.
+OK [XCLIENT] Dovecot ready.
user fshc
+OK
pass 123
+OK Logged in.
```

图 11.29　测试 Dovecot 服务

小提示

110 端口是接收邮件的 Dovecot 服务端口。

11.2.4　配置邮件服务的安全设置

（1）放行 IMAP 协议，如图 11.30 所示。

```
[root@CentOS-A ~]# firewall-cmd --permanent --zone=public --add-service=imap
success
```

图 11.30　放行 IMAP 协议

（2）放行 POP3 协议，如图 11.31 所示。

```
[root@CentOS-A ~]# firewall-cmd --permanent --zone=public --add-service=pop3
success
```

图 11.31　放行 POP3 协议

（3）放行 SMTP 协议，如图 11.32 所示。

```
[root@CentOS-A ~]# firewall-cmd --permanent --zone=public --add-service=smtp
success
[root@CentOS-A ~]# firewall-cmd --reload
success
```

图 11.32　放行 SMTP 协议

11.3　测试邮件服务

完成相关服务配置后，通过 Outlook 的相关设置，向 root 用户发送邮件，在 Linux 下查看能否接收到邮件。

11.3.1　在 Windows 10 添加 Outlook 账户

（1）单击 Outlook 图标进入界面，如图 11.33 所示。

图 11.33　Outlook 图标

小提示

用 Windows 自带的 Outlook 邮件。

（2）打开 Outlook 软件，如图 11.34 所示。

图 11.34　Outlook 初始界面

（3）在初始界面选择"文件"→"添加账户"选项，如图 11.35 所示。

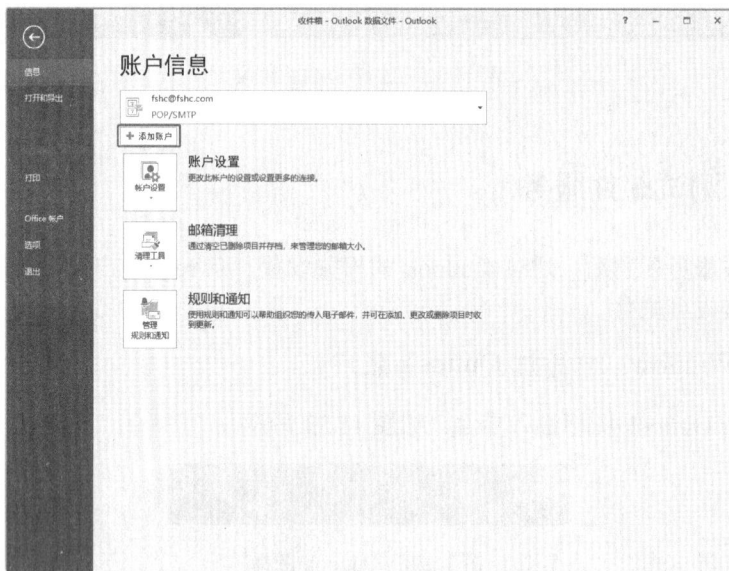

图 11.35　账户信息

（4）在"添加账户"对话框中选中"手动设置或其他服务器类型"选项，然后选择"下一步"按钮，如图 11.36 所示。

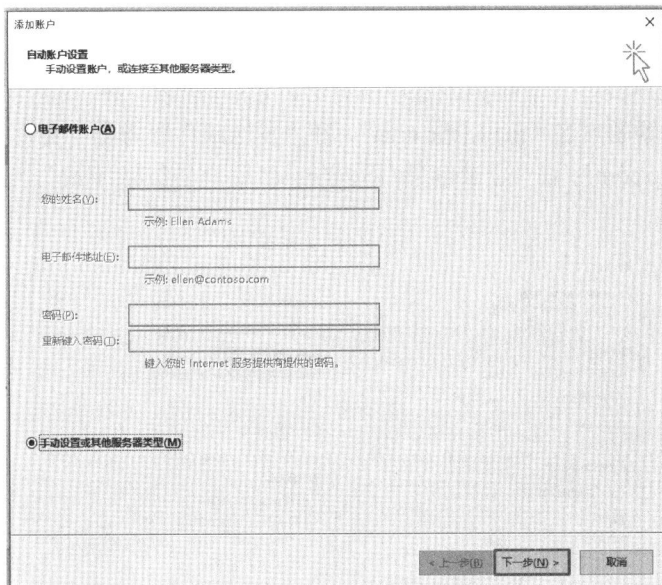

图 11.36 "添加账户"设置

（5）在"选择服务"对话框中选中"POP 或 IMAP"选项，然后单击"下一步"按钮，如图 11.37 所示。

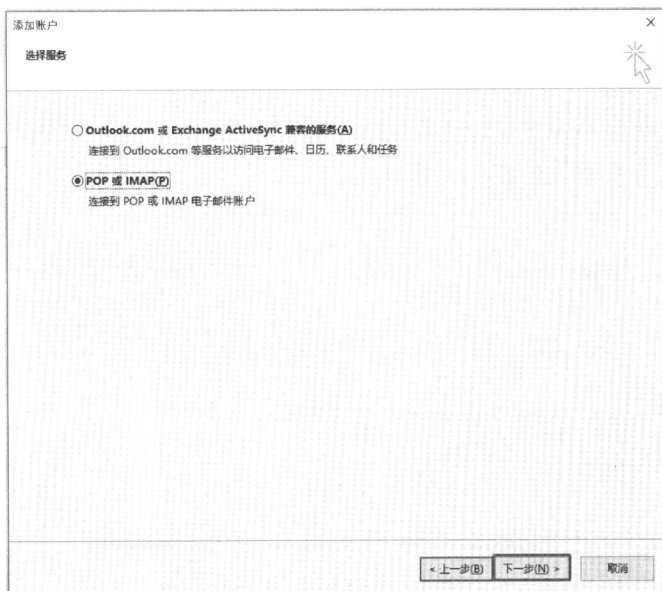

图 11.37 "选择服务"对话框

（6）在"POP 和 IMAP 账户设置"对话框的左侧，在"用户信息"区域输入"您的姓名"为"fshc"，在"电子邮件地址"文本框中输入"fshc@fshc.com"；在"服务器信息"区域的"账户类型"下拉列表框中选择"POP3"选项，在"接收邮件服务器"文本框中输入服务器的域名"mail.fshc.com"，在"发送邮件服务器"文本框中输入服务器的域名"mail.fshc.com"；在"登录信息"区域输入"用户名"为"fshc"，"密码"为"123"，如图 11.38 所示。

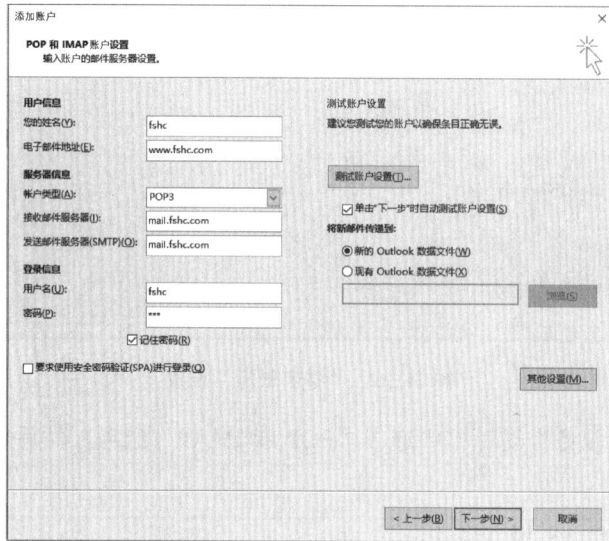

图 11.38　POP 和 IMAP 账户设置

（7）在"POP 和 IMAP 账户设置"对话框中单击"下一步"按钮，等待账户测试，测试成功后单击"关闭"按钮，如图 11.39 所示。

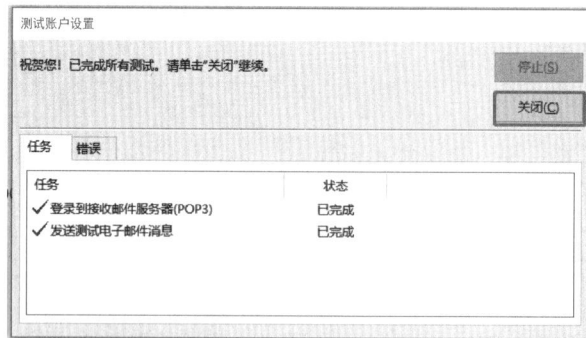

图 11.39　完成账户测试

（8）设置全部完成后单击"完成"按钮，如图 11.40 所示。

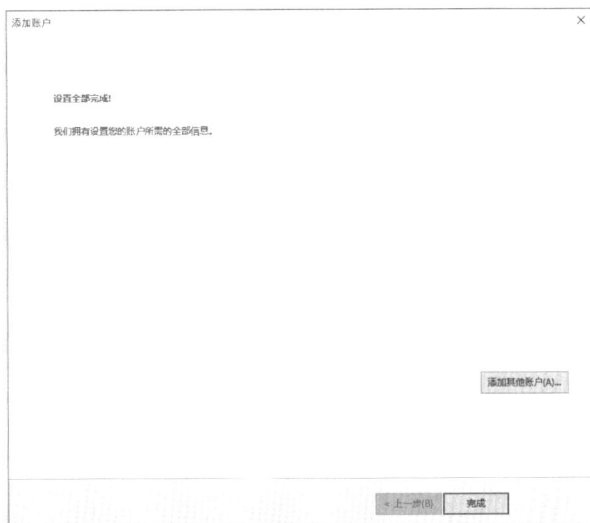

图 11.40　设置完成

11.3.2　设置邮件服务允许接入网段

（1）通过"vim /etc/postfix/access"命令修改 Postfix 服务配置文件的 access，找到最后一行后输入"connect:192.168 RELAY"参数，允许 192.168 的网段进行邮件发送，如图 11.41 所示。

图 11.41　设置允许连接的网段

（2）用命令"db_load -T -t hash -f /etc/postfix/access /etc/postfix/access.db"通过文本载入用户数据，必须要完成这一步，如图 11.42 所示。

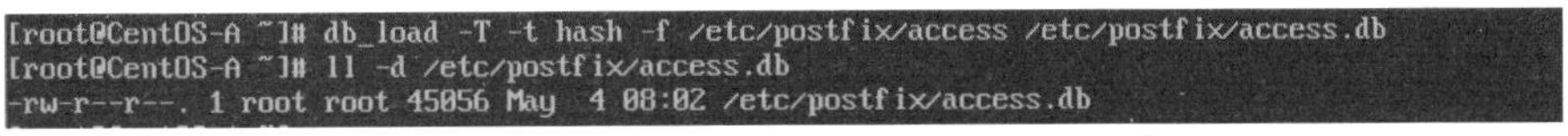

图 11.42　将文件改成 db 格式

（3）用命令"systemctl restart postfix"重启服务，让配置重新加载生效，如图 11.43 所示。

图 11.43　重启 Postfix 服务

11.3.3 在 Windows 10 中发送邮件

（1）在添加账户后，选择"开始"→"新建电子邮件"菜单命令，在"发件人"下拉列表框中选择"fshc@fshc.com"选项，在"收件人"中输入"root@fshc.com"，"主题"为"hello"，内容为"This is mail !!!"，单击"发送"按钮，如图 11.44 所示。

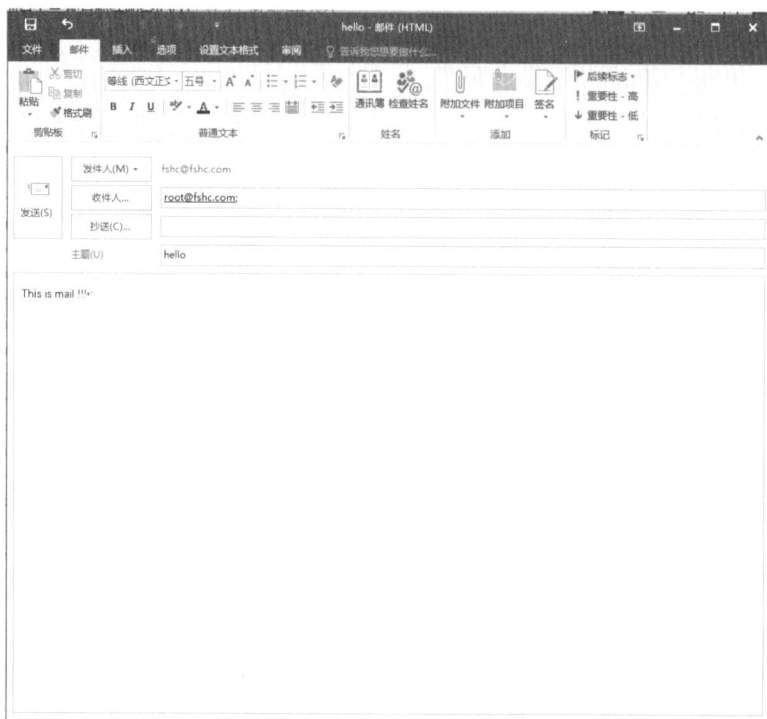

图 11.44   输入邮件内容并发送

（2）在虚拟机上，用"ls /root/Maildir/new/ "命令可以看到，root 用户邮箱下多了个 1651477026 . Ufd8BI311c7b5M283516. localhost.localdomain 文件，这个文件就是刚刚成功收到的邮件，如图 11.45 所示。

图 11.45   查看邮件

小提示

不同的邮件名字是不一样的。

（3）用"head -n 30/root/Maildir/new/1651477026.Ufd8BI311c7b5M283516.localhost.localdomain"对文件进行查看，文件内容中，"From:"fshc"<fshc@fshc.com>"是发送的

用户邮箱，"To: <root@fshc.com>"是接收的用户邮箱，"Subject:hello"是邮箱的标题，下方"this is mail !!"是邮件的内容，如图 11.46 所示。

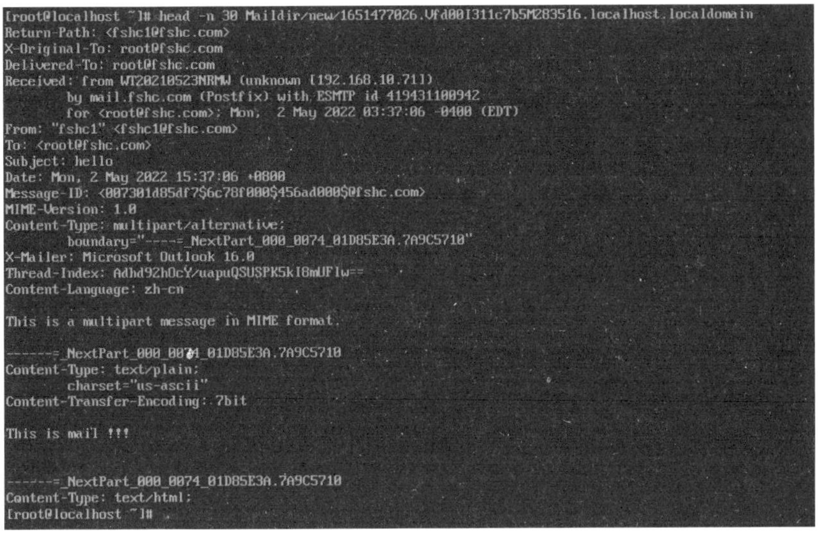

图 11.46 查看邮件内容

小提示

head 命令格式：head [参数] [文件路径]，用于查看文件开头的内容，默认为前 10 行的内容。

◀ 项目实战 ▶

项目背景：FSHC 网络管理员为构建一个企业级邮件服务器，将采用 Postfix 和 Dovecot，实现更快、更容易管理、更安全的邮件服务。

邮件服务器 IP 地址为 192.168.10.10。

邮件服务器域名为 mail.fshc.com。

为保障公司邮件的安全，应在服务器上安装配置 Postfix、Dovecot 邮件服务，具体要求如下。

（1）配置 Mail 服务器，安装 Postfix 和 Dovecot。

（2）邮件服务器的域名后缀为 fshc.com。

（3）设置邮件服务器仅支持 SMTPS 和 POP3s 协议连接。

（4）创建用户 mail1，使用 mail1 向 root 用户发送邮件主题为"Hello"，内容为"Welcome"。

练 习 题

1. 邮件转发代理也称为邮件转发服务器，它可以使用 SMTP 协议，也可以使用（　　）。

    A．FTP 文件传输协议　　　　　　　　B．TCP 传输控制协议

    C．UUCP Unix 间复制协议　　　　　　　D．POP 邮局协议

2. 一般来说，SMTP 服务器会使用（　　）端口开展邮件服务。

    A．25　　　　　　B．110　　　　　　C．80　　　　　　D．49

3. 启动 Postfix 服务器的命令为（　　）。

    A．systemctl restart postfix　　　　　　B．systemctl stop postfix

    C．systemctl enable postfix　　　　　　D．systemctl start postfix

4. 建立用户账号的命令是（　　）。

    A．passwd fshc　　　　　　　　　　　B．useradd fshc

    C．groupadd fshc　　　　　　　　　　D．userdel fshc

磁 盘 管 理

▶ 任务描述

　　磁盘管理是文件服务器配置的重要内容，本项目主要学习 Linux 系统下磁盘管理的常用命令和磁盘分区方法，重点学习磁盘配额管理的配置过程和方法，保证和限制用户合理使用有限的硬盘空间，保证数据安全。

▶ 学习目标

※知识目标

- 了解磁盘管理的概念与作用。
- 了解扩展分区和逻辑分区的区别。
- 了解磁盘配额的作用。
- 掌握磁盘管理、磁盘配额的常用命令。
- 掌握文件系统的创建、挂载与卸载方法。
- 掌握磁盘分区的实践配置方法。
- 掌握磁盘配额的实践配置方法。

※素养目标

- 培养学生系统管理的冗余意识、安全意识。
- 树立学生系统规范操作思维。

12.1 认识磁盘管理

磁盘是目前服务器的主要存储介质，对磁盘规范的操作是公司数据安全的保障。

12.1.1 磁盘管理必要性

Linux 系统以文件的形式存储在硬盘上，来自应用程序的数据须读取和写入磁盘。因此，磁盘的运行在企业的生产环境中尤为重要，磁盘的维护和管理也是所有运维工程师的必要工作之一。本小节介绍磁盘管理的常用命令、磁盘分区的基本配置及磁盘配额的基本管理。

12.1.2 磁盘管理的常用命令

存储设备的挂载和卸载常用命令有 df、fdisk、mount、umount 等。

1. df 命令的使用

df 命令格式为 df [选项] [文件]。功能是检查文件系统的磁盘空间使用情况。可以使用此命令来获取信息，如硬盘占用了多少空间以及当前剩余的空间。可通过 "df --help" 查看 df 的相关使用方法，如图 12.1 所示。

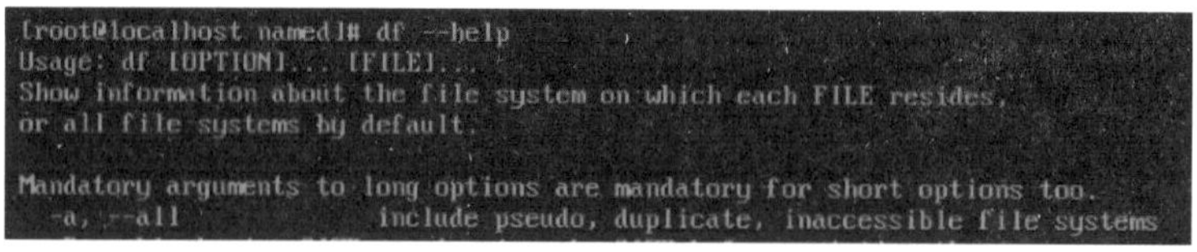

图 12.1　df 使用帮助

df 命令常用选项与参数如下。

-a：列出所有的文件系统，包括系统特有文件。

-h：以人们较易阅读的 GB、MB、KB 等格式进行显示。

-H：以 M=1000K 取代 M=1024K 的进位方式。

-T：显示文件系统类型。

-i：不用磁盘容量，而以 inode 的数量来显示。

如查看磁盘空间已占用大小，如图 12.2 所示。

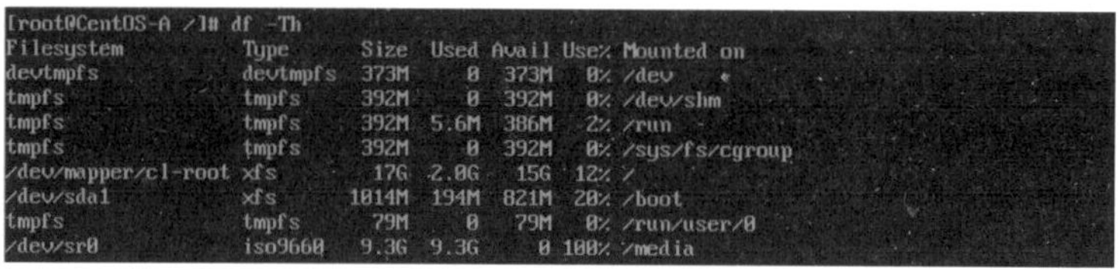

图 12.2　查看空间占用大小

小提示

df 命令的英文是 "disk free"。其功能是显示系统上可用的磁盘空间，默认显示单位为 KB。常用 "df -Th" 来将磁盘容量自动变换成合适的单位显示，这样更便于理解磁盘已占用空间的大小。

2. fdisk 命令的使用

fdisk 是 Linux 的磁盘分区操作工具。可以通过常用命令 "fdisk -l" 查看磁盘设备的基本情况，与 Windows 的磁盘管理类似，如图 12.3 所示。

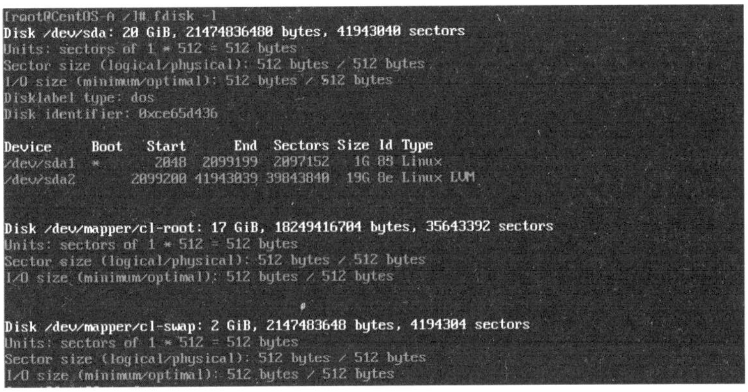

图 12.3 查看分区信息

查看所有磁盘的分区信息，包括没有挂上的分区和 USB 设备，挂载时需要用这条命令来查看分区或 USB 设备的名称。

小提示

既然 Linux 中硬件是以文件形式存在的，那么也可以有 "ls -l /dev/sda*" 命令查看第一块磁盘的分区信息，如图 12.4 所示。

图 12.4 查看第一块磁盘的分区信息

3. mount 命令及 umount 命令的使用

要在 Linux 中访问根目录以外的文件，如 U 盘，需要将它们关联到根目录下的目录中。这个关联操作称为挂载，挂载的目录为挂载点。可通过 "mount --help" 命令查看 mount 命令使用方法，如图 12.5 所示。

```
[root@localhost named]# mount --help
Usage:
 mount [-lhV]
 mount -a [options]
 mount [options] [--source] <source> | [--target] <directory>
 mount [options] <source> <directory>
 mount <operation> <mountpoint> [<target>]

Mount a filesystem.

Options:
 -a, --all               mount all filesystems mentioned in fstab
 -c, --no-canonicalize   don't canonicalize paths
```

图 12.5　mount 命令使用帮助

mount 命令的格式为 mount [选项] [挂载源路径] [挂载目标路径]。常用参数选项如下。

-a：自动挂载所有支持自动挂载的设备；定义在/etc/fstab 文件中，且挂载选项中有“自动挂载”功能。

-t vsftype：指定要挂载的设备上的文件系统类型。

-r readonly：只读挂载。

-w read 和 write：读写挂载。

-n：不更新/etc/mtab。

例如，将光盘挂载在/fshc 目录下的操作过程如下。

（1）使用 mkdir 命令在根目录下新建 fshc 目录，如图 12.6 所示。

```
[root@CentOS-A /]# mkdir /fshc
[root@CentOS-A /]# ll /fshc/
total 0
```

图 12.6　创建 fshc 目录

注 意

“挂载点”的目录要求如下。

① 目录事先不存在，可以用 mkdir 命令新建目录。

② 挂载点目录不可被其他进程用到。

③ 挂载点下原有文件将被隐藏。

（2）使用 mount 将光盘挂载到/fshc 下，如图 12.7 所示。

```
[root@CentOS-A /]# mount /dev/cdrom /fshc/
mount: /fshc: WARNING: device write-protected, mounted read-only.
```

图 12.7　挂载光盘到 fshc 目录下

（3）df -Th 查看成功挂载 fshc 目录，如图 12.8 所示。

```
[root@CentOS-A /]# df -Th /fshc/
Filesystem     Type     Size  Used Avail Use% Mounted on
/dev/sr0       iso9660  9.3G  9.3G     0 100% /fshc
```

图 12.8　查看是否成功挂载

umount 是“unmount”的缩写，中文意思是不挂载，所以它的作用是卸载已安装的文件系统、目录或文件。通过“umount --help”命令查看相关使用方法，如图 12.9 所示。

```
[root@localhost ~]# umount --help

Usage:
 umount [-hV]
 umount -a [options]
 umount [options] <source> | <directory>

Unmount filesystems.

Options:
 -a, --all               unmount all filesystems
 -A, --all-targets       unmount all mountpoints for the given device in the
                           current namespace
```

图 12.9　umount 使用命令帮助

umount 命令的格式为 unmount [选项]　[挂载目标路径]。常用参数如下。

-a：卸载/etc/mtab 中记录的所有文件系统。

-h：显示帮助。

-n：卸载时不要将信息存入/etc/mtab 文件中。

-r：若无法成功卸载，则尝试以只读方式重新挂入文件系统。

例如，完成卸载/fshc1 目录的操作过程如下。

（1）使用 unmount 卸载/fshc1 目录，如图 12.10 所示。

```
[root@CentOS-A /]# umount /fshc/
[root@CentOS-A /]# ll /fshc/
total 0
```

图 12.10　卸载光盘的挂载

（2）卸载成功后，该文件夹的内容为空，如图 12.11 所示。

```
[root@CentOS-A /]# ll /fshc/
total 0
```

图 12.11　卸载成功

12.1.3　磁盘管理 df 与 mount 命令应用案例

管理员需要安装 Telnet 客户端时，可以通过 mount 挂载光盘到/mnt 目录下，进入光盘软件包中执行 rpm 命令安装 Telnet 客户端。当不用光盘时，使用 umount 卸载光盘。

（1）将光盘挂载到/media 目录下，如图 12.12 所示。

```
[root@CentOS-A /]# mount /dev/cdrom /media/
mount: /media: /dev/sr0 already mounted on /media.
```

图 12.12　挂载光盘

注意

/dev/sr0 是光驱的真正设备文件名，代表 0SCSI 接口或 SATA 接口的光驱，所以上面挂载光盘的源路径使用/dev/sr0。

（2）执行“df -Th”命令查看/dev/sr0 是否成功挂载到/media，如图 12.13 所示。

```
[root@CentOS-A /]# df -Th
Filesystem          Type      Size  Used Avail Use% Mounted on
devtmpfs            devtmpfs  373M     0  373M   0% /dev
tmpfs               tmpfs     392M     0  392M   0% /dev/shm
tmpfs               tmpfs     392M  5.6M  386M   2% /run
tmpfs               tmpfs     392M     0  392M   0% /sys/fs/cgroup
/dev/mapper/cl-root xfs        17G  2.0G   15G  12% /
/dev/sda1           xfs      1014M  194M  821M  20% /boot
tmpfs               tmpfs      79M     0   79M   0% /run/user/0
/dev/sr0            iso9660   9.3G  9.3G     0 100% /media
```

图 12.13　查看是否挂载成功

（3）进入/media/AppSteam/Packages 光盘软件包下，如图 12.14 所示。

```
[root@CentOS-A /]# cd /media/AppStream/Packages/
[root@CentOS-A Packages]# ll | grep telnet
-r--r--r--. 1 root root     71626 Nov 12  2020 rubygem-net-telnet-0.1.1-106.module_el8.3.0+571+bab7c
6bc.noarch.rpm
-r--r--r--. 1 root root     71974 Dec 10  2019 rubygem-net-telnet-0.2.0-106.module_el8.1.0+249+93480
f15.noarch.rpm
-r--r--r--. 1 root root     72414 Jul 23  2020 rubygem-net-telnet-0.2.0-133.module_el8.3.0+429+625e5
e4e.noarch.rpm
-r--r--r--. 1 root root     73564 Jan  6  2021 telnet-0.17-76.el8.x86_64.rpm
-r--r--r--. 1 root root     49112 Jan  6  2021 telnet-server-0.17-76.el8.x86_64.rpm
```

图 12.14　查看软件包

（4）执行“rpm -ivh telnet-0.17-76.el8.x86_64.rpm”命令安装 Telnet 客户端，如图 12.15 所示。

```
[root@CentOS-A Packages]# rpm -ivh telnet-0.17-76.el8.x86_64.rpm
Verifying...                          ################################# [100%]
Preparing...                          ################################# [100%]
Updating / installing...
   1:telnet-1:0.17-76.el8             ################################# [100%]
```

图 12.15　安装 Telnet 客户端

（5）到根目录下执行“umount /dev/sr0”命令卸载光盘，如图 12.16 所示。

```
[root@CentOS-A /]# umount /dev/sr0
[root@CentOS-A /]#
```

图 12.16　卸载光盘

（6）执行“df -Th”命令查看/dev/sr0 的挂载点消失，如图 12.17 所示。

```
[root@CentOS-A /]# df -Th
Filesystem          Type      Size  Used Avail Use% Mounted on
devtmpfs            devtmpfs  373M     0  373M   0% /dev
tmpfs               tmpfs     392M     0  392M   0% /dev/shm
tmpfs               tmpfs     392M  5.6M  386M   2% /run
tmpfs               tmpfs     392M     0  392M   0% /sys/fs/cgroup
/dev/mapper/cl-root xfs        17G  2.0G   15G  12% /
/dev/sda1           xfs      1014M  194M  821M  20% /boot
tmpfs               tmpfs      79M     0   79M   0% /run/user/0
```

图 12.17　挂载点消失

12.2 磁盘分区配置

磁盘分区本质上是磁盘的格式化，分区就像在一张白纸上画一个网格，格式化就像在网格里标记一个格子。

FSCH 管理员需要给学校 CentOS 服务器加一块 SCSI 硬盘，容量为 8GB，将硬盘设置为一个主分区（4GB 容量）和两个逻辑分区（各 2GB 容量），并完成物理卷的初始化操作。

（1）在"虚拟机设置"对话框中，单击"添加"按钮，如图 12.18 所示。

图 12.18 单击"添加"按钮

小提示

现需在关闭虚拟机的前提下在 CentOS 8 中手动再添加一块磁盘（SCSI 类型）。

（2）在"硬件类型"对话框中，选择"硬盘"选项，然后单击"下一步"按钮，如图 12.19 所示。

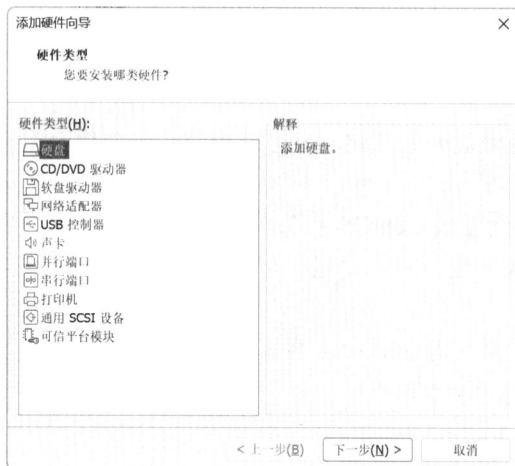

图 12.19　添加磁盘

（3）在"选择磁盘类型"对话框中，选择"SCSI（推荐）"选项，然后单击"下一步"按钮，如图 12.20 所示。

图 12.20　选择 SCSI 类型

小提示

IDE 接口是电子集成驱动器，是把"硬盘控制器"与"盘体"集成在一起的硬盘驱动器。SATA 是 Serial ATA 的缩写，即串行 ATA，SCSI（Small Computer System Interface）即小型计算机系统接口，NVME 为非易失性内存主机控制器接口。

（4）在"选择磁盘"对话框中，选择"创建新虚拟磁盘"选项，然后单击"下一步"按钮，如图 12.21 所示。

图 12.21 创建新虚拟磁盘

（5）在"指定磁盘容量"对话框中，"最大磁盘大小"设为"8GB"，单击"下一步"按钮，如图 12.22 所示。

图 12.22 输入磁盘大小

（6）在"指定磁盘文件"对话框中，"磁盘文件"文本框默认为"CentOS 8.4-0.vmdk"，此处不做更改，然后单击"完成"按钮，如图 12.23 所示。成功添加磁盘后如图 12.24 所示。

图 12.23　指定磁盘文件

图 12.24　添加磁盘完成

（7）在关闭虚拟机状态下添加磁盘后开启虚拟机，若没有关闭虚拟机则需要重启该虚拟机。然后通过"fdisk -l"命令查看当前分区的情况。图 12.25 中出现的 sdb 8GB 是刚刚添加的磁盘，下面对该磁盘进行相关分区操作。

```
[root@CentOS-A ~]# fdisk -l /dev/sdb
Disk /dev/sdb: 8 GiB, 8589934592 bytes, 16777216 sectors
Units: sectors of 1 * 512 = 512 bytes
Sector size (logical/physical): 512 bytes / 512 bytes
I/O size (minimum/optimal): 512 bytes / 512 bytes
```

图 12.25　查看添加硬盘信息

小提示

上述添加的是 SCSI/SATA/U 盘，通过“fdisk -l”命令可以查看到/dev/sdb，代表这块添加的磁盘是第 1 块磁盘，继续添加将会按/dev/sd[a-z]顺序进行显示。a～z 代表 26 块不同的磁盘。如果添加 IDB 设备，则显示为/dev/sdh[a-z]。

（8）用“fdisk /dev/sdb”命令进入磁盘分区界面，输入“m”，可了解相关功能，如图 12.26 所示，fdisk 命令参数中文含义见表 12.1。

```
DOS (MBR)
  a   toggle a bootable flag
  b   edit nested BSD disklabel
  c   toggle the dos compatibility flag

Generic
  d   delete a partition
  f   list free unpartitioned space
  l   list known partition types
  n   add a new partition
  p   print the partition table
  t   change a partition type
  v   verify the partition table
  i   print information about a partition

Misc
  m   print this menu
  u   change display/entry units
  x   extra functionality (experts only)

Script
  I   load disk layout from sfdisk script file
  O   dump disk layout to sfdisk script file

Save & Exit
  w   write table to disk and exit
  q   quit without saving changes

Create a new label
  g   create a new empty GPT partition table
  G   create a new empty SGI (IRIX) partition table
  o   create a new empty DOS partition table
  s   create a new empty Sun partition table
```

图 12.26　相关参数

表 12.1　fdisk 命令参数中文含义

参数	中文含义
a	活动分区标记/引导分区
b	撤销历史
c	切换 DOS 兼容性标志
d	删除分区
f	列出可用的未分区空间
l	显示分区类型

续表

参数	中文含义
n	新建分区
p	显示分区信息
t	设置分区号
v	进行分区检查
i	打印有关分区的信息
m	显示菜单和帮助信息
u	更改显示/输入单位
x	扩展应用，高级功能
I	从 fdisk 脚本文件加载磁盘布局
o	将磁盘布局转储到 sfdisk 脚本文件
w	保存修改
q	退出不保存
g	创建新的空 GPT（GUID partition table，全局唯一标识）分区表
G	创建 SGI（IRIX）分区表
o	创建一个新的空 DOS（disk operating system，磁盘操作系统）分区表
s	创建新的空 Sun 磁盘标签

（9）执行"fdsik /dev/sdb"对第二块磁盘/sdb 进行管理，如图 12.27 所示。

图 12.27　对/sdb 进行管理

（10）在命令（Command）行中输入"n"进行新建分区，输入"p"显示分区信息，起始扇区（First sector）输入"回车键"为默认起始区域，结束扇区（Last sector）输入"+4G"，创建 4GB 的主要分区，如图 12.28 所示。

图 12.28　创建 4GB 的主要分区

小提示

（1）主分区一般是磁盘上的第一个分区，即存储系统的启动分区。

（2）如果添加的是主分区或者扩展分区（分辨哪个是主分区、哪个是扩展分区就看它们的模式：主分区的模式是 Linux；扩展分区的模式是 Extended），输入从 1～4 的数字中的一个数，数字编号可以不按顺序，不输入即按回车键，默认是 1。

（11）在命令（Command）中输入"n"新建分区，输入"e"选择扩展分区，起始扇区（First sector）输入回车键为默认，结束扇区（Last sector）默认使用剩下的全部（4G），如图 12.29 所示。

```
Command (m for help): n
Partition type
  p   primary (1 primary, 0 extended, 3 free)
  e   extended (container for logical partitions)
Select (default p): e
Partition number (2-4, default 2):
First sector (8390656-16777215, default 8390656):
Last sector, +sectors or +size{K,M,G,T,P} (8390656-16777215, default 16777215):

Created a new partition 2 of type 'Extended' and of size 4 GiB.
```

图 12.29　创建 4G 的扩展分区

小提示

扩展分区是指专门用于包含逻辑分区的一种特殊主分区。饼图是将一块磁盘分好的一个形象图，分为 4GB 主分区和 4GB 扩展分区。接下来的操作在扩展分区中做进一步分区，如图 12.30 所示。

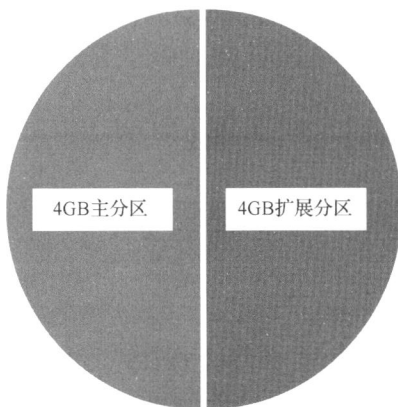

图 12.30　主分区与扩展分区

（12）在命令（Command）中输入"p"查看分区情况，可见已成功划分 4GB 主分区和 4GB 扩展分区，如图 12.31 所示。

图 12.31　目前分区情况

（13）在命令（Command）中输入 "n" 新建逻辑分区，第一扇区（First sector）输入回车键为默认，最后一个扇区（Last sector）输入 "+2G"，新建序号 5 的逻辑分区，如图 12.32 所示。

图 12.32　新建 2GB 的逻辑分区

小提示

　　逻辑分区是指建立于扩展分区内部的分区，没有数量限制。逻辑分区不指定编号，会按顺序从 5 开始默认指定。

（14）在命令（Command）中输入 "n" 新建逻辑分区，第一扇区（First sector）输入 "回车键" 为默认，最后一个扇区（Last sector）输入使用剩下的全部（2GB），新建序号 6 的逻辑分区，如图 12.33 所示。

图 12.33　创建第二个 2GB 的逻辑分区

（15）在命令（Command）中输入 "w" 保存并退出，如图 12.34 所示。

图 12.34　保存并退出

（16）分区成功保存退出，执行"fdisk -l"命令查看硬盘分区情况，如图 12.35 所示。

```
[root@CentOS-A ~]# fdisk -l /dev/sdb
Disk /dev/sdb: 8 GiB, 8589934592 bytes, 16777216 sectors
Units: sectors of 1 * 512 = 512 bytes
Sector size (logical/physical): 512 bytes / 512 bytes
I/O size (minimum/optimal): 512 bytes / 512 bytes
Disklabel type: dos
Disk identifier: 0xd61b4379

Device     Boot    Start      End Sectors Size Id Type
/dev/sdb1           2048  8390655 8388608   4G 83 Linux
/dev/sdb2        8390656 16777215 8386560   4G  5 Extended
/dev/sdb5        8392704 12587007 4194304   2G 83 Linux
/dev/sdb6       12589056 16777215 4188160   2G 83 Linux
```

图 12.35 /sdb 分区情况

（17）磁盘分区后，磁盘总共有 8GB，创建的 4GB 主分区占总磁盘的一半；又创建了 4GB 的扩展分区，在扩展分区上划分两个 2GB 的逻辑分区，如图 12.36 所示。

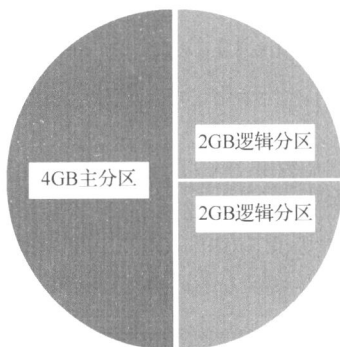

图 12.36 分区分析饼图

12.3 磁盘配额管理

磁盘配额就是管理员可以对本域中的每个用户所能使用的磁盘空间进行配额限制管理，即每个用户只能使用最大配额范围内的磁盘空间。

12.3.1 磁盘配额的相关命令

1. mkfs 命令的使用

通过"mkfs --help"查看 mkfs 格式化命令的相关使用方法，如图 12.37 所示。

```
[root@localhost ~]# mkfs --help

Usage:
 mkfs [options] [-t <type>] [fs-options] <device> [<size>]

Make a Linux filesystem.

Options:
 -t, --type=<type>  filesystem type; when unspecified, ext2 is used
     fs-options     parameters for the real filesystem builder
     <device>       path to the device to be used
     <size>         number of blocks to be used on the device
 -V, --verbose      explain what is being done;
                      specifying -V more than once will cause a dry-run
 -h, --help         display this help
 -V, --version      display version

For more details see mkfs(8).
```

图 12.37　mkfs 使用帮助

命令格式：mkfs [参数] [目录]。

常用选项与参数如下。

-t：给定档案系统的形式，Linux 的预设值为 ext2。

-V：详细显示模式。

常见的格式化类型如下。

ext4：Linux 系统下的日志文件系统，是 ext3 文件系统的更新版本。

ext3：也是日志式文件系统，是对 ext2 系统的更新版本。

ext2：是 Linux 内核所用的文件系统。

通过 mkfs.ext4 /dev/sdb1 命令格式化该分区，如图 12.38 所示。

```
[root@localhost ~]# mkfs.ext4 /dev/sdb1
```

图 12.38　将/sdb1 格式化为 ext4 格式

2. edquota 命令的使用

edquota 命令用于编辑用户或群组的磁盘配额，edquota 预设会使用 vi 编辑使用者或群组的磁盘配额设置，如图 12.39 所示。

```
[root@localhost ~]# edquota --help
edquota: Usage:
        edquota [-rm] [-u] [-F formatname] [-p username] [-f filesystem] username ...
        edquota [-rm] -g [-F formatname] [-p groupname] [-f filesystem] groupname ...
        edquota [-rm] -P [-F formatname] [-p projectname] [-f filesystem] projectname ...
        edquota [-u|g|-P] [-F formatname] [-f filesystem] -t
        edquota [-u|g|-P] [-F formatname] [-f filesystem] -T username|groupname|projectname ...

-u, --user                    edit user data
-g, --group                   edit group data
-P, --project                 edit project data
-r, --remote                  edit remote quota (via RPC)
-m, --no-mixed-pathnames      trim leading slashes from NFSv4 mountpoints
-F, --format=formatname       edit quotas of a specific format
-p, --prototype=name          copy data from a prototype user/group
    --always-resolve          always try to resolve name, even if it is
```

图 12.39　edquota 磁盘配额命令使用帮助

命令格式：edquota [参数] [用户或组]。

常用选项与参数如下。

-u：设置用户的磁盘配额。

-g：设置群组的磁盘配额。

-p：<源用户名称> 将原来用户的磁盘配额相关配置应用到其他用户或群组中。

-t：设置宽限期限。

3. quotacheck 命令的使用

quotacheck 命令参数功能，扫描指定的文件系统以获取磁盘的使用情况，并创建、检查和修复磁盘配额文件，如图 12.40 所示。

```
[root@localhost ~]# quotacheck --help
Utility for checking and repairing quota files.
quotacheck [-gucbfinvdmMR] [-F <quota-format>] filesystem|-a

-u, --user                 check user files
-g, --group                check group files
-c, --create-files         create new quota files
-b, --backup               create backups of old quota files
-f, --force                force check even if quotas are enabled
-i, --interactive          interactive mode
-n, --use-first-dquot      use the first copy of duplicated structure
-v, --verbose              print more information
-d, --debug                print even more messages
```

图 12.40　quotacheck 命令使用帮助

命令格式：quotacheck [参数]。

常用选项与参数如下。

-a：扫描在/etc/fstab 文件里，有加入 quota 设置的分区。

-d：详细显示指令执行过程，以便故障排除或理解程序执行过程。

-g：扫描磁盘空间时，计算每个组占用的目录和文件数。

-r：排除根目录所在的分区。

-u：扫描磁盘空间时，计算每个用户占用的目录和文件数。

4. quotaon 命令的使用

quotaon 命令参数功能，用于在 Linux 内核中启用指定文件系统的磁盘配额功能。执行 quotaon 指令各分区的文件系统根目录必须有 quota.user 和 quota.group 配置文件，如图 12.41 所示。

命令格式：quotaon [参数] [挂载目录]。

常用选项与参数如下。

-a：开启在/ect/fstab 文件里，有加入 quota 设置分区的空间限制。

-g：开启群组的磁盘空间限制。

-u：开启用户的磁盘空间限制。

-v：显示指令执行过程。

```
[root@localhost ~]# quotaon --help
quotaon: Usage:
        quotaon [-guPvp] [-F quotaformat] [-x state] -a
        quotaon [-guPvp] [-F quotaformat] [-x state] filesys ...

-a, --all                    turn quotas on for all filesystems
-f, --off                    turn quotas off
-u, --user                   operate on user quotas
-g, --group                  operate on group quotas
-P, --project                operate on project quotas
-p, --print-state            print whether quotas are on or off
-x, --xfs-command=cmd        perform XFS quota command
-F, --format=formatname      operate on specific quota format
-v, --verbose                print more messages
-h, --help                   display this help text and exit
-V, --version                display version information and exit
```

图 12.41　quotaon 命令使用帮助

5. dd 命令的使用

dd 命令参数功能，用指定大小的块复制一个文件，并在复制的同时进行指定转换，如图 12.42 所示。

```
[root@localhost ~]# dd --help
Usage: dd [OPERAND]...
  or:  dd OPTION
Copy a file, converting and formatting according to the operands.

  bs=BYTES        read and write up to BYTES bytes at a time (default: 512);
                  overrides ibs and obs
```

图 12.42　dd 命令使用帮助

常用选项、参数与格式如下。

if=文件名：输入文件名，默认为标准输入，即指定源文件。

of=文件名：输出文件名，默认为标准输出，即指定目的文件。

count=blocks：仅复制 blocks 个块，块大小等于 ibs 指定的字节数。

bs=bytes：同时设置读入/输出的块大小为 bytes 个字节。

使用 dd 命令将文件/dev/zero 输出容量为 1MB 的 share1 文件，如图 12.43 所示。

```
[fshc1@localhost data]$ dd if=/dev/zero of=/data/share1 bs=1 count=1000k
```

图 12.43　通过 dd 命令输出 1MB 的文件

12.3.2　磁盘配额实践

FSCH 学校的 Linux 服务器管理员新挂载一块 10GB 的磁盘用作文件存放功能，为了避免有些用户过多占用磁盘容量，准备实施配额管理，具体规划如下。

（1）挂载一块新的磁盘 iSCSI，新建一个主分区（/dev/sdb1）。

（2）新建组 students，目前该组只有 fsch1 与 fsch2 两个用户，密码均为 fsch12。

（3）该分区设置每个用户最大限制为 50MB，软限制为 45MB。

（4）考虑到该组在后续会添加用户，则将 students 组最大限额设定为 1000MB，软限制为 900MB。

具体操作步骤如下。

（1）在虚拟机"CentOS 8.4"关机状态添加 10GB 的硬盘，进入"虚拟机设置"对话框中，单击"添加"按钮，如图 12.44 所示。

图 12.44 "虚拟机设置"对话框

小提示

在虚拟机关机状态下添加才能生效。

（2）在"硬件类型"对话框中，选择"硬盘"选项，然后单击"下一步"按钮，如图 12.45 所示。

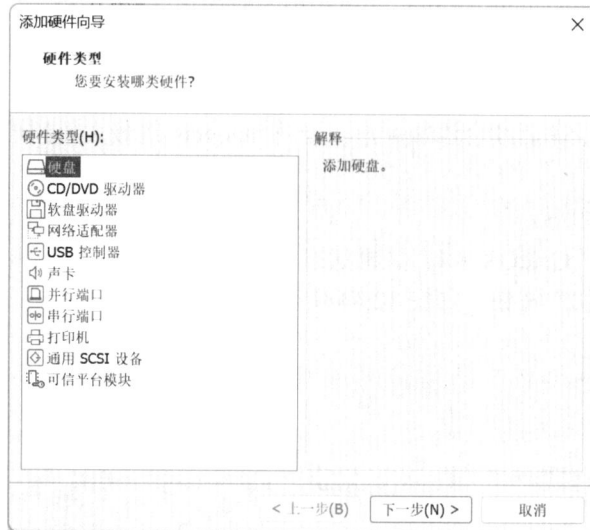

图 12.45　添加硬盘

（3）在"选择磁盘类型"对话框中，选择"SCSI（推荐）"选项，然后单击"下一步"按钮，如图 12.46 所示。

图 12.46　选择 SCSI 类型

（4）在"指定磁盘容量"对话框中，输入最大磁盘大小为 10GB，然后单击"下一步"按钮，如图 12.47 所示。

图 12.47　输入磁盘大小

（5）在"指定磁盘文件"对话框中，"磁盘文件"文本框默认为"CentOS 8-4.vmdk"，这里不做更改，单击"完成"按钮，如图 12.48 所示。

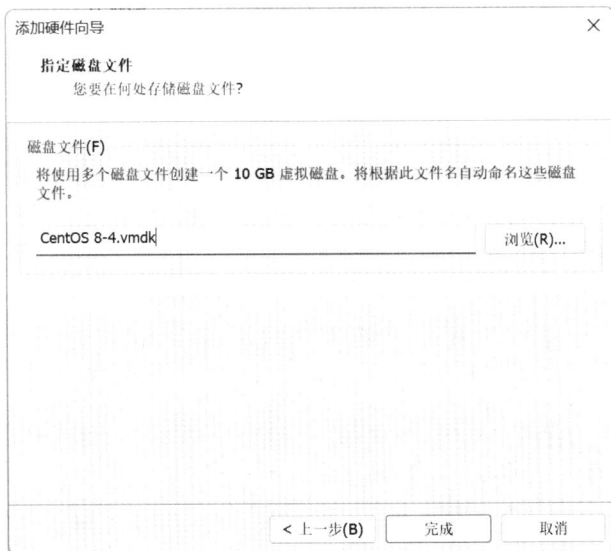

图 12.48　指定磁盘文件

（6）成功添加磁盘后，在"虚拟机设置"对话框中单击"确定"按钮，打开虚拟机"CentOS 8.4"，如图 12.49 所示。

图 12.49　添加完成

（7）执行"fdisk /dev/sdb"命令进入磁盘分区界面，在命令（Command）中输入"n"进行新建分区，输入"p"选择主要分区。起始扇区（First sector）输入回车键为默认起始区域，结束扇区（Last sector）按回车键，新建 10GB 大小的主要分区，输入"w"保存配置并退出，如图 12.50 所示。

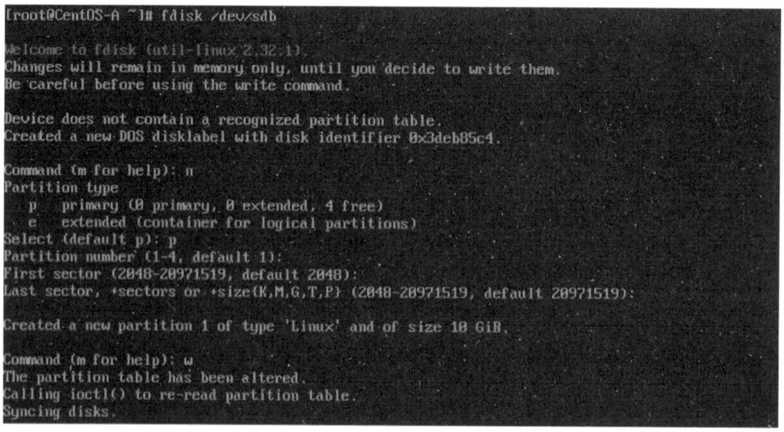

图 12.50　进行主分区划分

（8）执行"mkfs.ext4 /dev/sdb1"命令格式化该分区，如图 12.51 所示。

```
[root@CentOS-A ~]# mkfs.ext4 /dev/sdb1
mke2fs 1.45.6 (20-Mar-2020)
Creating filesystem with 2621184 4k blocks and 655360 inodes
Filesystem UUID: 51ae9a42-f32c-498b-97b1-3f98c7b8c9b6
Superblock backups stored on blocks:
        32768, 98304, 163840, 229376, 294912, 819200, 884736, 1605632

Allocating group tables: done
Writing inode tables: done
Creating journal (16384 blocks): done
Writing superblocks and filesystem accounting information: done
```

图 12.51　进行格式化分区

（9）用"mkdir /data"命令创建挂载目录，如图 12.52 所示。

```
[root@CentOS-A ~]# mkdir /data
[root@CentOS-A ~]# ll -d /data
drwxr-xr-x. 2 root root 6 May  3 20:33 /data
```

图 12.52　创建文件夹

（10）用"vim /etc/fstab"命令更改/etc/fstab 文件，在最后一行添加"/dev/sdb1 /data ext4 defaults,usrquotamgrpquota 0 0"，如图 12.53 所示。

```
# /etc/fstab
# Created by anaconda on Wed Dec 22 23:27:42 2021
#
# Accessible filesystems, by reference, are maintained under '/dev/disk/'.
# See man pages fstab(5), findfs(8), mount(8) and/or blkid(8) for more info.
#
# After editing this file, run 'systemctl daemon-reload' to update systemd
# units generated from this file.
#
/dev/mapper/cl-root     /                       xfs     defaults        0 0
UUID=a864e069-b528-4b17-8285-1ef6f2cb61fa /boot  xfs     defaults        0 0
/dev/mapper/cl-swap     none                    swap    defaults        0 0
/dev/sdb1               /data                   ext4    defaults,usrquota,grpquota 0 0
```

图 12.53　进行磁盘配额

小提示

userquota 参数用于实现基于用户的磁盘配额；grpquota 参数用于实现基于组的磁盘配额。

（11）用"mount -a"命令加载/etc/fstab 文件，如图 12.54 所示。

```
[root@CentOS-A ~]# mount -a
[root@CentOS-A ~]# mount | grep /dev/sdb1
/dev/sdb1 on /data type ext4 (rw,relatime,seclabel,quota,usrquota,grpquota)
```

图 12.54　挂载生效

（12）用"quotacheck -auvg"命令扫描磁盘，检测磁盘配额并生成配额文件，如图 12.55 所示。

```
[root@CentOS-A ~]# quotacheck -auvg
quotacheck: Your kernel probably supports journaled quota but you are not using it. Consider switchi
ng to journaled quota to avoid running quotacheck after an unclean shutdown.
quotacheck: Scanning /dev/sdb1 [/data] done
quotacheck: Cannot stat old user quota file /data/aquota.user: No such file or directory. Usage will
 not be subtracted.
quotacheck: Cannot stat old group quota file /data/aquota.group: No such file or directory. Usage wi
ll not be subtracted.
quotacheck: Cannot stat old user quota file /data/aquota.user: No such file or directory. Usage will
 not be subtracted.
quotacheck: Cannot stat old group quota file /data/aquota.group: No such file or directory. Usage wi
ll not be subtracted.
quotacheck: Checked 3 directories and 0 files
quotacheck: Old file not found.
quotacheck: Old file not found.
```

图 12.55　生成配额文件

（13）用“groupadd students”命令新建组 students，用“useradd -g students fshc1”和“useradd -g students fshc2”命令创建 fshc1 和 fshc2 用户，如图 12.56 所示。

```
[root@CentOS-A ~]# groupadd students
[root@CentOS-A ~]# useradd -g students fshc1
[root@CentOS-A ~]# useradd -g students fshc2
```

图 12.56　创建组与用户

（14）用“passwd fshc1”和“passwd fshc2”命令为 fshc1 和 fshc2 用户设置密码为 123，如图 12.57 所示。

```
[root@CentOS-A ~]# echo 123 | passwd --stdin fshc1
Changing password for user fshc1.
passwd: all authentication tokens updated successfully.
[root@CentOS-A ~]# echo 123 | passwd --stdin fshc2
Changing password for user fshc2.
passwd: all authentication tokens updated successfully.
```

图 12.57　设置用户密码

（15）输入“edquota -u fshc1”命令给用户 fshc1 配额，使它在超过 46080KB 时发出警报，在超过 51200KB 时锁定用户 fshc1 的权限，如图 12.58 所示。

```
Disk quotas for user fshc1 (uid 1000):
  Filesystem                   blocks       soft       hard     inodes     soft     hard
  /dev/sdb1                         0      46080      51200          0        0        0
```

图 12.58　进行用户配额限制

小提示

filesystem：显示实现磁盘配额的分区。

blocks：当前已经使用的文件大小，不需要修改。

soft：在用户宽限期内它的容量大小可以超过这个值，但不能超过硬限制，需在规定的宽限期内将容量降到宽限值下。

hard：这是最高的限制，是绝对不能超过的，通常 hard 值会比 soft 值高，如果用户超过了 hard 值，系统就会锁定该用户对该磁盘的使用权限。

inode：显示用户目录下存在文件的数量。

（16）用"edquita -p fshc1 fshc2"命令复制 fshc1 配额给 fshc2，如图 12.59 所示。

```
[root@CentOS-A ~]# edquota -p fshc1 fshc2
```

图 12.59　将用户 fshc1 配额设置复制到 fshc2 用户

（17）用"quotaon -ugv /data"命令启动磁盘配额设置，如图 12.60 所示。

```
[root@CentOS-A ~]# quotaon -ugv /data/
/dev/sdb1 [/data]: group quotas turned on
/dev/sdb1 [/data]: user quotas turned on
```

图 12.60　启动磁盘配额设置

12.3.3　磁盘配额测试

（1）切换为 fshc1 用户，如图 12.61 所示。

```
[root@CentOS-A ~]# su fshc1
[fshc1@CentOS-A root]$
```

图 12.61　切换用户

（2）进入/data 目录，如图 12.62 所示。

```
[fshc1@CentOS-A root]$ cd /data/
[fshc1@CentOS-A data]$ pwd
/data
```

图 12.62　进入/data 目录

（3）使用 dd 命令将文件/dev/zero 输出容量为 45MB 的 share 文件，如图 12.63 所示。

```
[fshc1@CentOS-A root]$ dd if=/dev/zero of=/data/share bs=1 count=46080K
47185920+0 records in
47185920+0 records out
47185920 bytes (47 MB, 45 MiB) copied, 45.7592 s, 1.0 MB/s
```

图 12.63　生成 45MB 的 share 文件

小提示

dd 数据可以从标准输入或文件中读取，按照指定的格式转换，然后输出到文件、设备中。if=文件名：指定源文件。of=文件名：指定目标文件。count=blocks：仅复制 blocks 块，块大小等于 ibs 指定的字节数。

（4）查看创建的文件大小，可看到 45MB 的/share 文件，如图 12.64 所示。

```
[fshc1@CentOS-A root]$ du -ah /data/share
45M     /data/share
```

图 12.64　查看 share 文件大小

（5）使用 dd 命令将文件/dev/zero 输出容量为 1MB 的 share1 文件；创建完成后，它会开始提示"sdb1:write failed,user block limit reached"的警告，因为原本的 45MB+1MB=46MB，等于设置 soft 的值，系统报错如图 12.65 所示。

图 12.65　系统报错

小提示

　　因为前面已经创建了一个 45MB 的文件，再创建一个文件就超过软限制 46MB 的设置，会出现提示警告。

（6）我们已经使用了 46MB 的空间，再创建一个 5MB（5120KB）的 share2 文件，会达到设置 hard=50MB，在 50MB 限制的基础上它超出了 1MB，就会提示"sdb1: warning, user block quota exceeded"，意思是已超过用户阻止配额，同时限制我们的权限，如图 12.66 所示。

图 12.66　配额警告

◀ 项目实战 ▶

项目背景：FSCH 学校的 Linux 服务器管理员新挂载的一块 50GB 的磁盘用作文件存放，为了避免有些用户过多占用磁盘容量，具体规划如下。

（1）添加一块新的 50GB 磁盘，分 1 块容量为 25GB 的主分区，分 1 块容量为 25GB 的扩展分区，其中扩展分区全部划分为逻辑分区，共 25GB。

（2）新建组 fshctestcompany，创建两个用户作为该组的成员，一个为 fshctest1，另一个为 fshctest2，密码均为 123。

（3）挂载的目录选择为/data1。

（4）该分区设置每个用户最大限制（head）为 25GB，软限制（soft）为 20GB。

小提示

为了测试配额是否成功，配置完成后用命令 "dd if=/dev/zero of=/data1/test bs=1 count=20971520k" 和 "dd if=/dev/zero of=/data1/test bs=1 count=26214400k" 展示效果。

练 习 题

1. mount 命令通常用于（　　　）。

　　A．挂载　　　　　　B．分区　　　　　　C．格式化　　　　　D．链接

2. 磁盘分区命令是（　　　）。

　　A．fdisk　　　　　　B．mkfs　　　　　　C．format　　　　　D．mkdir

3. 关闭磁盘配额功能的命令是（　　　）。

　　A．quota　　　　　　B．quotaon　　　　　C．quotaoff　　　　D．quotawarn

4. 开启磁盘配额功能的命令是（　　　）。

　　A．quota　　　　　　B．quotaon　　　　　C．quotaoff　　　　D．quotawarn

参 考 文 献

刘遄，2021．Linux 就该这么学[M]．2 版．北京：人民邮电出版社．

杨云，2021．Linux 操作系统（微课版）（RHEL 8/CentOS 8）[M]．北京：清华大学出版社．